JN296112

入門はじめての
多変量解析

石村貞夫・石村光資郎 著

東京図書

Ⓡ 〈日本複製権センター委託出版物〉
◎本書を無断で複写複製(コピー)することは,著作権法上の例外を除き,禁じられています.本書をコピーされる場合は,事前に日本複製権センター(電話:03-3401-2382)の許諾を受けてください.

本書では以下のようなシラバスを想定しています

アイヤ シラバス

	大項目	中項目	小項目
1回目	多変量解析の楽しい例をたくさん作る		
2回目	基礎統計量 線型代数	行列の計算 逆行列・行列式	固有値 固有ベクトル
3回目	重回帰分析1	重回帰式 重回帰モデル	散布図 相関係数
4回目	重回帰分析2	決定係数 重回帰の分散分析表	重相関係数
5回目	重回帰分析3	偏回帰係数 説明変数の検定	多重共線性 ダミー変数
6回目	主成分分析1	分散共分散行列による方法	主成分 主成分得点
7回目	主成分分析2	相関行列による方法	データの標準化 寄与率
8回目	因子分析1	主因子法 バリマックス回転	因子モデル 因子の回転
9回目	因子分析2	最尤法 プロマックス回転	尤度関数
10回目	判別分析1	線型判別関数 境界線	判別得点
11回目	判別分析2	マハラノビスの距離	分散共分散行列 逆行列
12回目	クラスター分析	デンドログラム	ウォード法
13回目	数量化理論1	数量化Ⅰ類 予測式	ダミー変数
14回目	数量化理論2	数量化Ⅱ類 判別式 数量化Ⅲ類	カテゴリ数量 サンプルスコア
15回目	期末試験		

はじめに

　いろいろな統計処理の中でも
〔「多変量解析は楽しい！」〕
というのが，すなおな実感です．
　もちろん，ほかの統計処理もそれなりに面白さがありますが，多変量解析の楽しみは，やはり
〔「世の中の仕組みを解明できる」〕
という点にあるのではないでしょうか？
　多変量解析には，
　　　　重回帰分析，主成分分析，因子分析，判別分析
などの多くの手法があります．
　重回帰分析を使うと
〔「世の中の因果関係がわかります！」〕
　主成分分析を使うと
〔「世の中を総合的にながめることができます！」〕
　因子分析を使うと
〔「世の中の深層部分をのぞくことができます！」〕
　判別分析を使うと
〔「世の中を判別することができます？」〕
　多変量解析を勉強して
〔「多変量解析の楽しさ！」〕
を，実感してみてください．

21世紀は，自分の研究成果を世界に発信する時代です．
数値による世界共通の言語
多変量解析
を使って，あなたも
自分の成果を世界に発信!!

毛ヌキで
問題解決でござる！

困　難　惑　迷　悩　難
未

　最後に，お世話になった静岡県立大学の小林みどり教授，東京図書の須藤静雄編集部長，宇佐美敦子さんに深く感謝の意を表します．

平成18年11月19日

◆本書は『多変量解析のはなし』(1987年，東京図書) を全面的に書き換え，新たな判型で作り直したものです．

目次

はじめに　iv

1章　多変量解析は楽しい！

Section 1.1	What's 多変量解析?!	2
Section 1.2	重回帰分析のはなし	4
Section 1.3	主成分分析のはなし	8
Section 1.4	因子分析のはなし	12
Section 1.5	判別分析のはなし	16
Section 1.6	クラスター分析のはなし	20
Section 1.7	数量化理論のはなし	21
Section 1.8	ここでちょっと復習！	22

楽しさ 実感!!

2章 はじめての 重回帰分析

Section 2.1	重回帰分析とは因果なもの?!	34
Section 2.2	重回帰式と重回帰モデル	36
Section 2.3	重回帰式を求めよう	38
Section 2.4	その重回帰式は因果関係をよく表していますか?	50
Section 2.5	偏回帰係数の意味するもの	56
Section 2.6	重回帰分析の検定	64
Section 2.7	重回帰分析の推定	68
Section 2.8	重回帰分析がいつもうまくゆくとは限らない	70
Section 2.9	多重共線性の問題点	78
Section 2.10	ダミー変数の利用	80
Section 2.11	回帰分析についてのその他の話題	82

3章 はじめての 主成分分析

Section 3.1	主成分分析は総合化です！	86
Section 3.2	主成分とは?!	88
Section 3.3	主成分の求め方(1)──情報損失量の最小化	91
Section 3.4	主成分を解釈する？	102
Section 3.5	寄与率と累積寄与率	104
Section 3.6	主成分得点を定義しよう	106
Section 3.7	これは便利！──主成分得点によるランキング	108
Section 3.8	第1主成分と第2主成分	110
Section 3.9	主成分の求め方(2)──分散の最大化	112
Section 3.10	主成分分析は単位の影響を受けます	114
Section 3.11	主成分分析についてのその他の話題	118

4章 はじめての因子分析

Section 4.1	因子分析で共通要因を?!	124
Section 4.2	因子分析のモデル式と因子の解釈	128
Section 4.3	因子分析の分散共分散行列	132
Section 4.4	主因子法による因子分析	138
Section 4.5	因子負荷の求め方の実際	144
Section 4.6	因子を回転する?!	154
Section 4.7	最尤法と1変数の尤度関数	164
Section 4.8	p 変数の尤度関数への一般化	168
Section 4.9	最尤法による因子負荷の求め方	170
Section 4.10	直交モデル・斜交モデルの分散共分散行列	172
Section 4.11	最尤法とプロマックス回転の例	173

5章 はじめての判別分析

Section 5.1	判別分析とは判別するもの?!	178
Section 5.2	線型判別関数とは？	180
Section 5.3	判別得点とその変動	184
Section 5.4	3つの大切な変動——$S_W \cdot S_B \cdot S_T$ の計算	192
Section 5.5	線型判別関数の求め方	196
Section 5.6	判別得点と境界線の関係	202
Section 5.7	1変数のマハラノビスの距離	204
Section 5.8	2変数のマハラノビスの距離	208
Section 5.9	マハラノビスの距離による境界線	212
Section 5.10	正答率と誤判別率	214

6章 はじめての クラスター分析

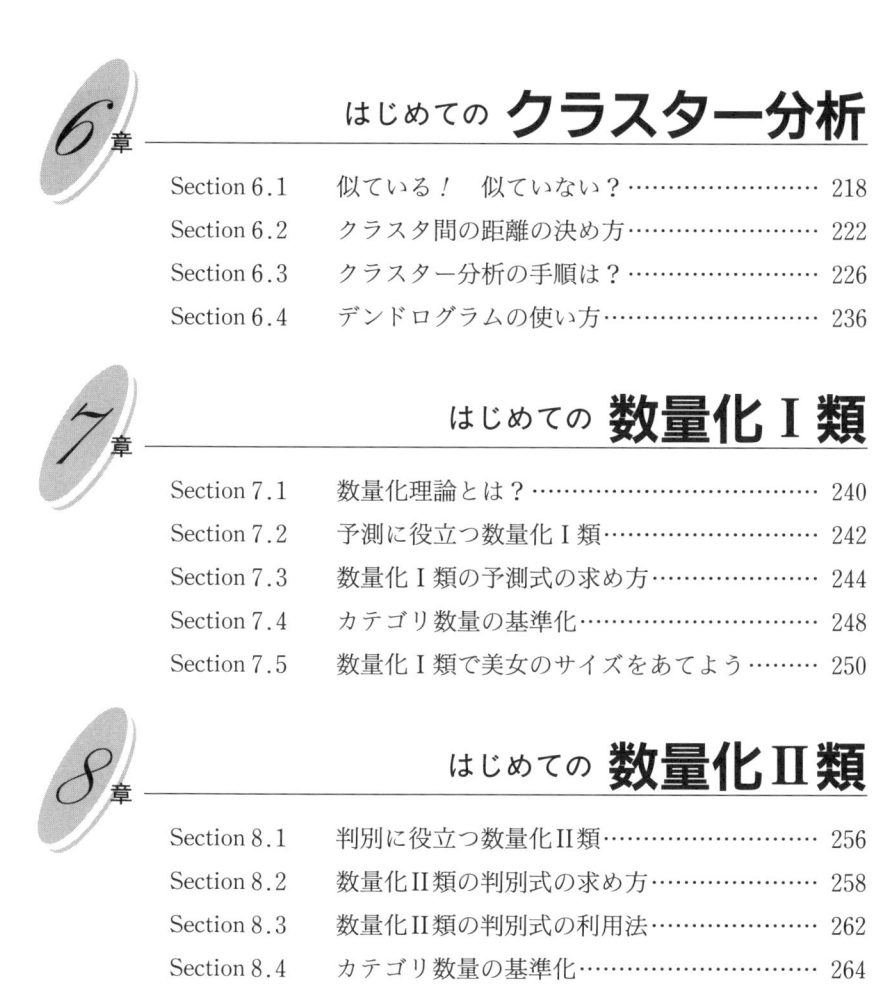

- Section 6.1　似ている！　似ていない？ ……………………… 218
- Section 6.2　クラスタ間の距離の決め方 ……………………… 222
- Section 6.3　クラスター分析の手順は？ ……………………… 226
- Section 6.4　デンドログラムの使い方 ………………………… 236

7章 はじめての 数量化Ⅰ類

- Section 7.1　数量化理論とは？ ………………………………… 240
- Section 7.2　予測に役立つ数量化Ⅰ類 ………………………… 242
- Section 7.3　数量化Ⅰ類の予測式の求め方 …………………… 244
- Section 7.4　カテゴリ数量の基準化 …………………………… 248
- Section 7.5　数量化Ⅰ類で美女のサイズをあてよう ………… 250

8章 はじめての 数量化Ⅱ類

- Section 8.1　判別に役立つ数量化Ⅱ類 ………………………… 256
- Section 8.2　数量化Ⅱ類の判別式の求め方 …………………… 258
- Section 8.3　数量化Ⅱ類の判別式の利用法 …………………… 262
- Section 8.4　カテゴリ数量の基準化 …………………………… 264
- Section 8.5　数量化Ⅱ類で血液型をあてよう ………………… 266

9章 はじめての 数量化Ⅲ類

- Section 9.1　分類や特性を知る数量化Ⅲ類……………………… 276
- Section 9.2　カテゴリ数量・サンプルスコアの求め方…… 278
- Section 9.3　カテゴリ数量・サンプルスコアを読む……… 284
- Section 9.4　数量化Ⅲ類でわかる女子学生のお酒の好み… 286
- Section 9.5　数量化Ⅲ類でわかる血液型の特性…………… 292

付録：数表　295
参考文献　298
索　　引　301

◆装幀　　戸田ツトム
◆イラスト　石村多賀子

1章

多変量解析は楽しい！

Section 1.1　What's 多変量解析?!
Section 1.2　重回帰分析のはなし
Section 1.3　主成分分析のはなし
Section 1.4　因子分析のはなし
Section 1.5　判別分析のはなし
Section 1.6　クラスター分析のはなし
Section 1.7　数量化理論のはなし
Section 1.8　ここでちょっと復習！

Section 1.1
What's 多変量解析?!

■ いろいろな多変量解析

多変量解析

という言葉を見ただけで，なんとなく逃げ出したくなるかもしれません．

実際，多変量解析の本を開くと，データだけでなく，いろいろな記号や数式，行列など，まるで数学の本を読んでいるような気分にさせられます．

もともと，多変量解析は理論だけが存在しました．したがって，多変量解析の内容も数学そのものでした．

ところが，コンピュータの出現により，SAS や SPSS といったすぐれた多変量解析用ソフトウェアが開発され，多変量解析は経済学，心理学，医学など，さまざまな分野で論文を書くための強力な手法となりました．今では大学や研究所だけでなく，企業においても日常的に使われています．

その多変量解析には
- 重回帰分析
- 主成分分析
- 因子分析
- 判別分析
- クラスター分析
- 数量化理論

といった伝統的手法から，最適尺度法を利用した
- カテゴリカル回帰分析
- カテゴリカル主成分分析

のような質的多変量データ解析まで，今もさかんに研究開発されています．

（吹き出し：変量といったり変数といったりします）

これらの多変量解析は，その言葉どおりに

　　　　　"多くの変量を総合的に取り扱う解析手法"

のことです．

　この変量とは，

　　　　　独立変数，従属変数，または説明変数，目的変量

とも呼ばれ，要するに

　　　　　"この世の中を構成している要因"

を意味します．

　世の中の現象はすべて，いくつかの要因が複雑に絡み合ってできている以上，その現象を解明するには，多変量解析は当然の手法といっても過言ではありません．

　さて，その多変量解析の応用例は……？

> カテゴリカルデータでも多変量解析をすることができるでござるよ！

> 質的データのことをカテゴリカルデータといいますね

Key Word　多変量解析：multivariate analysis

Section 1.2
重回帰分析のはなし

■ 重回帰分析

一言でいえば，いくつかの"原因"と"結果"を結ぶための統計処理，それが**重回帰分析**です。

従属変数 y と，それに影響を与える**独立変数** $x_1, x_2, \cdots, x_p$ との間において，

$$Y = b_1 x_1 + b_2 x_2 + \cdots + b_p x_p + b_0$$

のような**重回帰式**と呼ばれる1次式を作り，
この式を使って，$x_1, x_2, \cdots, x_p$ から y の予測をしたり，
p 個の独立変数のうち，どの独立変数 x_i が y と最も関係が強いのかを調べたりします。この $b_1, b_2, \cdots, b_p$ を**偏回帰係数**といいます。

ところで，

「世の中の現象がこのような簡単な1次式で表せるのだろうか？」

と疑問を持つ人も多いかもしれません。もちろん複雑なこの世の中のこと，1次式どころか，2次式，3次式でも正確な表現は不可能でしょう。

しかしながら，この単純な1次式で十分役に立つところに重回帰分析の面白さがあります。

重回帰分析の応用例を作ってみましょう。

> Y と y の関係や
> 偏回帰係数の決め方は
> 2章で詳しく
> 説明するでござる

Key Word　重回帰分析：multiple regression analysis

例　　経営

　終身雇用の時代は終わりをつげ，今や能力主義の時代に突入しました．転職やリストラは日常化し，転職専門の雑誌もたくさん本屋の店頭に並んでいます．

　転職の際に気になるのは，やはり年収ですね．

　年収はどのような要因によって決定されるのでしょうか？
　年収に関係のある要因として

$$\{年齢\quad 就学年数\quad 就業年数\quad 職種\}$$

などが考えられます．

　そこで

$$\begin{cases} 従属変数として　……　年収 \\ 独立変数として　……　年齢，就学年数，就業年数，職種 \end{cases}$$

をとり，重回帰分析をしてみましょう．

　重回帰式は

$$Y = b_1 \times \boxed{年齢} + b_2 \times \boxed{就学年数}$$
$$+ b_3 \times \boxed{就業年数} + b_4 \times \boxed{職種} + b_0$$

となりそうですね！

金融証券の専門家によると
投資に関連のある要因は
　為替相場
　国内総生産
　マネー・サプライ
　原油価格
ということです

投資を従属変数とした重回帰式は……
$Y = b_1 \times 為替相場 + b_2 \times 国内総生産$
$+ b_3 \times マネー・サプライ + b_4 \times 原油価格 + b_0$

これが
重回帰式！

例　医学

　多変量解析の医学への応用は，ここ数年，実に目をみはるものがあり，多くの重要な結果をもたらしています．ここでは，その1つを取り上げてみましょう．

　「百薬の長」といわれるお酒も，飲み過ぎると肝障害をおこし，アルコール性脂肪肝になるといわれています．その結果，肝硬変となり，「余命はあと何年？」などと，いろいろ気をもむところですが，ここで重回帰分析を応用してみることにしましょう．

　余寿命を測るものとして，
$$\{血清アルブミン \quad 血清 \gamma\text{-}グロブリン \quad 血清タンパク\}$$
があります．
　そこで，血清アルブミン，血清 γ-グロブリン，血清タンパク，年齢を独立変数，余寿命を従属変数とすれば

$$Y = b_1 \times \boxed{血清アルブミン} + b_2 \times \boxed{血清 \gamma\text{-}グロブリン}$$
$$+ b_3 \times \boxed{血清タンパク} + b_4 \times \boxed{年齢} + b_0$$

という重回帰式が考えられます．
　もちろん他にも，もっと良い独立変数がみつかるかもしれません．それは肝臓病の専門家にまかせることとしましょう．

【原因】
　独立変数，説明変量
【結果】
　従属変数，目的変量

> **例　　工業**

　工業化学工程を経済的，能率的に進めてゆくには，その工程の物質収支や熱収支を常に検討しておかなければなりません．1つの例として，

　鉛室法硫酸プラントの物質収支を考えることにしましょう．

　この工程は，硫化鉱を燃焼させ，そのガスに乾燥空気や噴射水，硝酸を加えて硫酸を生成する方法ですが，燃焼温度や噴射水，空気の量によって出量が変化します．

　そこで，もっとも効率よく硫酸を生成するためにはどのように考えればよいのでしょうか？

　予測や制御に有効な重回帰分析を適用してみてはどうでしょう！

　従属変数を生成硫酸の収率として，

$$Y = b_1 \times \boxed{燃焼温度} + b_2 \times \boxed{噴射水量} + b_3 \times \boxed{空気の湿度} + b_0$$

が重回帰式となります．

　降水確率のように，従属変数 y が $0 \leq y \leq 1$ の場合には，重回帰式

$$Y = b_1 \times 気圧 + b_2 \times 湿度 + b_3 \times 風速 + b_4 \times 雲量 + b_5 \times 第六感 + b_0$$

よりも，次の式

$$\log \frac{y}{1-y} = b_1 \times 気圧 + b_2 \times 湿度 + b_3 \times 風速 + b_4 \times 雲量 + b_5 \times 第六感 + b_0$$

の方が適しています．これが**ロジスティック回帰分析**です．

Section 1.3
主成分分析のはなし

■ **主成分分析**

多変量解析の中でも,なんとなくわかりにくいのが主成分分析です.

ある問題に対していくつかの要因が考えられるとき,それらの要因を1つひとつ独立に扱うのではなく,総合的に取り扱うのが**主成分分析**と呼ばれる手法です.

つまり,いくつかの変数 $x_1, x_2, \cdots, x_p$ の総合的特性を

$$a_1x_1 + a_2x_2 + \cdots + a_px_p + a_0$$

のような1次式で表現しようというわけですね.

この式によって表されるものを**主成分**といいます.主成分は情報量の大きさの順に

$$第1主成分,\ 第2主成分,\ \cdots$$

と呼ばれます.

この総合的特性という意味がどうもピンとこない人は,総合力,または総合的な順位と思ってみましょう.

主成分分析はピンとこなくても,われわれは日常生活で常に主成分分析をおこなっています.たとえば,商品を選ぶとき

$$その性能,\ その価格,\ そのデザイン$$

などを総合的に判断して,どれか1つを選んでいませんか?

これなどは直感的主成分分析といってもよさそうです.

主成分分析の応用例を作ってみましょう.

> 係数 $a_1, a_2, \cdots, a_p$ の決め方については3章で詳しく説明します

Key Word 主成分分析:principal component analysis

例　経営

テレビをつけると，毎日，生命保険の宣伝が流れています．
生命保険会社を選ぶとき，どうすればいいのでしょうか？

まず最初に考えなければならないことは，これらの会社の評価ですね．
　　　　この生保の安定性はどうか？
　　　　あの生保の将来性はあるのか？
などを考えて，生命保険会社を選択しなければなりません．
　そこで，生命保険会社の
　　　　{株式占率　外国証券占率　貸付金占率　外貨建資産占率}
といった何種類かの変数をもとに
　　　　　　　　"生命保険会社のランキング"
をしてみませんか？
　株式占率など，1つひとつの変数についての生保のランキングは
簡単につけられますが，これらの変数を
　　　　　　　"総合的にまとめてランキングをつける"
のはカンタンではありません．

　このようなときは，ぜひ主成分分析をしてみましょう．すると，
　　　　　　　　　"生命保険会社の体力"
といった新しい座標軸が

$$a_1 \times \boxed{株式占率} + a_2 \times \boxed{外国証券占率}$$
$$+ a_3 \times \boxed{貸付金占率} + a_4 \times \boxed{外貨建資産占率} + a_0$$

のように表現できます．

> みんなまとめて
> 総合力
> でござるよ！

例　医学

　近頃なんとなく食欲がない，疲れやすい，右の肋骨の下あたりが重いような気がする……．そこで，しぶしぶ病院に出かけて行くと，血液や尿による肝機能検査を受けることなります．
　数日が経って，医師から
　　　　　「あなたの AST（GOT）・ALT（GPT）は，
　　　　　　　　144 と 169 なので，これは立派な慢性肝炎です」
と診断されるでしょう．
　あわてて"肝臓病の治療法"のような本をたくさん買いこんで，勉強しますが，たいていその種の本には，肝機能検査で AST・ALT の値が高くなると危険であるなどと書いてあるので，
次第に AST・ALT ノイローゼになってゆきます……

　しかし，病気の重症度を測る場合，1種類の検査だけで十分なのでしょうか？
　実際，肝機能検査においては，AST・ALT の他に，
　　　　　アルブミン，総コレステロール
　　　　ZTT，TTT，ChE，ICG
といった，素人には何のことかわからない検査項目がずらりと並んでいます．専門医はそれぞれの項目を1つひとつ検討して，病態の重症度を判断してゆくことになります．
　しかし，総合的診断ということであれば，症状の総合的指標のようなものを作り，その値から重症の度合いを測定できないものでしょうか．
　これらの検査項目を変数として主成分分析を用いると，第1主成分に重症度としての総合的特性があらわれることがあります．

　このように多変量解析が医学に応用されてゆくと，コンピュータ診断もより信頼性の高いものとなりそうですね．

> 例　　情報

　どこの国へ行っても，携帯電話を持っていない人を見つけるのはほとんど不可能な時代になりました．

　携帯電話を申し込むときは，どのような基準で携帯電話を選ぶのでしょうか？

　アメリカのある調査によると，携帯電話を選ぶときの要因は
$$\{料金　サービス　デザイン　テレビのCM　家族割引き\}$$
なのだそうです．

　そこで，これらの要因を総合化して
"携帯電話の人気ベストテン"
を作ってみましょう．

　これらの要因を使って主成分分析をおこなうと，第1主成分に
"携帯電話好感度"
のような指標があらわれることがあります．

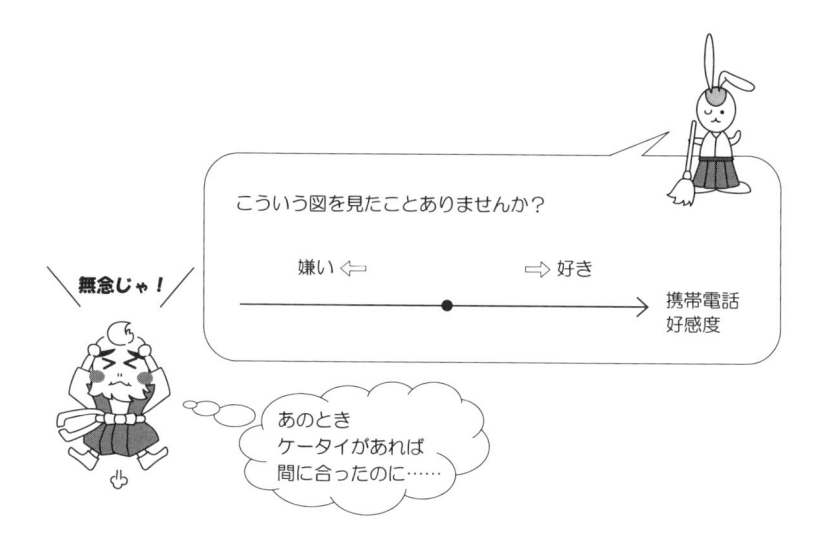

こういう図を見たことありませんか？

嫌い ⇐　　　　　　　　⇒ 好き
　　　　　　　●　　　　　　　→ 携帯電話好感度

無念じゃ！

あのときケータイがあれば間に合ったのに……

Section 1.3　主成分分析のはなし

Section 1.4
因子分析のはなし

■ 因子分析

主成分分析と並んで，わかりにくい手法が因子分析です．

主成分分析が"総合的特性"を扱うのに対し，

因子分析は，いくつかの要因の背後に潜む共通な要因，つまり

$$\text{"共通因子 } f\text{"}$$

をみつける手法です．

このイメージを図で表現すると，次のようになります．

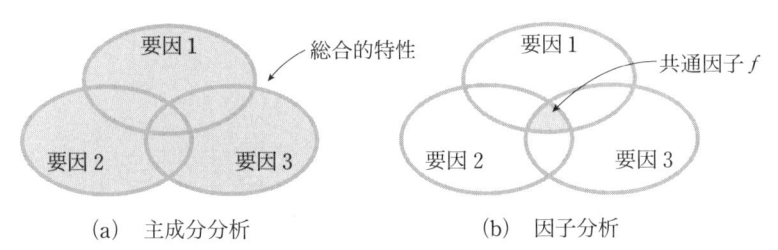

(a) 主成分分析　　(b) 因子分析

図 1.4.1　総合的特性と共通因子

主成分分析と同様に，因子分析にも

$$\text{第 1 因子 } f_1, \text{第 2 因子 } f_2, \cdots$$

が抽出されますから，因子分析のモデル式は，次のようになります．

$$\begin{cases} x_1 = a_{11}f_1 + a_{12}f_2 + \cdots + a_{1m}f_m + \varepsilon_1 \\ x_2 = a_{21}f_1 + a_{22}f_2 + \cdots + a_{2m}f_m + \varepsilon_2 \\ \vdots \end{cases}$$

因子分析の例を作ってみましょう．

Key Word　因子分析：factor analysis

例　建築デザイン

建築計画の分野でよく耳にするのが
　　　　　　　　"SD 法"
です．SD 法は
　　　　　物理的空間を心理的空間に変換する方法
と考えられていますが，統計的には因子分析の適用といえます．

> SD 法とは
> Semantic Differential
> の略です

たとえば，いくつかの幼稚園という対象空間に対し

$$\left\{\begin{array}{l}楽しい　広い　明るい　立体的　すっきり\\美しい　活気　親しみ　開放的　暖か\end{array}\right\}$$

といった項目について，何人かの被験者に体験してもらい，
その評価結果を因子分析します．すると
　　　　　　第1因子 …… 好感的
　　　　　　第2因子 …… 活動的
といった共通因子が抽出されますから，それぞれの幼稚園は
次の図のような心理的空間へと変換されます．

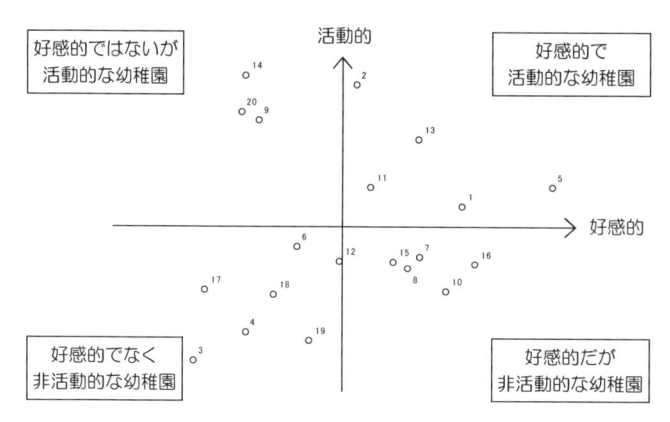

図 1.4.2　SD 法によるグラフ表現

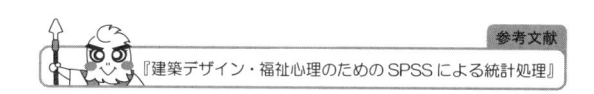

参考文献
『建築デザイン・福祉心理のための SPSS による統計処理』

Section 1.4　因子分析のはなし

例　　心理学

　因子分析は心理学で活発に利用されている統計手法です．
　心理学では深層心理といった言葉で表現されるように，
　　　　　　　"心の奥底に潜むものは何なのか？"
といったことを研究テーマにします．

　因子分析は，いくつかの要因の背後に潜んでいる共通因子を抽出する手法ですから，因子分析は心理学の論文を書くときに，もってこいの統計処理ですね！

　たとえば，100人の被験者に対し
$$\left\{\begin{array}{l} \text{ストレス　運動　健康　家庭生活} \\ \text{地域活動　趣味　仕事} \end{array}\right\}$$
といった項目について調査します．
　そのデータを因子分析して
　　　　　　　第1因子 …… 外的充実感
　　　　　　　第2因子 …… 内的充実感
のような共通因子を取り出します．

$$\left.\begin{array}{l}\text{視覚認知 } x_1 \\ \text{空間視覚 } x_2 \\ \text{空間見当 } x_3\end{array}\right\}\text{の共通因子}f_1 \cdots\cdots\text{空間的能力}$$

$$\left.\begin{array}{l}\text{文章理解 } x_4 \\ \text{文章完成 } x_5 \\ \text{単語意味 } x_6\end{array}\right\}\text{の共通因子}f_2 \cdots\cdots\text{言語的能力}$$

| 例 | 介護・福祉 |

　高齢者にとって，転倒による骨折は"寝たきり"の大きな原因です．
このことは高齢者の介護施設にとっても大きな問題ですね．
　そこで，どのような介護施設が危険なのかをタイプ分けするときに，
因子分析を利用できます．

　たとえば，居住内で高齢者の転倒事故が多く見られる場所

$$\begin{cases} 寝室 \quad 居間 \quad 階段 \quad 浴室 \quad ベランダ \\ 食堂 \quad 玄関 \quad 廊下 \quad 庭 \quad トイレ \end{cases}$$

について調査します．
　このデータを因子分析すると
　　　　第1因子 ……　水まわり
　　　　第2因子 ……　段差のあるところ
といった共通因子が抽出されますから，次のような図を
描くことができます．

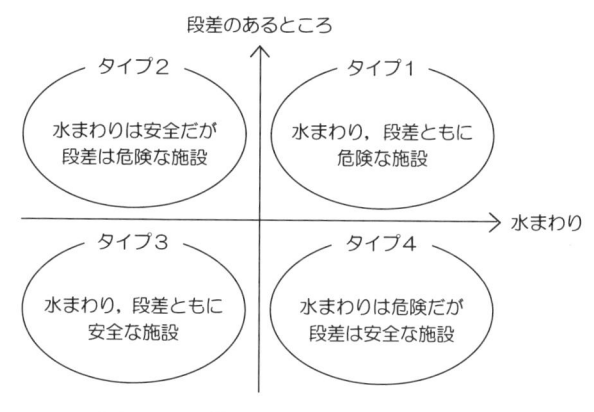

図 1.4.3　第1因子と第2因子の散布図

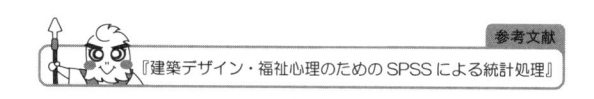

| 参考文献 |
『建築デザイン・福祉心理のための SPSS による統計処理』

Section 1.5
判別分析のはなし

■ 判別分析

　データが2つのグループに分かれているとしましょう．このとき，新たに得られたサンプルがそのどちらのグループに属するのだろうか，といった場合に用いられる手法が**判別分析**です．

　ところで，どちらに属するかを判断するためには，判別の基準が必要となりますね．よく使われる基準には，次の2つがあります．

> 判別分析は3つ以上のグループに対しても有効です

> $a_1, a_2, \ldots, a_p$ の求め方は5章にあるでござる！

その1．線型判別関数による基準

　2つのグループの間に

$$a_1x_1 + a_2x_2 + \cdots + a_px_p + a_0 = 0$$

という境界線または境界面を入れ，新しいサンプルが境界のどちら側に属するかを判別します．この1次式 $z = a_1x_1 + a_2x_2 + \cdots + a_px_p + a_0$ を**線型判別関数**といいます．

その2．マハラノビスの距離による基準

　新しいサンプルと2つのグループとの"距離"をそれぞれ計算し，"距離"の近い方のグループに新しいサンプルが属すると判別します．

　ただし，距離といっても普通のものさしで測る距離ではなく，**マハラノビスの距離**と呼ばれているちょっと変わった概念を導入します．

　判別分析の応用例を作ってみましょう．

Key Word　判別分析：discriminant analysis

| 例 | 生物 |

昆虫マニアが1匹のめずらしいコガネムシをつかまえました．
昆虫図鑑で調べるとビロウドコガネの新種のように思えたので，
T大学の生物学教室に持ってゆくと意見が2つに分かれてしまいました．

S教授 「国内産のビロウドコガネである」

N教授 「これは台風にのって大陸からやってきた
大陸産ビロウドコガネに違いない」

とそれぞれ主張しています．

このような場合に役に立つのが判別分析です．

そこで……

国内産のビロウドコガネのグループと，大陸産のビロウドコガネの
グループについて，触角の長さ，前胸背の幅などいくつかの特徴を測定し，
このコガネムシがどちらのグループに属するかを判別することと
なりました．

この方法は1936年，フィッシャーがアヤメ科の3種類の植物の判別に
応用して以来，有名になりました．

1965年
古生物学者のパターソンは
ケニアで腕の骨を発見しました．
そして，その骨の発見された
堆積物の年代推定から
約250万年前のものと
わかりました．

その当時，最古の人類といわれた
アウストラロピテクスが
約175万年前のものだったので
もしもこの骨が
"人類" のものであれば
人類学の歴史を
ぬりかえるものとなります．

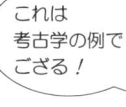

これは
考古学の例で
ござる！

そこで登場したのが判別分析です．
パターソンは，人類と類人猿の
2つのグループの骨の長さを測定し
発見された骨の化石が
人類のグループに属する
と判別しました．

Section 1.5 判別分析のはなし

例　経済

　銀行はすでにペイオフの時代にはいっています．

　今まで安全といわれてきた銀行も，不良債権問題などで
経営破綻するところも出てきました．

　このような時代，われわれはどの銀行に預金をすればいいのでしょうか？

　そこで，破綻しそうな銀行や健全経営の銀行を調べるために，
判別分析を適用してみましょう．

　はじめに，破綻しそうな銀行と健全経営の銀行のグループに対し，
$$\{総資金業務純益率 \quad 自己資本比率 \quad 不良債権比率\}$$
といった銀行の経営に関するデータを集めます．

　このデータをもとに，2つのグループ間に
$$"境界線"$$
を入れてみましょう．

> 面接に来た学生が
> 会社にとって，将来
> 必要な人間のグループに属するか
> 不必要なグループに属するかを
> 判断する手がかりのひとつに
> 判別分析があります

> この場合
> 独立変数として在学中の成績や
> 入社試験の成績などが
> 考えられます

> 独立変数に
> どれを選ぶかは
> 人事課の
> 腕の見せどころ
> でござる！

| 例 | 医学 |

　胃が痛い，食欲がない，胃が重苦しい，下痢をするなどの自覚症状が出始めると，「さては……」とだれしも気になり始める．さっそく病院へ出かけてみると，受付にはコンピュータがおいてあるだけ．
　あなたはその前にすわらされ，画面のアンケートに答える．即座に
　　　　　　「胃ガンもしくは胃潰瘍の疑いあり」
という診断が下される．
　次に診察室に入る．白衣を着た美しいロボット看護師が
血液検査や何種類かの精密検査をしてくれる．
　はらはらしながら待つと，ロボット医師から
　　　　　「コンピュータ診断ノ結果，アナタノ病名ハ胃ガンデス」
と冷たく宣告されるだろう．
　驚いたあなたは，ロボット医師の頭の中をのぞいてみなければいけない．
　その頭の中には，判別分析のプログラムが入っているはずだ……

　このように，胃ガンか胃潰瘍かのどちらかの病気に違いない
という場合にも，判別分析を応用することができます．

　胃ガンのグループと胃潰瘍のグループのデータをもとに，
線型判別関数を用いて2つのグループ間に境界線を引き，
あなたがどちらの側に入っているかを判別したり，
2つのグループとあなたとのマハラノビスの距離をそれぞれ測り，
その距離の近い方のグループにあなたが属していると判別したり
するわけです．
　もちろんその判別が絶対に正しいというわけではなく，誤判別の
危険性もあるわけですから，判別分析で胃ガンのグループに属すると
判断されたからといって，急いでエンディングノートを書く必要も
ありません．

Section 1.6
クラスター分析のはなし

■ **クラスター分析**

"cluster"を英和辞典で引いてみましょう！

　　　　　　　　房，かたまり，群れ，一団

のような訳が出てきませんか？　ということは……

クラスター分析とは，"かたまり"を構成するための統計処理のようですね．

判別分析用のデータは，もともと2つのグループに分かれていますが，ごちゃ混ぜになったデータから何らかの基準をもとに次々と"かたまり"を構築してゆくのが**クラスター分析**です．

例　　福祉

クラスター分析をうまく利用した論文に，盧志和氏による

　　　「全国老人保健施設の特性から見た類型化に関する研究」

があります．

この論文では，30項目にもおよぶアンケート調査を全国の約700カ所の高齢者施設に対しておこない，これらの高齢者施設を，クラスター分析によって4つのクラスタに類型化することに成功しました．

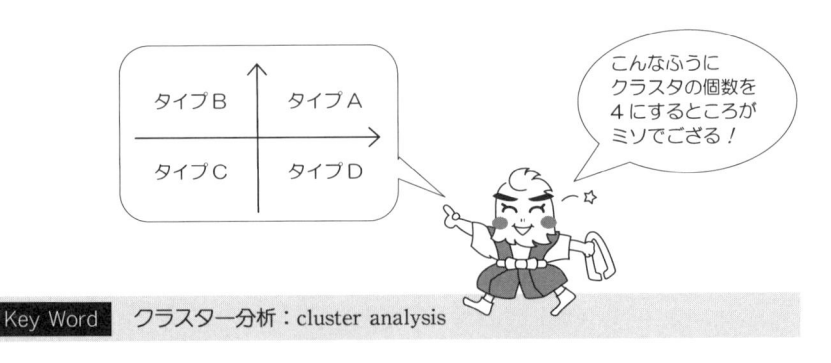

```
        ↑
タイプB │ タイプA
────────┼────────→
タイプC │ タイプD
        │
```

こんなふうにクラスタの個数を4にするところがミソでござる！

Key Word　　クラスター分析：cluster analysis

Section 1.7
数量化理論のはなし

■ 数量化理論

　数量化理論は，統計数理研究所の林知己夫博士が考案した非常に優れた統計理論です．

　多変量解析は数値データを扱うのが普通なのですが，研究内容によっては，「はい/いいえ」といった質的データの場合もあります．そのようなとき威力を発揮するのが，この"林の数量化理論"です．

　質的データを数量化するというところが，重要なポイントですね．

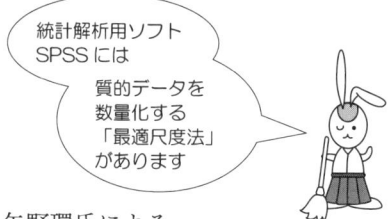

> 統計解析用ソフトSPSSには質的データを数量化する「最適尺度法」があります

例　書誌学

　数量化理論を適用した有名な研究に，矢野環氏による
「『君台観左右帳記』の伝書解析
　　　　——数量化理論による芸道関連写本群の数理的研究」
があります（参考文献［9］所収）．

　この研究は，茶道の秘伝書の写本群の系統分析に関するものですが，写本がたくさんある場合に数量化Ⅲ類を使うと，写本の親近性により写本群の類別分類が可能になるそうです．

　総合的類似性をグラフで表現することにより，統計とは無縁に思える書誌学的判断に有効な手段とは興味深いですね．

Key Word　数量化理論：quantification method

Section 1.8
ここでちょっと復習！

次の表は，主成分分析の出力結果の一部を取り出したものです．

表 1.8.1　基礎統計量

	平均値	分散	標準偏差
身長	154.75	62.25	7.890
体重	51.75	48.917	6.994

表 1.8.2　相関行列・分散共分散行列

	身長	体重
身長	1 62.25	0.693 38.250
体重	0.693 38.250	1 48.917

表 1.8.3　主成分行列

	主成分1	主成分2
身長 体重	0.7654 0.6435	−0.6435 0.7654
固有値	94.410	16.757
寄与率	84.927	15.073

このように，多変量解析を理解するためには
　　　　　"いくつかの不可欠なキーワード"
があります．

そのキーワードが

　　　平均・分散・標準偏差・データの標準化
　　　共分散・相関係数・分散共分散行列・相関行列
　　　固有値・固有ベクトル

などです．そこで……

次のデータを使って，これらの統計用語をちょっと復習しましょう！

表 1.8.4　データ

No.	身長	体重
1	151	48
2	164	53
3	146	45
4	158	61

$\Longleftrightarrow$

表 1.8.5　データの型

No.	x	y
1	x_1	y_1
2	x_2	y_2
⋮	⋮	⋮
N	x_N	y_N

■ 平均

統計で最もよく登場するのが平均です．

平均はデータを代表する値とか，データの位置を示す統計量といわれています．定義はよく知られていますね．

$$\text{身長の平均}\ \bar{x} = \frac{x_1 + x_2 + \cdots + x_N}{N}$$

$$= \frac{151 + 164 + 146 + 158}{4} = 154.75$$

$$\text{体重の平均}\ \bar{y} = \frac{y_1 + y_2 + \cdots + y_N}{N}$$

$$= \frac{48 + 53 + 45 + 61}{4} = 51.75$$

■ 分散

統計で最も大切な概念が分散です．

分散は平均を中心としたときのデータのバラツキを表す統計量です．したがって，分散の定義は平均との差をとることから始まります．

身長の分散を s_x^2，体重の分散を s_y^2 とすると……

$$s_x^2 = \frac{(x_1-\bar{x})^2+(x_2-\bar{x})^2+\cdots+(x_N-\bar{x})^2}{N-1}$$

$$= \frac{(151-154.75)^2+(164-154.75)^2+\cdots+(158-154.75)^2}{4-1}$$

$$= 62.25$$

$$s_y^2 = \frac{(y_1-\bar{y})^2+(y_2-\bar{y})^2+\cdots+(y_N-\bar{y})^2}{N-1}$$

$$= \frac{(48-51.75)^2+(53-51.75)^2+\cdots+(61-51.75)^2}{4-1}$$

$$= 48.917$$

> データの値と平均との差の2乗和を $N-1$ で割る分散を標本分散といいます

■ 標準偏差

標準偏差もデータのバラツキを表す統計量ですが，平均との単位をそろえるために

$$標準偏差 = \sqrt{分散}$$

と定義します．

したがって，

$$身長の標準偏差\ s_x = \sqrt{s_x^2} = \sqrt{62.25} = 7.890$$

$$体重の標準偏差\ s_y = \sqrt{s_y^2} = \sqrt{48.917} = 6.994$$

となります．

Key Word　　平均：mean, average　　分散：variance
　　　　　　　標準偏差：standard deviation, SD

■ データの標準化

ところで，2つの変数を同時に扱うとき，気になることが1つあります．それは，変数の単位です．

身長と体重のように変数の単位が異なるとき，それらの変数を同時に取り扱ってもいいのでしょうか？

統計ではこのようなとき，データの標準化

$$データ \longmapsto \frac{データ - \bar{x}}{s_x}$$

という操作をおこないます．

> 標準化は大切でござるよ

身長と体重のデータを標準化してみましょう．

表 1.8.6 データ

No.	身長	体重
1	151	48
2	164	53
3	146	45
4	158	61

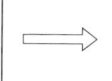

表 1.8.7 データの標準化

No.	身長	体重
1	-0.4753	-0.5362
2	1.1724	0.1787
3	-1.1090	-0.9651
4	0.4119	1.3226

$$151 \implies \frac{151-\bar{x}}{s_x} = \frac{151-154.75}{7.890} = -0.4753$$

$$48 \implies \frac{48-\bar{y}}{s_y} = \frac{48-51.75}{6.994} = -0.5362$$

データの標準化で大切なポイントは？

標準化の前は
身長の平均 = 154.75
身長の分散 = 62.25

$\implies$

標準化の後は
身長の平均 = 0
身長の分散 = 1

■ 共分散

分散は長さの概念であるのに対し，共分散は広がりの概念です．

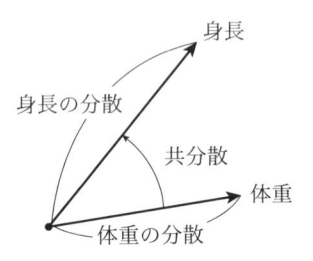

図 1.8.1 分散と共分散

共分散 s_{xy} の定義式は次のようになります．

$$s_{xy} = \frac{(x_1 - \bar{x})(y_1 - \bar{y}) + (x_2 - \bar{x})(y_2 - \bar{y}) + \cdots + (x_N - \bar{x})(y_N - \bar{y})}{N-1}$$

したがって，身長と体重の共分散 s_{xy} は……

$$s_{xy} = \frac{(151 - 154.75) \times (48 - 51.75) + \cdots + (158 - 154.75) \times (61 - 51.75)}{4 - 1}$$

$$= 38.250$$

■ 相関係数

共分散と密接な関係にあるのが相関係数 r です．

$$相関係数\ r = \frac{x と y の共分散}{\sqrt{x の分散}\sqrt{y の分散}}$$

したがって，身長と体重の相関係数 r は，次のようになります．

$$相関係数\ r = \frac{38.250}{\sqrt{62.250}\sqrt{48.917}} = 0.693$$

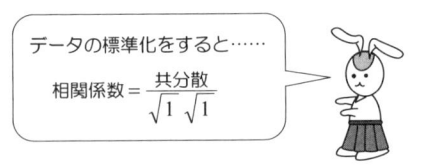

> データの標準化をすると……
> $$相関係数 = \frac{共分散}{\sqrt{1}\sqrt{1}}$$

Key Word　共分散：covariance　　相関係数：correlation coefficient
　　　　　分散共分散行列：variance-covariance matrix

■ **分散共分散行列**

分散共分散行列は，分散と共分散を正方形の形に並べた行列です．

$$\begin{array}{c} & x & y \\ x \\ y \end{array} \left[\begin{array}{cc} x\text{の分散} & x \text{と} y \text{の共分散} \\ y \text{と} x \text{の共分散} & y\text{の分散} \end{array} \right] \iff \left[\begin{array}{cc} s_x^2 & s_{xy} \\ s_{yx} & s_y^2 \end{array} \right]$$

したがって，身長と体重の分散共分散行列は，次のようになります．

$$\begin{array}{c} & \text{身長} & \text{体重} \\ \text{身長} \\ \text{体重} \end{array} \left[\begin{array}{cc} 62.250 & 38.250 \\ 38.250 & 48.917 \end{array} \right] \iff \begin{array}{c} & x_1 & x_2 \\ x_1 \\ x_2 \end{array} \left[\begin{array}{cc} s_{11} & s_{12} \\ s_{21} & s_{22} \end{array} \right]$$

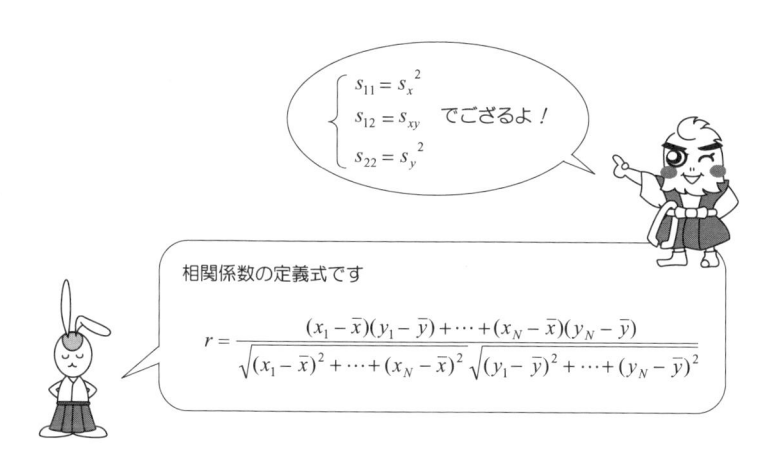

$\begin{cases} s_{11} = s_x^2 \\ s_{12} = s_{xy} \\ s_{22} = s_y^2 \end{cases}$ でござるよ！

相関係数の定義式です

$$r = \frac{(x_1 - \bar{x})(y_1 - \bar{y}) + \cdots + (x_N - \bar{x})(y_N - \bar{y})}{\sqrt{(x_1 - \bar{x})^2 + \cdots + (x_N - \bar{x})^2} \sqrt{(y_1 - \bar{y})^2 + \cdots + (y_N - \bar{y})^2}}$$

■ 相関行列

相関行列は，次のような行列のことです．

$$\begin{array}{c} & x & y \\ x & \begin{bmatrix} 1 & 相関係数 \\ 相関係数 & 1 \end{bmatrix} \\ y & \end{array}$$

したがって，身長と体重の相関行列は，次のようになります．

$$\begin{array}{c} & 身長 & 体重 \\ 身長 & \begin{bmatrix} 1 & 0.693 \\ 0.693 & 1 \end{bmatrix} \\ 体重 & \end{array}$$

●データを標準化すると……

$$\begin{cases} 分散 & \longrightarrow & 1 \\ 共分散 & \longrightarrow & 相関係数 \end{cases}$$

となりますから，分散共分散行列は相関行列に変わります．

$$\begin{bmatrix} 分散 & 共分散 \\ 共分散 & 分散 \end{bmatrix} \xRightarrow{標準化} \begin{bmatrix} 1 & 相関係数 \\ 相関係数 & 1 \end{bmatrix}$$

$$\begin{bmatrix} 62.250 & 38.250 \\ 38.250 & 48.917 \end{bmatrix} \Rightarrow \begin{bmatrix} 1 & 0.693 \\ 0.693 & 1 \end{bmatrix}$$

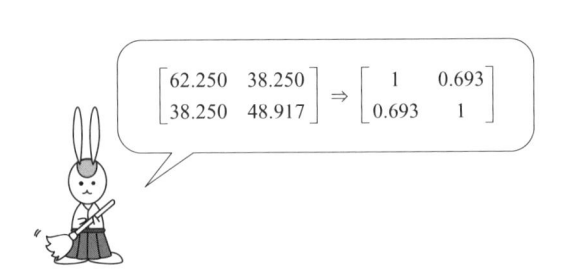

Key Word　相関行列：correlation matrix

■ 行列の計算と逆行列・行列式

● 行列の積とは？

その1.　$\begin{bmatrix} s_{11} & s_{12} \\ s_{21} & s_{22} \end{bmatrix} \begin{bmatrix} x_1 \\ x_2 \end{bmatrix} = \begin{bmatrix} s_{11}x_1 + s_{12}x_2 \\ s_{21}x_1 + s_{22}x_2 \end{bmatrix}$

その2.　$\begin{bmatrix} y_1 & y_2 \end{bmatrix} \begin{bmatrix} s_{11} & s_{12} \\ s_{21} & s_{22} \end{bmatrix} = \begin{bmatrix} y_1 s_{11} + y_2 s_{21} & y_1 s_{12} + y_2 s_{22} \end{bmatrix}$

その3.　$\begin{bmatrix} y_1 & y_2 \end{bmatrix} \begin{bmatrix} x_1 \\ x_2 \end{bmatrix} = y_1 x_1 + y_2 x_2$

その4.　$\begin{bmatrix} x_1 \\ x_2 \end{bmatrix} \begin{bmatrix} y_1 & y_2 \end{bmatrix} = \begin{bmatrix} x_1 y_1 & x_1 y_2 \\ x_2 y_1 & x_2 y_2 \end{bmatrix}$

> ヨコの行とタテの列の積和です

● 逆行列とは？

$$\begin{bmatrix} s_{11} & s_{12} \\ s_{21} & s_{22} \end{bmatrix}^{-1} = \begin{bmatrix} \dfrac{s_{22}}{s_{11}s_{22} - s_{12}s_{21}} & \dfrac{-s_{12}}{s_{11}s_{22} - s_{12}s_{21}} \\ \dfrac{-s_{21}}{s_{11}s_{22} - s_{12}s_{21}} & \dfrac{s_{11}}{s_{11}s_{22} - s_{12}s_{21}} \end{bmatrix}$$

● 行列式とは？

$$\begin{vmatrix} a & b \\ c & d \end{vmatrix} = ad - bc$$

> 行列の計算も多変量解析では重要でござるよ

Key Word　行列：matrix　　逆行列：inverse matrix
　　　　　　　行列式：determinant

Section 1.8　ここでちょっと復習！

■ **固有値と固有ベクトル**

分散共分散行列

$$\begin{bmatrix} s_{11} & s_{12} \\ s_{21} & s_{22} \end{bmatrix}$$

に対し

$$\begin{bmatrix} s_{11} & s_{12} \\ s_{21} & s_{22} \end{bmatrix} \begin{bmatrix} a_1 \\ a_2 \end{bmatrix} = \lambda \begin{bmatrix} a_1 \\ a_2 \end{bmatrix}$$

をみたす

λ を**固有値**，$\begin{bmatrix} a_1 \\ a_2 \end{bmatrix}$ を**固有ベクトル**

といいます．

> 多変量解析と
> 固有値・固有ベクトルは
> 切っても切れない縁
> ということでござるな

次の分散共分散行列の固有値と固有ベクトルを求めてみましょう．

$$\begin{bmatrix} 62.250 & 38.250 \\ 38.250 & 48.917 \end{bmatrix}$$

手順 1 はじめに，固有値 λ を求めます．

$$\begin{bmatrix} 62.250 & 38.250 \\ 38.250 & 48.917 \end{bmatrix} \begin{bmatrix} a_1 \\ a_2 \end{bmatrix} = \lambda \begin{bmatrix} a_1 \\ a_2 \end{bmatrix}$$

$$\begin{bmatrix} 62.250-\lambda & 38.250 \\ 38.250 & 48.917-\lambda \end{bmatrix} \begin{bmatrix} a_1 \\ a_2 \end{bmatrix} = \begin{bmatrix} 0 \\ 0 \end{bmatrix}$$

なので，次の行列式が 0 になる値 λ が固有値です．

$$\begin{vmatrix} 62.250-\lambda & 38.250 \\ 38.250 & 48.917-\lambda \end{vmatrix} = 0$$

$\begin{vmatrix} a & b \\ c & d \end{vmatrix} = ad - bc$

したがって，2 次方程式

$$(62.250-\lambda)(48.917-\lambda) - 38.250 \times 38.250 = 0$$

の解は

$$\lambda_1 = 94.410 \qquad \lambda_2 = 16.757$$

となりました．固有値は 2 個あります．

手順 2 次に，固有値 94.410 の固有ベクトル $\begin{bmatrix} a_1 \\ a_2 \end{bmatrix}$ を求めます．

$$\begin{bmatrix} 62.250 & 38.250 \\ 38.250 & 48.917 \end{bmatrix} \begin{bmatrix} a_1 \\ a_2 \end{bmatrix} = 94.410 \begin{bmatrix} a_1 \\ a_2 \end{bmatrix}$$

この行列の式は，次のように表現できます．

$$\begin{cases} 62.250 a_1 + 38.250 a_2 = 94.410 a_1 \\ 38.250 a_1 + 48.917 a_2 = 94.410 a_2 \end{cases}$$

ところが，この連立1次方程式の解は一意に求まりません．そこで，

　　　　　　固有ベクトルの大きさが1

という条件を付けることにします．

$$\begin{cases} 62.250 a_1 + 38.250 a_2 = 94.410 a_1 \\ a_1{}^2 + a_2{}^2 = 1 \end{cases}$$

この連立方程式を解くと

$$a_1 = 0.7654 \qquad a_2 = 0.6435$$

となります．

したがって，固有値 94.410 の固有ベクトルは

$$\begin{bmatrix} a_1 \\ a_2 \end{bmatrix} = \begin{bmatrix} 0.7654 \\ 0.6435 \end{bmatrix}$$

となりました．

つまり……

$$\begin{bmatrix} 62.250 & 38.250 \\ 38.250 & 48.917 \end{bmatrix} \begin{bmatrix} 0.7654 \\ 0.6435 \end{bmatrix} = \begin{bmatrix} 72.260 \\ 60.755 \end{bmatrix}$$

$$94.410 \begin{bmatrix} 0.7654 \\ 0.6435 \end{bmatrix} = \begin{bmatrix} 72.261 \\ 60.753 \end{bmatrix}$$

となっています．

> この2つの式は同じ式でござる

Key Word　　固有値：eigenvalue　　固有ベクトル：eigenvector

2章
はじめての重回帰分析

Section 2.1　重回帰分析とは因果なもの?!
Section 2.2　重回帰式と重回帰モデル
Section 2.3　重回帰式を求めよう
Section 2.4　その重回帰式は因果関係をよく表していますか？
Section 2.5　偏回帰係数の意味するもの
Section 2.6　重回帰分析の検定
Section 2.7　重回帰分析の推定
Section 2.8　重回帰分析がいつもうまくゆくとは限らない
Section 2.9　多重共線性の問題点
Section 2.10　ダミー変数の利用
Section 2.11　回帰分析についてのその他の話題

Section 2.1
重回帰分析とは因果なもの?!

多変量解析の中で,もっともよく利用されている方法が

重回帰分析

です.一言でいうならば,重回帰分析とは

"いくつかの原因とその結果を結ぶ統計処理"

のことです.

> 何が原因で
> 何が結果なのか
> それが問題でござる!

手順1 いくつかの原因を独立変数 $x_1, x_2, \cdots, x_p$
その結果を従属変数 y として,
次のような1次式を作ります.

$$\underset{\downarrow}{結果} \quad \underset{\downarrow}{原因} \quad \underset{\downarrow}{原因} \quad \underset{\downarrow}{原因}$$
$$Y = b_1 \, x_1 + b_2 \, x_2 + \cdots + b_p \, x_p + b_0$$

手順2 この式を使って,従属変数を予測したり,独立変数を
制御したりします.

世の中の現象が,このような単純な1次式で表現できるだろうかと
疑問を持たれる人も多いかもしれません.

もちろん,複雑怪奇なこの世の中のこと,1次式どころか,
何次式を使っても正確な関係式を作り出すのは不可能なことでしょう.

でも,このような単純な1次式でも十分役に立つところに
重回帰分析の面白さがあります.

しかし,式が単純なだけに,分析結果の解釈や使い方には細心の注意が
必要ですね.

Key Word　重回帰分析:multiple regression analysis

■ **重回帰分析の例**

材料工学で重要なセラミックスを取り上げます．

セラミックスとは，もともとガラスや陶磁器のように，粘土，長石，桂石などを焼結したものです．それが高温度焼成窯の発達にともない，高融点をもった焼結体として注目されるようになってきました．

このセラミックスに，より望ましい性質を付与するために高温で圧力をかけながら圧縮変形をおこなうと，セラミックス内部の結晶面が一定の方向を向く配向現象が起こります．この結晶面の並び方を配向度といいます．

次のデータは，10個のサンプルについてセラミックスを作るときのいろいろな条件と，そのときの配向度を測定した結果です．

表 2.1.1 温度・圧力・配向度のデータ

サンプル No.	配向度	条件		
		温度	圧力	時間
1	45	17.5	30	20
2	38	17.0	25	20
3	41	18.5	20	20
4	34	16.0	30	20
5	59	19.0	45	15
6	47	19.5	35	20
7	35	16.0	25	20
8	43	18.0	35	20
9	54	19.0	35	20
10	52	19.5	40	15

↑
100℃

時間の変数についてはあとで取り上げることにします

そこで，温度や圧力がセラミックスの配向度におよぼす影響について調べることにしましょう．

Section 2.2
重回帰式と重回帰モデル

重回帰分析は，配向度，温度，圧力の間に次のような1次式の関係

$$\underset{\underset{\text{配向度}}{\downarrow}}{\text{従属変数 }y} \quad ? \quad b_1 \times \underset{\underset{\text{温度}}{\downarrow}}{\text{独立変数 }x_1} + b_2 \times \underset{\underset{\text{圧力}}{\downarrow}}{\text{独立変数 }x_2} + b_0$$

が存在するのではないか？　と考えることから始まります．

でも，この等号がそのまま成り立つわけではありません．

次の散布図を見てもわかりますが，各点でズレがありますね．

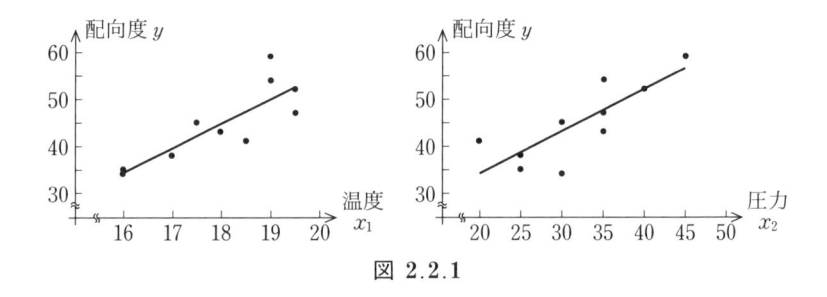

図 2.2.1

そこで，重回帰式と重回帰モデルという2つの式を用意します．

・**重回帰式**

$$Y = b_1 x_1 + b_2 x_2 + b_0$$

・**重回帰モデル**

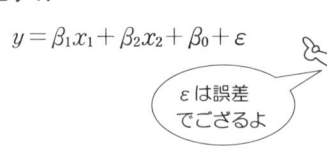

$$y = \beta_1 x_1 + \beta_2 x_2 + \beta_0 + \varepsilon$$

b_1, b_2 を偏回帰係数
b_0 を定数項と
いいます

ε は誤差
でござるよ

■ 重回帰式とそのグラフ

重回帰式では，次のように**実測値** y と**予測値** Y を区別します．

$$\text{実測値 } y \quad \rightleftarrows \quad \text{予測値 } Y = b_1 x_1 + b_2 x_2 + b_0$$

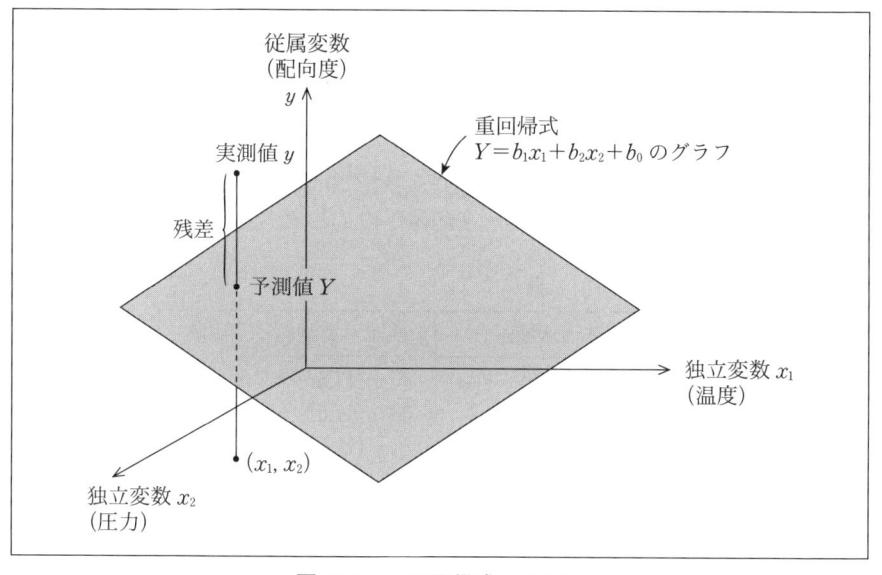

図 2.2.2　重回帰式のグラフ

■ 重回帰モデル

N 個のデータの重回帰モデルは

$$\begin{cases} y_1 = \beta_1 x_{11} + \beta_2 x_{21} + \beta_0 + \varepsilon_1 \\ y_2 = \beta_1 x_{12} + \beta_2 x_{22} + \beta_0 + \varepsilon_2 \\ \vdots \\ y_N = \beta_1 x_{1N} + \beta_2 x_{2N} + \beta_0 + \varepsilon_N \end{cases}$$

となります．この誤差 $\varepsilon_1, \varepsilon_2, \cdots, \varepsilon_N$ に対して，次のような仮定をします．

$$\begin{cases} (1) & \varepsilon_i \text{ の平均 } E(\varepsilon_i) = 0 \\ (2) & \varepsilon_i \text{ の分散 } \mathrm{Var}(\varepsilon_i) = \sigma^2 \\ (3) & \varepsilon_i \text{ と } \varepsilon_j \text{ は互いに独立} \\ (4) & \varepsilon_i \text{ は正規分布に従う} \end{cases}$$

> 区間推定や検定をおこなうときこの重回帰モデルの条件が大切になるのじゃ

> ε_i と ε_j が独立 $\Rightarrow \mathrm{Cov}(\varepsilon_i, \varepsilon_j) = 0$

Section 2.3
重回帰式を求めよう

■ **重回帰式の求め方**（その1）

重回帰分析は，次の重回帰式を求めることから始まります．
$$Y = b_1 x_1 + b_2 x_2 + b_0$$

重回帰式を求めるときは，次のように，各データの残差に注目します．**残差**とは，"実測値－予測値"のことです．

残差とは
ズレでござる

表 2.3.1

No.	実測値	予測値	残差＝実測値－予測値
1	45	$17.5b_1 + 30b_2 + b_0$	$45 - (17.5b_1 + 30b_2 + b_0)$
2	38	$17.0b_1 + 25b_2 + b_0$	$38 - (17.0b_1 + 25b_2 + b_0)$
3	41	$18.5b_1 + 20b_2 + b_0$	$41 - (18.5b_1 + 20b_2 + b_0)$
⋮	⋮	⋮	⋮
9	54	$19.0b_1 + 35b_2 + b_0$	$54 - (19.0b_1 + 35b_2 + b_0)$
10	52	$19.5b_1 + 40b_2 + b_0$	$52 - (19.5b_1 + 40b_2 + b_0)$

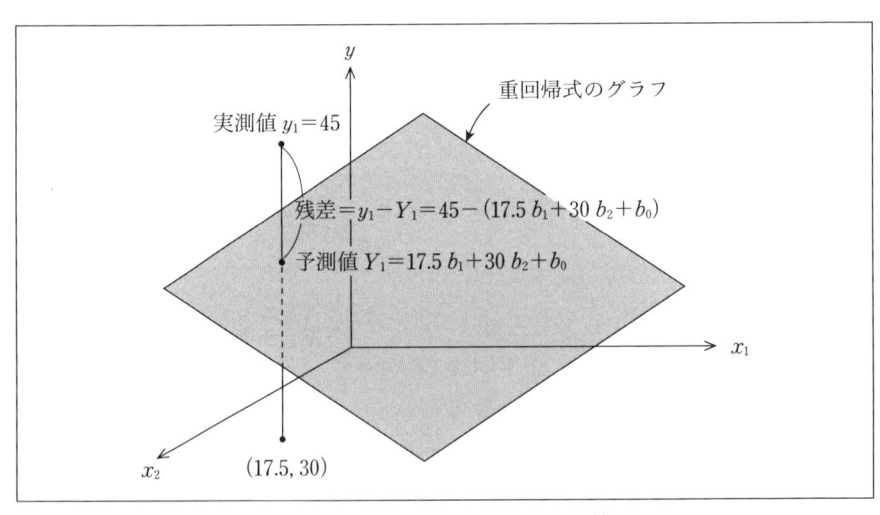

図 2.3.1 残差＝実測値－予測値

そこで，これらの残差が最小になる偏回帰係数 b_1, b_2 を求めましょう．

この残差はプラスになったりマイナスになったりするので，このままでは扱いにくいですね！

このようなときは

最小2乗法

を使います．

> 最小2乗法とは残差の2乗和が最小になる b_1, b_2 を探す手法です

残差の2乗和を $Q(b_1, b_2, b_0)$ とおくと

$$
\begin{aligned}
Q(b_1, b_2, b_0) =\ & \{45 - (17.5 b_1 + 30 b_2 + b_0)\}^2 \\
& + \{38 - (17.0 b_1 + 25 b_2 + b_0)\}^2 \\
& \vdots \\
& + \{52 - (19.5 b_1 + 40 b_2 + b_0)\}^2 \\
=\ & 45^2 + (17.5 b_1 + 30 b_2 + b_0)^2 - 2 \cdot 45 \cdot (17.5 b_1 + 30 b_2 + b_0) \\
& + 38^2 + (17.0 b_1 + 25 b_2 + b_0)^2 - 2 \cdot 38 \cdot (17.0 b_1 + 25 b_2 + b_0) \\
& +\ \vdots \qquad \vdots \qquad\qquad\qquad\qquad \vdots \\
& + 52^2 + (19.5 b_1 + 40 b_2 + b_0)^2 - 2 \cdot 52 \cdot (19.5 b_1 + 40 b_2 + b_0) \\
& \quad\uparrow \qquad\qquad \uparrow \qquad\qquad\qquad\qquad \uparrow \\
& \quad\ \text{Ⓐ} \qquad\qquad \text{Ⓑ} \qquad\qquad\qquad\qquad \text{Ⓒ}
\end{aligned}
$$

となります．

次に Ⓐ，Ⓑ，Ⓒ の部分をそれぞれ計算し，$Q(b_1, b_2, b_0)$ が最小になる b_1, b_2, b_0 を求めます．

そこで，Ⓐ の式は……

> このあとの計算はやっかいでござるよ！

Key Word 残差：residual　最小2乗法：least-squares method

$$
\begin{aligned}
\text{Ⓐ} = \ & 45^2 \\
& + 38^2 \\
& \vdots \quad \vdots \\
& + 52^2 \\
= \ & 20690 \quad \leftarrow ①
\end{aligned}
$$

なんと長い式でござる！

$$
\begin{aligned}
\text{Ⓑ} = \ & (17.5)^2 b_1^2 + (30)^2 b_2^2 + b_0^2 + 2\cdot 17.5 \times 30 b_1 b_2 + 2\cdot 17.5 b_1 b_0 + 2\cdot 30 b_2 b_0 \\
& + (17.0)^2 b_1^2 + (25)^2 b_2^2 + b_0^2 + 2\cdot 17.0 \times 25 b_1 b_2 + 2\cdot 17.0 b_1 b_0 + 2\cdot 25 b_2 b_0 \\
& \vdots \quad\quad \vdots \quad\quad \vdots \quad\quad\quad\quad \vdots \quad\quad\quad\quad \vdots \quad\quad\quad \vdots \\
& + (19.5)^2 b_1^2 + (40)^2 b_2^2 + b_0^2 + 2\cdot 19.5 \times 40 b_1 b_2 + 2\cdot 19.5 b_1 b_0 + 2\cdot 40 b_2 b_0 \\
= \ & 3256 b_1^2 + 10750 b_2^2 + 10 b_0^2 + 2\times 5812.5 b_1 b_2 + 2\times 180 b_1 b_0 + 2\times 320 b_2 b_0 \\
& \ \ \uparrow \quad\quad\quad \uparrow \quad\quad\quad\quad\quad\quad\quad \uparrow \quad\quad\quad\quad\quad \uparrow \quad\quad\quad\quad \uparrow \\
& \ \ ② \quad\quad\quad ③ \quad\quad\quad\quad\quad\quad\quad ⑥ \quad\quad\quad\quad\quad ⑧ \quad\quad\quad\quad ⑨
\end{aligned}
$$

$$
\begin{aligned}
\text{Ⓒ} = \ & 45 \times 17.5 b_1 + 45 \times 30 b_2 + 45 b_0 \\
& + 38 \times 17.0 b_1 + 38 \times 25 b_2 + 38 b_0 \\
& \vdots \quad\quad\quad \vdots \quad\quad\quad \vdots \\
& + 52 \times 19.5 b_1 + 52 \times 40 b_2 + 52 b_0 \\
= \ & 8147.5 b_1 + 14790 b_2 + 448 b_0 \\
& \ \ \uparrow \quad\quad\quad\quad \uparrow \quad\quad\quad \uparrow \\
& \ \ ④ \quad\quad\quad\quad ⑤ \quad\quad\quad ⑦
\end{aligned}
$$

実際には別の方法を使います

ご心配なく

以上のことから，残差の2乗和 $Q(b_1, b_2, b_0)$ は

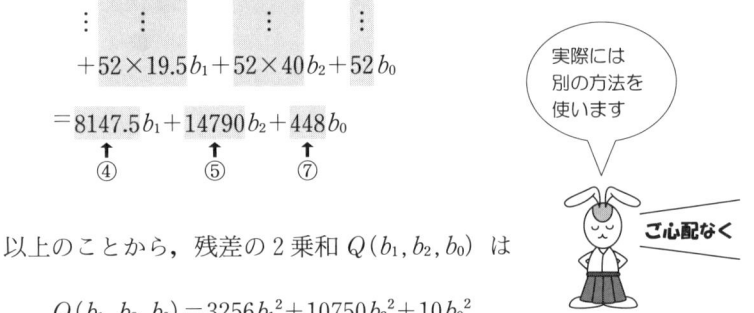

$$
\begin{aligned}
Q(b_1, b_2, b_0) = \ & 3256 b_1^2 + 10750 b_2^2 + 10 b_0^2 \\
& + 2 \times 5812.5 b_1 b_2 + 2 \times 180 b_1 b_0 + 2 \times 320 b_2 b_0 \\
& - 2 \times 8147.5 b_1 - 2 \times 14790 b_2 - 2 \times 448 b_0 + 20690
\end{aligned}
$$

となることがわかりました．

> 左ページの説明です

このようなときは，次の表を用意しておくと，便利ですね！

表 2.3.2　いろいろな統計量

No.	y	x_1	x_2
1	45	17.5	30
2	38	17.0	25
3	41	18.5	20
4	34	16.0	30
5	59	19.0	45
6	47	19.5	35
7	35	16.0	25
8	43	18.0	35
9	54	19.0	35
10	52	19.5	40
合計	448	180.0	320

　　　　↑⑦　　↑⑧　　↑⑨

No.	y^2	x_1^2	x_2^2	yx_1	yx_2	x_1x_2
1	2025	306.25	900	787.5	1350	525.0
2	1444	289.00	625	646.0	950	425.0
3	1681	342.25	400	758.5	820	370.0
4	1156	256.00	900	544.0	1020	480.0
5	3481	361.00	2025	1121.0	2655	855.0
6	2209	380.25	1225	916.5	1645	682.5
7	1225	256.00	625	560.0	875	400.0
8	1849	324.00	1225	774.0	1505	630.0
9	2916	361.00	1225	1026.0	1890	665.0
10	2704	380.25	1600	1014.0	2080	780.0
合計	20690	3256.00	10750	8147.5	14790	5812.5

　↑①　　↑②　　↑③　　↑④　　↑⑤　　↑⑥
　平方和　平方和　平方和　積和　　積和　　積和

この残差の2乗和 $Q(b_1, b_2, b_0)$ が最小となる b_1, b_2, b_0 を求めるために $Q(b_1, b_2, b_0)$ を b_1, b_2, b_0 でそれぞれ偏微分をして，
次のように0とおきます．

$$\frac{\partial Q}{\partial b_1} = 2(3256b_1 + 5812.5b_2 + 180b_0 - 8147.5) = 0 \tag{1}$$

$$\frac{\partial Q}{\partial b_2} = 2(10750b_2 + 5812.5b_1 + 320b_0 - 14790) = 0 \tag{2}$$

$$\frac{\partial Q}{\partial b_0} = 2(10b_0 + 180b_1 + 320b_2 - 448) = 0 \tag{3}$$

(3) の式から

$$b_0 = 44.8 - 18.0b_1 - 32.0b_2$$

となるので，(1) の式と (2) の式にそれぞれ代入します．

$$\begin{cases} 3256b_1 + 5812.5b_2 + 180(44.8 - 18.0b_1 - 32.0b_2) - 8147.5 = 0 \\ 10750b_2 + 5812.5b_1 + 320(44.8 - 18.0b_1 - 32.0b_2) - 14790 = 0 \end{cases}$$

b_1, b_2 について整理すると

$$\begin{cases} 16.0b_1 + 52.5b_2 - 83.5 = 0 \\ 52.5b_1 + 510.0b_2 - 454.0 = 0 \end{cases} \tag{4}$$

この連立1次方程式を解くと

$$b_1 = 3.470 \quad b_2 = 0.533 \quad b_0 = -34.716$$

となります．

よって，求める重回帰式は

$$Y = 3.470x_1 + 0.533x_2 - 34.716$$

であることがわかりました．

> SPSSを利用すると
> $b_0 = -34.713$
> となります

> 49ページを
> 見るべし！

42　2章　はじめての重回帰分析

> 左ページの説明です

(4)の式のような連立1次方程式を解くときは，逆行列を利用しましょう．

b_1, b_2 は次のようになります．

$$\begin{bmatrix} 16.0 & 52.5 \\ 52.5 & 510.0 \end{bmatrix} \begin{bmatrix} b_1 \\ b_2 \end{bmatrix} = \begin{bmatrix} 83.5 \\ 454.0 \end{bmatrix}$$

$$\begin{bmatrix} 16.0 & 52.5 \\ 52.5 & 510.0 \end{bmatrix}^{-1} \cdot \begin{bmatrix} 16.0 & 52.5 \\ 52.5 & 510.0 \end{bmatrix} \begin{bmatrix} b_1 \\ b_2 \end{bmatrix} = \begin{bmatrix} 16.0 & 52.5 \\ 52.5 & 510.0 \end{bmatrix}^{-1} \begin{bmatrix} 83.5 \\ 454.0 \end{bmatrix}$$

$$\begin{bmatrix} 1 & 0 \\ 0 & 1 \end{bmatrix} \begin{bmatrix} b_1 \\ b_2 \end{bmatrix} = \begin{bmatrix} 16.0 & 52.5 \\ 52.5 & 510.0 \end{bmatrix}^{-1} \begin{bmatrix} 83.5 \\ 454.0 \end{bmatrix}$$

$$\begin{bmatrix} b_1 \\ b_2 \end{bmatrix} = \begin{bmatrix} 0.09438 & -0.09772 \\ -0.09772 & 0.00296 \end{bmatrix} \begin{bmatrix} 83.5 \\ 454.0 \end{bmatrix}$$

$$= \begin{bmatrix} 3.470 \\ 0.533 \end{bmatrix}$$

b_0 は次のようになります．

$$\begin{aligned} b_0 &= 44.8 - 18.0 b_1 - 32.0 b_2 \\ &= 44.8 - 18.0 \times 3.470 - 32.0 \times 0.533 \\ &= -34.716 \end{aligned}$$

> 逆行列の計算にはExcel関数のMINVERSEが便利です

平方和積和行列

(4) の連立 1 次方程式は，次の平方和積和行列から，直接求まります．

$$
\begin{array}{c}
 & y & x_1 & x_2 \\
\begin{array}{c} y \\ x_1 \\ x_2 \end{array} &
\left[\begin{array}{ccc}
y\text{ の平方和} & y \text{ と } x_1 \text{ の積和} & y \text{ と } x_2 \text{ の積和} \\
x_1 \text{ と } y \text{ の積和} & x_1 \text{ の平方和} & x_1 \text{ と } x_2 \text{ の積和} \\
x_2 \text{ と } y \text{ の積和} & x_2 \text{ と } x_1 \text{ の積和} & x_2 \text{ の平方和}
\end{array}\right]
\end{array}
$$

$$
= \left[\begin{array}{ccc}
\sum(y_i - \bar{y})^2 & \sum(y_i - \bar{y})(x_{1i} - \bar{x}_1) & \sum(y_i - \bar{y})(x_{2i} - \bar{x}_2) \\
\sum(x_{1i} - \bar{x}_1)(y_i - \bar{y}) & \sum(x_{1i} - \bar{x})^2 & \sum(x_{1i} - \bar{x}_1)(x_{2i} - \bar{x}_2) \\
\sum(x_{2i} - \bar{x}_2)(y_i - \bar{y}) & \sum(x_{2i} - \bar{x}_2)(x_{1i} - \bar{x}_1) & \sum(x_{2i} - \bar{x}_2)^2
\end{array}\right]
$$

$$
= \left[\begin{array}{ccc}
\sum y_i^2 - \dfrac{(\sum y_i)^2}{N} & \sum y_i x_{1i} - \dfrac{(\sum y_i)(\sum x_{1i})}{N} & \sum y_i x_{2i} - \dfrac{(\sum y_i)(\sum x_{2i})}{N} \\
\sum x_{1i} y_i - \dfrac{(\sum x_{1i})(\sum y_i)}{N} & \sum x_{1i}^2 - \dfrac{(\sum x_{1i})^2}{N} & \sum x_{1i} x_{2i} - \dfrac{(\sum x_{1i})(\sum x_{2i})}{N} \\
\sum x_{2i} y_i - \dfrac{(\sum x_{2i})(\sum y_i)}{N} & \sum x_{1i} x_{2i} - \dfrac{(\sum x_{2i})(\sum x_{1i})}{N} & \sum x_{2i}^2 - \dfrac{(\sum x_{2i})^2}{N}
\end{array}\right]
$$

$$
= \left[\begin{array}{ccc}
① - \dfrac{⑦^2}{N} & ④ - \dfrac{⑦ \times ⑧}{N} & ⑤ - \dfrac{⑦ \times ⑨}{N} \\
④ - \dfrac{⑧ \times ⑦}{N} & ② - \dfrac{⑧^2}{N} & ⑥ - \dfrac{⑧ \times ⑨}{N} \\
⑤ - \dfrac{⑨ \times ⑦}{N} & ⑥ - \dfrac{⑨ \times ⑧}{N} & ③ - \dfrac{⑨^2}{N}
\end{array}\right]
$$

①〜⑨は 41 ページを見るべし！

$$
= \left[\begin{array}{ccc}
20690 - \dfrac{448^2}{10} & 8147.5 - \dfrac{448 \times 180}{10} & 14790 - \dfrac{448 \times 320}{10} \\
8147.5 - \dfrac{180 \times 448}{10} & 3256 - \dfrac{180^2}{10} & 5812.5 - \dfrac{180 \times 320}{10} \\
14790 - \dfrac{320 \times 448}{10} & 5812.5 - \dfrac{320 \times 180}{10} & 10750 - \dfrac{320^2}{10}
\end{array}\right]
$$

したがって，……

$$= \begin{bmatrix} 619.6 & 83.5 & 454.0 \\ 83.5 & 16.0 & 52.5 \\ 454.0 & 52.5 & 510.0 \end{bmatrix}$$

上の の部分を
次のように書き換えてみると……

$$\begin{cases} 83.5 = 16.0 b_1 + 52.5 b_2 \\ 454.0 = 52.5 b_1 + 510.0 b_2 \end{cases}$$

$$\begin{bmatrix} 83.5 \\ 454.0 \end{bmatrix} = \begin{bmatrix} 16.0 & 52.5 \\ 52.5 & 510.0 \end{bmatrix} \cdot \begin{bmatrix} b_1 \\ b_2 \end{bmatrix}$$

$$\begin{bmatrix} 16.0 & 52.5 \\ 52.5 & 510.0 \end{bmatrix}^{-1} \cdot \begin{bmatrix} 83.5 \\ 454.0 \end{bmatrix} = \begin{bmatrix} b_1 \\ b_2 \end{bmatrix}$$

$$\begin{bmatrix} 3.470 \\ 0.533 \end{bmatrix} = \begin{bmatrix} b_1 \\ b_2 \end{bmatrix}$$

ここでは
$\sum = \sum_{i=1}^{N}$
でござるよ！

■ 重回帰式の求め方（その２）

もっとカンタンに重回帰式を求める方法はないのでしょうか？
あります！

それが，２つの分散共分散行列を比較する方法です．

分散共分散行列とは，従属変数 y と独立変数 x_1, x_2 を縦と横に配置してできる，次のような行列のことです．

$$\begin{array}{c} \\ y \\ x_1 \\ x_2 \end{array} \begin{array}{ccc} y & x_1 & x_2 \end{array} \\ \left[\begin{array}{ccc} 分散 & 共分散 & 共分散 \\ 共分散 & 分散 & 共分散 \\ 共分散 & 共分散 & 分散 \end{array} \right]$$

分散のことを Var，共分散のことを Cov と表せば，分散共分散行列は次のように記号で表現できます．

$$\begin{array}{c} y \\ x_1 \\ x_2 \end{array} \left[\begin{array}{ccc} \mathrm{Var}(y) & \mathrm{Cov}(y, x_1) & \mathrm{Cov}(y, x_2) \\ \mathrm{Cov}(y, x_1) & \mathrm{Var}(x_1) & \mathrm{Cov}(x_1, x_2) \\ \mathrm{Cov}(y, x_2) & \mathrm{Cov}(x_1, x_2) & \mathrm{Var}(x_2) \end{array} \right]$$

表 2.1.1 のデータの分散共分散行列は，次のようになります．

y, x_1, x_2 の分散共分散行列

$$\begin{array}{c} y \\ x_1 \\ x_2 \end{array} \left[\begin{array}{ccc} 68.844 & 9.278 & 50.444 \\ 9.278 & 1.778 & 5.833 \\ 50.444 & 5.833 & 56.667 \end{array} \right]$$

この分散共分散行列を何と比較するのでしょうか？

> 分散は Variance
> 共分散は Covariance
> でござるよ！

Key Word　分散共分散行列：variance-covariance matrix

そこで次に，重回帰式 Y と，独立変数 x_1, x_2 の分散共分散行列を作ってみましょう．

$$\begin{array}{c} & Y & x_1 & x_2 \\ \begin{array}{c} Y \\ x_1 \\ x_2 \end{array} & \left[\begin{array}{ccc} \mathrm{Var}(Y) & \mathrm{Cov}(Y, x_1) & \mathrm{Cov}(Y, x_2) \\ \mathrm{Cov}(x_1, Y) & \mathrm{Var}(x_1) & \mathrm{Cov}(x_1, x_2) \\ \mathrm{Cov}(x_2, Y) & \mathrm{Cov}(x_2, x_1) & \mathrm{Var}(x_2) \end{array} \right] \end{array}$$

重回帰式は $Y = b_1 x_1 + b_2 x_2 + b_0$ という形をしているので，共分散 $\mathrm{Cov}(x_1, Y)$，$\mathrm{Cov}(x_2, Y)$ を求めるときには，次の公式は便利ですね．

分散と共分散の便利な公式

1. $\mathrm{Var}(ax+b) = a^2 \mathrm{Var}(x)$
2. $\mathrm{Var}(ax+by) = a^2 \mathrm{Var}(x) + b^2 \mathrm{Var}(y) + 2ab\,\mathrm{Cov}(x, y)$
3. $\mathrm{Cov}(x, ax+b) = a\mathrm{Var}(x)$
4. $\mathrm{Cov}(x, ay+b) = a\mathrm{Cov}(x, y)$
5. $\mathrm{Cov}(x, ay+bz+c) = a\mathrm{Cov}(x, y) + b\mathrm{Cov}(x, z)$

したがって，共分散 $\mathrm{Cov}(x_1, Y)$，$\mathrm{Cov}(x_2, Y)$ は次のようになります．

$$\begin{aligned} \mathrm{Cov}(x_1, Y) &= \mathrm{Cov}(x_1, b_1 x_1 + b_2 x_2 + b_0) \\ &= b_1 \mathrm{Var}(x_1) + b_2 \mathrm{Cov}(x_1, x_2) \end{aligned}$$

$$\begin{aligned} \mathrm{Cov}(x_2, Y) &= \mathrm{Cov}(x_2, b_1 x_1 + b_2 x_2 + b_0) \\ &= b_1 \mathrm{Cov}(x_1, x_2) + b_2 \mathrm{Var}(x_2) \end{aligned}$$

$$\begin{aligned} \mathrm{Var}(Y) &= \mathrm{Var}(b_1 x_1 + b_2 x_2 + b_0) \\ &= b_1{}^2 \mathrm{Var}(x_1) + b_2{}^2 \mathrm{Var}(x_2) + 2 b_1 b_2 \mathrm{Cov}(x_1, x_2) \end{aligned}$$

重回帰式 Y と独立変数 x_1, x_2 の分散共分散行列は，次のようになりました．

$$\begin{bmatrix} \mathrm{Var}(Y) & \mathrm{Cov}(Y,x_1) & \mathrm{Cov}(Y,x_2) \\ b_1\mathrm{Var}(x_1)+b_2\mathrm{Cov}(x_1,x_2) & \mathrm{Var}(x_1) & \mathrm{Cov}(x_1,x_2) \\ b_1\mathrm{Cov}(x_1,x_2)+b_2\mathrm{Var}(x_2) & \mathrm{Cov}(x_2,x_1) & \mathrm{Var}(x_2) \end{bmatrix}$$

独立変数 x_1, x_2 の分散，共分散はすでに求まっているのでこの分散共分散行列は b_1, b_2 を用いて

$$\begin{bmatrix} \mathrm{Var}(Y) & \mathrm{Cov}(Y,x_1) & \mathrm{Cov}(Y,x_2) \\ 1.778b_1+5.833b_2 & \mathrm{Var}(x_1) & \mathrm{Cov}(x_1,x_2) \\ 5.833b_1+56.667b_2 & \mathrm{Cov}(x_2,x_1) & \mathrm{Var}(x_2) \end{bmatrix}$$

と表されます．

そこで，次の 2 つの分散共分散行列を比較してみましょう．

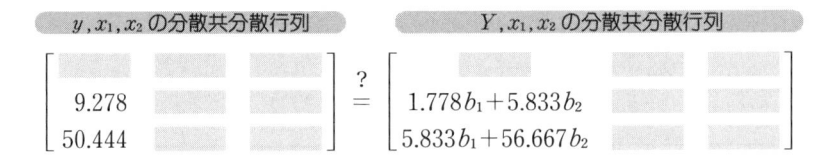

y, x_1, x_2 の分散共分散行列　　　　Y, x_1, x_2 の分散共分散行列

$$\begin{bmatrix} & & \\ 9.278 & & \\ 50.444 & & \end{bmatrix} \overset{?}{=} \begin{bmatrix} & & \\ 1.778b_1+5.833b_2 & & \\ 5.833b_1+56.667b_2 & & \end{bmatrix}$$

2 つの分散共分散行列の成分を比べてみると，

$$\begin{cases} 9.278 = 1.778b_1+5.833b_2 \\ 50.444 = 5.833b_1+56.667b_2 \end{cases}$$

が成り立ちそうですね!!

したがってこの連立 1 次方程式からも，偏回帰係数 b_1, b_2 を求めることができます．

> この式は 42 ページの連立方程式と同じでござるか？

以上の2つの方法をまとめると，次のようになります．

重回帰式の求め方 (1) ――はじめは？

表 2.3.3　平方和積和行列

	配向度	温度	圧力
配向度	619.6	83.5	454.0
温　度	83.5	16.0	52.5
圧　力	454.0	52.5	510.0

最小2乗法による
連立1次方程式は……

$$\begin{cases} 83.5 = 16.0 b_1 + 52.5 b_2 \\ 454.0 = 52.5 b_1 + 510.0 b_2 \end{cases}$$

重回帰式の求め方 (2) ――もっとカンタンに

表 2.3.4　分散共分散行列

	配向度	温度	圧力
配向度	68.844	9.278	50.444
温　度	9.278	1.778	5.833
圧　力	50.444	5.833	56.667

分散共分散行列による
連立1次方程式は……

$$\begin{cases} 9.278 = 1.778 b_1 + 5.833 b_2 \\ 50.444 = 5.833 b_1 + 56.667 b_2 \end{cases}$$

統計解析用ソフト SPSS を使うと，重回帰式の分析結果は次のようになります．

表 2.3.5　重回帰式

モデル		非標準化係数		標準化係数	t	有意確率
		B	標準誤差	ベータ		
1	（定数）	−34.713	16.814		−2.064	.078
	温度	3.470	1.089	.558	3.188	.015
	圧力	.533	.193	.484	2.764	.028

Section 2.4
その重回帰式は因果関係をよく表していますか？

この重回帰式
$$Y = 3.470 x_1 + 0.533 x_2 - 34.716$$
は，実際の因果関係をどの程度説明しているのでしょうか？

この重回帰式の"当てはまりの良さ"を調べてみることにしましょう．

■ 決定係数 R^2

実測値と予測値を比較してみると，表2.4.1のようになります．

表 2.4.1　3つの平方和

No.	実測値	予測値	残差
1	45	41.999	3.001
2	38	37.599	0.401
3	41	40.139	0.861
4	34	36.794	− 2.794
5	59	55.199	3.801
6	47	51.604	− 4.604
7	35	34.129	0.871
8	43	46.399	− 3.399
9	54	49.869	4.131
10	52	54.269	− 2.269
平均	44.8	44.8	0
平方和	619.6	531.72	87.88

平方和の定義式に注意してくださいね

$$S_T = \sum_{i=1}^{N}(y_i - \bar{y})^2 = 619.6$$

$$S_R = \sum_{i=1}^{N}(Y_i - \bar{y})^2 = 531.72$$

$$S_E = \sum_{i=1}^{N}(y_i - Y_i)^2 = 87.88$$

55ページも見てください

実測値，予測値，残差の平方和に注目すると，面白いことに

　　実測値の平方和　予測値の平方和　残差の平方和
　　　619.6　　＝　　531.72　　＋　　87.88

という等式が成り立っています．

Key Word　　決定係数：coefficient of determination

平方和とは，データと平均との差の2乗和のことですから

$$データの変動$$

を意味します．つまり

$$平方和＝情報量$$

と考えられますね！

ということは，実測値の情報量

$$619.6$$

のうち，重回帰式の持っている情報量が

$$531.72$$

ですから，

$$\frac{予測値の平方和}{実測値の平方和}=\frac{531.72}{619.6}$$

を，重回帰式の当てはまりの良さと考えることができます．

そこで，この比を

$$決定係数\ R^2=\frac{531.72}{619.6}=0.858$$

と呼び，重回帰式の当てはまりの良さを示す尺度とします．

決定係数 R^2 は

$$R^2=1-\frac{残差の平方和}{実測値の平方和}$$

となりますから，

$$R^2 が1に近いほど求めた重回帰式の当てはまりが良い$$

ということになります．

> 実測値の情報量が全部の情報量なのじゃ！

> 残差の平方和が0に近いほど重回帰式の当てはまりが良くなります

$$1=\frac{予測値の平方和}{実測値の平方和}+\frac{残差の平方和}{実測値の平方和}$$

> こっちが大きくなるのじゃ！

> こっちが小さいと……

Section 2.4　その重回帰式は因果関係をよく表していますか？

■ 自由度調整済み決定係数 $\hat{R}^2$

　決定係数は重回帰式の当てはまりの良さを表す便利な統計量ですが，困ったことに

　　　　　　"独立変数の数を増やすと決定係数も増加する"

という性質をもっています．

　たとえば，表2.1.1のデータで

$$\begin{cases} 従属変数：配向度 \\ 独立変数：温度，圧力，時間 \end{cases}$$

として，重回帰式を求めてみましょう．

　このとき，重回帰式は

$$Y = 3.402 \times 温度 + 0.453 \times 圧力 - 0.423 \times 時間 - 22.897$$

となり，決定係数 R^2 は

$$R^2 = 0.863 > 0.858$$

となります．

　ところが，表2.1.1のデータを見てもわかるように，時間は配向度にあまり関係のない変数ですね！

　つまり，従属変数にあまり影響を与えない独立変数を加えても，決定係数は単調に増加し，より1に近づいてしまいます．

　そこで考え出されたのが

　　　　　　　　自由度調整済み決定係数 $\hat{R}^2$

です．

Key Word　自由度調整済み決定係数 $\hat{R}^2$：adjusted R square

自由度調整済み決定係数 $\widehat{R}^2$ の定義は，次のようになります．

自由度調整済み決定係数の定義

自由度調整済み決定係数 $\widehat{R}^2 = 1 - \dfrac{\dfrac{S_E}{N-p-1}}{\dfrac{S_T}{N-1}}$

ただし，$\begin{cases} S_E = \sum_{i=1}^{N}(y_i - Y_i)^2, \quad S_T = \sum_{i=1}^{N}(y_i - \bar{y})^2 \\ p：独立変数の個数, \quad N：データ数 \end{cases}$

したがって，独立変数が温度と圧力の場合，自由度調整済み決定係数 $\widehat{R}^2$ は，次のようになります．

$$\text{自由度調整済み決定係数 } \widehat{R}^2 = 1 - \frac{\frac{87.88}{10-2-1}}{\frac{619.6}{10-1}}$$

$$= 0.8176$$

独立変数に時間を加える場合と加えない場合とで決定係数と自由度調整済み決定係数を比較してみましょう．

表 2.4.2 SPSS による出力結果

独立変数	温度　圧力	温度　圧力　時間
決定係数 R^2	0.858	0.863
自由度調整済み決定係数 $\widehat{R}^2$	0.818	0.795
差	0.040	0.068

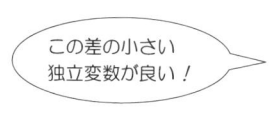

この差の小さい独立変数が良い！

Section 2.4　その重回帰式は因果関係をよく表していますか？

■ 重相関係数

次の表2.4.3を見ていると、当てはまりの良さを示すもう1つの尺度に気がつきます。それは実測値と予測値の相関係数です。

表 2.4.3

No.	実測値	予測値
1	45	41.999
2	38	37.599
3	41	40.139
4	34	36.794
5	59	55.199
6	47	51.604
7	35	34.129
8	43	46.399
9	54	49.869
10	52	54.269

自由度調整済み重相関係数もあります

さっそく、実測値と予測値の相関係数を計算してみましょう。すると

実測値と予測値の相関係数＝0.926

となっていることがわかります。

この相関係数のことを**重相関係数**といいます。

重相関係数が1に近いとき、求めた重回帰式の当てはまりが良いと考えられますが、実は重相関係数を2乗すると

重相関係数^2＝0.926^2＝0.858＝決定係数

となって、重相関係数と決定係数は同じ概念であることがわかります。

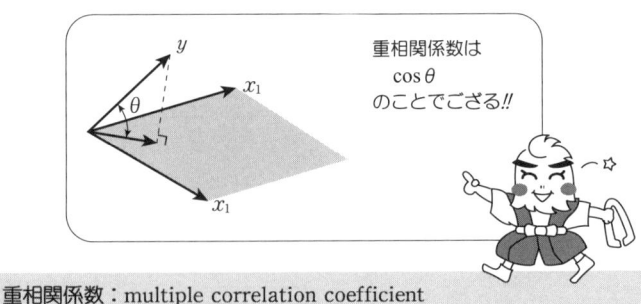

重相関係数は $\cos\theta$ のことでござる!!

Key Word　重相関係数：multiple correlation coefficient

■ AIC

AIC は，Akaike's Information Criterion の略で，重回帰モデルの当てはまりの悪さを示す統計量です．

AIC の定義

重回帰モデルの場合

$$\mathrm{AIC} = N \times \left(\log\left(2\pi \times \frac{S_E}{N} \right) + 1 \right) + 2(p+2)$$

と定義します．

ただし，
$\begin{cases} S_E = \sum_{i=1}^{N} (y_i - Y_i)^2 \\ p：独立変数の個数, \quad N：データ数 \end{cases}$

> AIC の定義式はいくつかあります

表 2.4.1 の場合，定義式に代入すると

$$\mathrm{AIC} = 10 \times \left(\log\left(2\pi \times \frac{87.88}{10} \right) + 1 \right) + 2(2+2)$$

$$= 58.113$$

となります．

AIC の使い方は "smaller is better" です．

つまり，"AIC の値が小さいモデルが良いモデル" という意味なので，いくつかのモデルを比較するときに AIC は威力を発揮します．

> S_E についてはこの表と 50，65 ページを見ましょう

表 2.4.4　重回帰の分散分析表

	平方和	自由度	平均平方	F 値
回帰による変動	S_R	p	V_R	F_0
残差による変動	S_E	$N-p-1$	V_E	

Key Word　赤池情報量基準：Akaike's Information Criterion, AIC

Section 2.4　その重回帰式は因果関係をよく表していますか？

Section 2.5
偏回帰係数の意味するもの

次に，偏回帰係数 b_1, b_2 について考えてみることにしましょう．

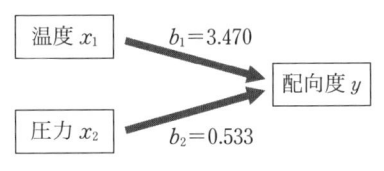

```
温度 x₁ ──b₁=3.470──→ 配向度 y
圧力 x₂ ──b₂=0.533──→
```

図 2.5.1　重回帰分析のパス図

偏回帰係数 b_1, b_2 は x_1, x_2 の係数ですから

　　　　独立変数 x_1, x_2 が従属変数 y に与える影響の大きさ

を表しています．

それでは，この偏回帰係数は単回帰分析のときの回帰係数と一致するのでしょうか？

実は……

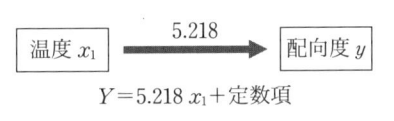

```
温度 x₁ ──5.218──→ 配向度 y
```
$Y = 5.218\, x_1 +$ 定数項

図 2.5.2　単回帰分析のパス図

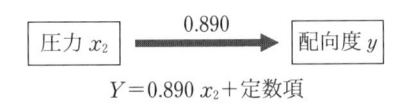

```
圧力 x₂ ──0.890──→ 配向度 y
```
$Y = 0.890\, x_2 +$ 定数項

図 2.5.3　単回帰分析のパス図

偏回帰係数が回帰係数に一致していません！！　ということは，
　　　"偏回帰係数 b_1, b_2 は，
　　　　　単に独立変数と従属変数との関係だけではない"
ということですね．

この違いはどこから来るのでしょうか？

重回帰式には，温度 x_1 と圧力 x_2 という2つの独立変数があります．

この2つの独立変数が互いになんらかの影響をおよぼし合っているのかもしれません．

そこで，温度と圧力の相関係数 r_{12} を求めてみましょう．

相関係数は，分散と共分散から次のように求めることができます．

$$\text{相関係数 } r_{12} = \frac{\text{温度と圧力の共分散}}{\sqrt{\text{温度の分散}}\sqrt{\text{圧力の分散}}}$$

$$= \frac{5.833}{\sqrt{1.778}\sqrt{56.667}}$$

$$= 0.581$$

> 46ページの分散共分散行列です

このように，温度と圧力の間には正の相関があるので，温度から圧力の影響を取り除いてみましょう．

そのために，温度 x_1 と圧力 x_2 の単回帰式を求めておくと，

$$\text{温度} = 0.1029 \times \text{圧力} + 14.7059$$

となります．

図2.5.2，図2.5.3の2つの回帰係数は，次のようにカンタンに求まります．

> ここも46ページを参照すべし！

独立変数が温度 x_1 の場合の回帰係数 $= \dfrac{S_{x_1 y}}{S_{x_1}^2} = \dfrac{9.278}{1.778} = 5.218$

独立変数が圧力 x_2 の場合の回帰係数 $= \dfrac{S_{x_2 y}}{S_{x_2}^2} = \dfrac{50.444}{56.667} = 0.890$

温度と圧力の単回帰分析における残差 V は，次のようになります．

表 2.5.1

No.	温度	圧力	予測値	残差 V
1	17.5	30	17.793	−0.293
2	17.0	25	17.278	−0.278
3	18.5	20	16.764	1.736
4	16.0	30	17.793	−1.793
5	19.0	45	19.336	−0.336
6	19.5	35	18.307	1.193
7	16.0	25	17.278	−1.278
8	18.0	35	18.307	−0.307
9	19.0	35	18.307	0.693
10	19.5	40	18.822	0.678

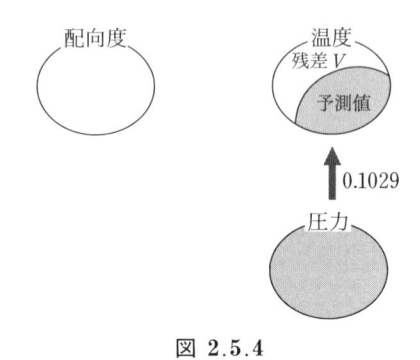

図 2.5.4

もちろん，圧力は配向度にも影響を与えていますから，配向度から圧力の影響を取り除くために，配向度と圧力の単回帰式も求めると

$$配向度 = 0.8902 \times 圧力 + 16.3137$$

となります．

このとき，配向度と圧力の残差 W は，次のようになります．

表 2.5.2

No.	配向度	圧力	予測値	残差 W
1	45	30	43.020	1.980
2	38	25	38.569	−0.569
3	41	20	34.118	6.882
4	34	30	43.020	−9.020
5	59	45	56.373	2.627
6	47	35	47.471	−0.471
7	35	25	38.569	−3.569
8	43	35	47.471	−4.471
9	54	35	47.471	6.529
10	52	40	51.922	0.078

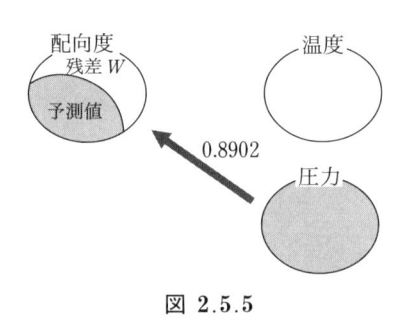

図 2.5.5

この2つの表から

　　"圧力の影響を取り除いた配向度と

　　　　圧力の影響を取り除いた温度との関係"

を調べることができます．

残差 W と残差 V の単回帰式の回帰係数を求めましょう．

表 2.5.3

No.	残差 W	残差 V
1	1.980	−0.293
2	−0.569	−0.278
3	6.882	1.736
4	−9.020	−1.793
5	2.627	−0.336
6	−0.471	1.193
7	−3.569	−1.278
8	−4.471	−0.307
9	6.529	0.693
10	0.078	0.678

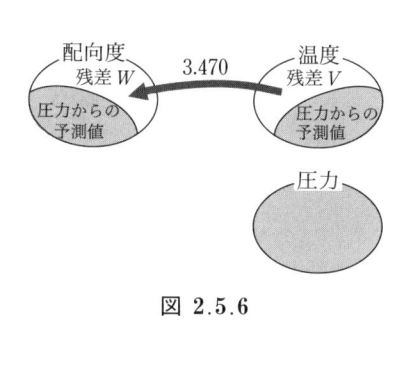

図 2.5.6

SPSS による出力は，次のようになります．

表 2.5.4

モデル		非標準化係数		標準化係数	t	有意確率
		B	標準誤差	ベータ		
1	(定数)	−.006	1.048		−.005	.996
	残差V	3.470	1.018	.769	3.408	.009

以上のことから，重回帰式 $Y = b_1 x_1 + b_2 x_2 + b_0$ の偏回帰係数 b_1 は

"独立変数 x_2 の影響を取り除いたあとの

　　　従属変数 y と独立変数 x_1 の単回帰式の回帰係数に等しい"

ということがわかりました．

つまり
"圧力の影響を取り除いたあとの
温度から配向度への影響の程度が 3.470"
というわけでござる！

■ 標準偏回帰係数

次の表は，SPSSによる重回帰分析の出力結果です．

表 2.5.5

モデル		非標準化係数		標準化係数	t	有意確率
		B	標準誤差	ベータ		
1	(定数)	-34.713	16.814		-2.064	.078
	x1	.035	.011	.558	3.188	.015
	x2	.533	.193	.484	2.764	.028

非標準化係数Bのところを見ると，この重回帰式は
$$Y = 0.035x_1 + 0.533x_2 - 34.713$$
であることがわかります．

x_1 と x_2 の2つの偏回帰係数を比べると

独立変数 x_1　　独立変数 x_2
$$0.035 \quad < \quad 0.533$$

なので，x_2 の偏回帰係数の方が大きくなっていますね．

このことは，

"従属変数 y に与える影響の程度は
独立変数 x_1 よりも独立変数 x_2 の方が大きい"

ということなのでしょうか？

でも係数の値は表2.3.5によく似ているでござる？？

Key Word　標準偏回帰係数：standardized partial regression coefficient

実は，この分析で用いたデータは，次のようになっています．

表 2.5.6

No.	配向度	x_1	x_2
1	45	1750	30
2	38	1700	25
3	41	1850	20
4	34	1600	30
5	59	1900	45
6	47	1950	35
7	35	1600	25
8	43	1800	35
9	54	1900	35
10	52	1950	40

x_1 ＝ 温度
x_2 ＝ 圧力

表2.1.1と表2.5.6のデータの違いは，温度の単位だけです．

ということは，偏回帰係数の大きさだけで，その独立変数の従属変数に対する影響の大きさを判断するのは"キケン"です！

ところが，表2.3.5と表2.5.5をよく見ると，出力の数値が一致しているところがあります．それが

標準化係数

の部分です．

標準化といえば……

"データの標準化"

ですね！

実は，標準化したデータの偏回帰係数のことを

標準偏回帰係数

といいます．

独立変数の従属変数への影響の大きさをみるときは，偏回帰係数よりも標準偏回帰係数の方が大切です！

それでは標準偏回帰係数を求めてみましょう．

表2.5.6のデータを標準化すると，次のようになります．

表 2.5.7　データの標準化

No.	標準化された配向度	標準化された温度	標準化された圧力
1	0.0241	−0.3750	−0.2657
2	−0.8195	−0.7500	−0.9299
3	−0.4580	0.3750	−1.5941
4	−1.3016	−1.5000	−0.2657
5	1.7114	0.7500	1.7270
6	0.2651	1.1250	0.3985
7	−1.1811	−1.5000	−0.9299
8	−0.2169	0.0000	0.3985
9	1.1088	0.7500	0.3985
10	0.8678	1.1250	1.0627

この標準化されたデータを使って重回帰分析をすると……

表 2.5.8

モデル	非標準化係数		標準化係数
	B	標準誤差	ベータ
1　(定数)	1.48E-005	.135	
標準化された温度	.558	.175	.558
標準化された圧力	.484	.175	.484

非標準化係数と標準化係数が一致しています

ところで，偏回帰係数は，分散共分散行列を用いて計算することができました．

$$\begin{bmatrix} x_1 と y の共分散 \\ x_2 と y の共分散 \end{bmatrix} = \begin{bmatrix} x_1 の分散 & x_1 と x_2 の共分散 \\ x_1 と x_2 の共分散 & x_2 の分散 \end{bmatrix} \begin{bmatrix} b_1 \\ b_2 \end{bmatrix}$$

$$\begin{bmatrix} 9.278 \\ 50.444 \end{bmatrix} = \begin{bmatrix} 1.778 & 5.833 \\ 5.833 & 56.667 \end{bmatrix} \begin{bmatrix} b_1 \\ b_2 \end{bmatrix}$$

データの標準化をすると

$$\text{分散} \longrightarrow 1$$
$$\text{共分散} \longrightarrow \text{相関係数}$$

となります．

ということは，分散共分散行列のかわりに

"相関行列"

を用いて計算すると，標準偏回帰係数 $b_1{}^*, b_2{}^*$ が求まりそうですね！

$$\begin{bmatrix} x_1 \text{ と } y \text{ の相関係数} \\ x_2 \text{ と } y \text{ の相関係数} \end{bmatrix} = \begin{bmatrix} 1 & x_1 \text{ と } x_2 \text{ の相関係数} \\ x_1 \text{ と } x_2 \text{ の相関係数} & 1 \end{bmatrix} \begin{bmatrix} b_1{}^* \\ b_2{}^* \end{bmatrix}$$

$$\begin{bmatrix} 0.8386 \\ 0.8077 \end{bmatrix} = \begin{bmatrix} 1 & 0.58118 \\ 0.58118 & 1 \end{bmatrix} \begin{bmatrix} b_1{}^* \\ b_2{}^* \end{bmatrix}$$

$$\begin{bmatrix} 1 & 0.58118 \\ 0.58118 & 1 \end{bmatrix}^{-1} \begin{bmatrix} 0.8386 \\ 0.8077 \end{bmatrix} = \begin{bmatrix} b_1{}^* \\ b_2{}^* \end{bmatrix}$$

$$\begin{bmatrix} 1.51005 & -0.8776 \\ -0.87761 & 1.51005 \end{bmatrix} \begin{bmatrix} 0.8386 \\ 0.8077 \end{bmatrix} = \begin{bmatrix} b_1{}^* \\ b_2{}^* \end{bmatrix}$$

$$\begin{bmatrix} 0.5576 \\ 0.4836 \end{bmatrix} = \begin{bmatrix} b_1{}^* \\ b_2{}^* \end{bmatrix}$$

$x \text{ と } y \text{ の相関係数} = \dfrac{x \text{ と } y \text{ の共分散}}{\sqrt{1}\,\sqrt{1}}$

Section 2.6
重回帰分析の検定

重回帰分析で登場する主な検定は

    重回帰の分散分析表

    説明変量の検定

の2つです．

検定のための3つの手順

検定の手順1　母集団に対して，仮説 H_0 をたてる．

検定の手順2　データから検定統計量を計算する．

検定の手順3　検定統計量が棄却域に入ると，仮説 H_0 を棄てる．

次のような重回帰モデルを母集団の上で設定します．

表 2.6.1　データの型

No.	y	x_1	x_2
1	y_1	x_{11}	x_{21}
2	y_2	x_{12}	x_{22}
⋮	⋮	⋮	⋮
N	y_N	x_{1N}	x_{2N}

重回帰式のモデル

$$y_1 = \beta_1 x_{11} + \beta_2 x_{21} + \beta_0 + \varepsilon_1$$
$$y_2 = \beta_1 x_{12} + \beta_2 x_{22} + \beta_0 + \varepsilon_2$$
$$\vdots$$
$$y_N = \beta_1 x_{1N} + \beta_2 x_{2N} + \beta_0 + \varepsilon_N$$

ただし，誤差 $\varepsilon_1, \varepsilon_2, \cdots, \varepsilon_N$ は互いに独立に，正規分布 $N(0, \sigma^2)$ に従うと仮定します．

Key Word　検定：test　　仮説：hypothesis

■ 重回帰の分散分析表

検定の手順1 次のような仮説 H_0 をたてます．

　　　　仮説 H_0：求めた重回帰式は予測に役に立たない．

この仮説 H_0 は重回帰モデルでは，

　　　　仮説 H_0：$\beta_1 = \beta_2 = 0$

となります．母偏回帰係数 β_1, β_2 が共に 0 であれば予測ができないということですね！

検定の手順2 検定統計量を計算します．

表 2.6.2　SPSS による分散分析表

モデル		平方和	自由度	平均平方	F 値	有意確率
1	回帰	531.716	2	265.858	21.176	.001
	残差	87.884	7	12.555		
	全体	619.600	9			

ここが検定の部分です

この検定統計量 F 値と有意確率の関係は次のようになります．

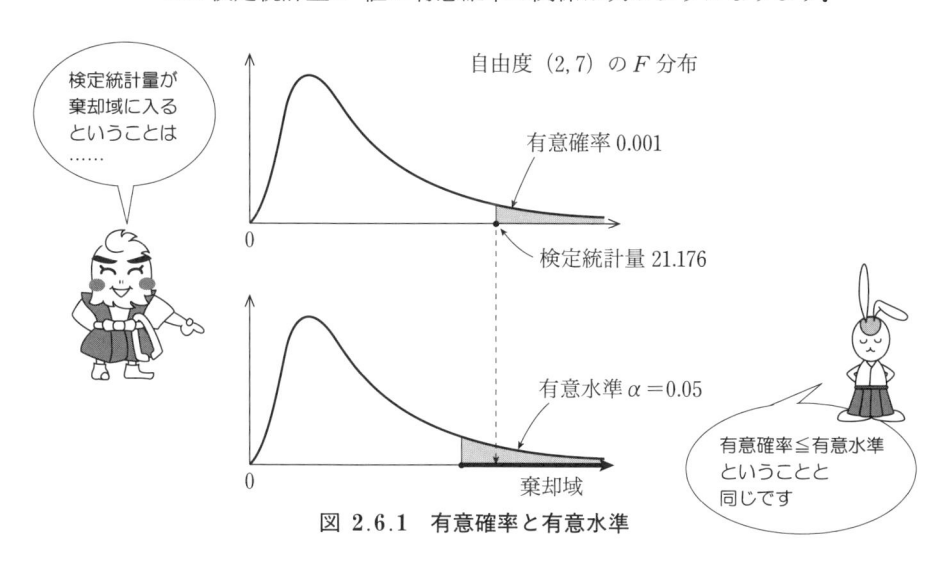

自由度 (2,7) の F 分布

有意確率 0.001

検定統計量 21.176

有意水準 $\alpha = 0.05$

棄却域

図 2.6.1　有意確率と有意水準

検定統計量が棄却域に入るということは……

有意確率 ≦ 有意水準 ということと同じです

検定の手順3 有意確率 $0.001 \leq$ 有意水準 0.05 なので,検定統計量 F 値は棄却域に入ります.したがって仮説 H_0 は棄却されるので,

"求めた重回帰式は予測に役立つ"

と考えられます.

■ 説明変量の検定（独立変数の検定）

検定の手順1 次のような仮説をたてます.

仮説 H_0：温度は配向度に影響を与えない

仮説 H_0：圧力は配向度に影響を与えない

この仮説 H_0 は重回帰モデルでは,次のようになります.

仮説 H_0：$\beta_1 = 0$

仮説 H_0：$\beta_2 = 0$

> $\beta_1 = 0$ だと
> $y = 0 \times 温度 + \beta_2 \times 圧力 + \beta_0 + \varepsilon$

アイヤ しばらく！

	平方和	自由度	平均平方	F 値
回帰による変動	S_R	p	V_R	F_0
残差による変動	S_E	$N-p-1$	V_E	

1. $\dfrac{S_E}{\sigma^2} = \dfrac{\sum_{i=1}^{N}(y_i - Y_i)^2}{\sigma^2}$ は自由度 $N-2-1$ のカイ2乗分布に従う

2. $\beta_1 = \beta_2 = 0$ と仮定すると

$$\frac{S_R}{\sigma^2} = \frac{\sum_{i=1}^{N}(Y_i - \bar{Y})^2}{\sigma^2} \text{ は自由度 2 のカイ2乗分布に従う}$$

1. と 2. より

> 独立変数が $x_1, x_2, \cdots, x_p$ のときは自由度 $(p, N-p-1)$ の F 分布

$$F 値 = \frac{(N-2-1)\dfrac{S_R}{\sigma^2}}{2 \cdot \dfrac{S_E}{\sigma^2}} \text{ は自由度}(2, N-2-1) \text{ の } F \text{ 分布に従う.}$$

検定の手順2 検定統計量を計算します．

表 2.6.3 SPSS による出力

モデル		非標準化係数		標準化係数	t	有意確率
		B	標準誤差	ベータ		
1	(定数)	−34.713	16.814		−2.064	.078
	温度	3.470	1.089	.558	3.188	.015
	圧力	.533	.193	.484	2.764	.028

ここが検定の部分です

検定統計量 t 値と有意確率の関係は，次のようになります．

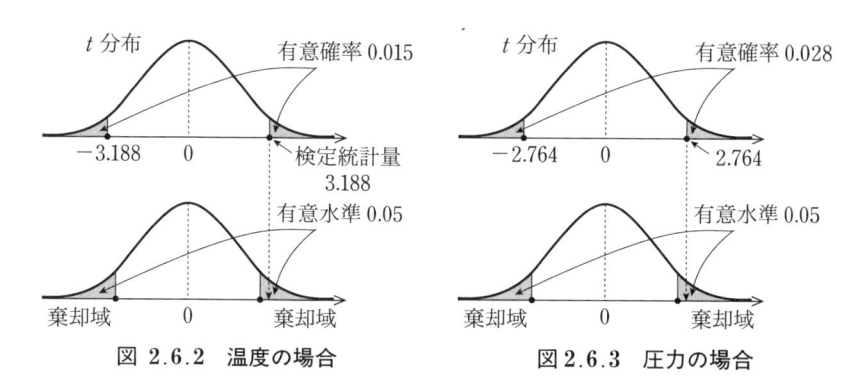

図 2.6.2 温度の場合

図 2.6.3 圧力の場合

検定の手順3 有意確率 $0.015 \leq$ 有意水準 0.05 なので，仮説 H_0 は棄却され，温度は配向度に影響を与えていると考えられます．

圧力も有意確率 0.028 なので，配向度に影響を与えていることがわかります．

Section 2.6 重回帰分析の検定

Section 2.7
重回帰分析の推定

重回帰分析で登場する主な推定は，予測値 Y の区間推定です．

予測値の区間推定の公式　　　　　　　　　　個別の場合

独立変数 $(x_1, x_2, \cdots, x_p)$ がある値 $(x_{10}, x_{20}, \cdots, x_{p0})$ をとるとき，予測値の $100(1-\alpha)\%$ 信頼区間は

$$y_0 - t_{N-p-1}\left(\frac{\alpha}{2}\right)\sqrt{\left(1+\frac{1}{N}+\frac{D_0^2}{N-1}\right)V_E} \leq 予測値$$

$$\leq y_0 + t_{N-p-1}\left(\frac{\alpha}{2}\right)\sqrt{\left(1+\frac{1}{N}+\frac{D_0^2}{N-1}\right)V_E}$$

ただし，
$\begin{cases} D_0^2 : \sum_{j=1}^{p}\sum_{i=1}^{p}(x_{j0}-\bar{x}_j)(x_{i0}-\bar{x}_i)s^{ji} \\ s^{ji} : 分散共分散行列の逆行列の (j, i) 成分 \\ V_E : 誤差変動の不偏分散 \end{cases}$

■ 信頼区間の計算

表 2.1.1 の No.1 の予測値の区間推定は次のように計算します．

$$y_0 = 3.470 \times 17.5 + 0.533 \times 30 - 34.713$$
$$= 42.002$$

$$t_{N-p-1}\left(\frac{\alpha}{2}\right) = t_{10-2-1}(0.025)$$
$$= 2.365$$

$x_{10} = 17.5$
$x_{20} = 30$

$$s^{ji} = \begin{bmatrix} 1.778 & 5.833 \\ 5.833 & 56.667 \end{bmatrix}^{-1} = \begin{bmatrix} 0.8494 & -0.0874 \\ -0.0874 & 0.0266 \end{bmatrix}$$

$$D_0{}^2 = (17.5-18.0)(17.5-18.0) \times 0.8494$$
$$+ (17.5-18.0)(30-32) \times (-0.0874)$$
$$+ (30-32)(17.5-18.0) \times (-0.0874)$$
$$+ (30-32)(30-32) \times 0.0266$$
$$= 0.1440$$

誤差変動の不偏分散 V_E は表 2.6.2 から，$V_E = 12.555$ なので

$$y_0 - t_{N-p-1}\left(\frac{\alpha}{2}\right)\sqrt{\left(1+\frac{1}{N}+\frac{D_0{}^2}{N-1}\right)V_E}$$
$$= 42.002 - 2.365 \times \sqrt{\left(1+\frac{1}{10}+\frac{0.1440}{10-1}\right)\times 12.555}$$
$$= 33.15$$

$$y_0 + t_{N-p-1}\left(\frac{\alpha}{2}\right)\sqrt{\left(1+\frac{1}{N}+\frac{D_0{}^2}{N-1}\right)V_E}$$
$$= 42.002 + 2.365 \times \sqrt{\left(1+\frac{1}{10}+\frac{0.1440}{10-1}\right)\times 12.555}$$
$$= 50.85$$

したがって，

温度＝17.5，圧力＝30 のときの信頼係数 95％ の予測値の信頼区間は
$$33.15 \leq 予測値 \leq 50.85$$
となりました．

予測値の平均の区間推定は次のようになります．

独立変数がある値 $(x_{10}, x_{20}, \cdots, x_{p0})$ をとるとき，
予測値の平均の $100(1-\alpha)\%$ 信頼区間は

$$y_0 - t_{N-p-1}\left(\frac{\alpha}{2}\right)\sqrt{\left(\frac{1}{N}+\frac{D_0{}^2}{N-1}\right)V_E} \leq 予測値の平均$$
$$\leq y_0 + t_{N-p-1}\left(\frac{\alpha}{2}\right)\sqrt{\left(\frac{1}{N}+\frac{D_0{}^2}{N-1}\right)V_E}$$

Section 2.8
重回帰分析がいつもうまくゆくとは限らない

ケース1　H君による分析

重回帰分析を学んだ大学生のH君は，卒業研究にこの手法を応用してみたくなった．将来，自動車関連企業を立ち上げたいと希望しているので，過去15年間の乗用車の販売にまとをしぼり，次のようなデータを苦労の末，集めてきた．

卒業論文は「である」調がよいでござるよ！

表 2.8.1　H君が苦労して集めたデータ

年	販売台数	県民所得	世帯数	舗装道路
1	117	371	238	218
2	139	413	243	231
3	166	472	249	380
4	195	586	254	443
5	139	706	259	470
6	186	612	257	499
7	165	932	261	531
8	167	851	264	555
9	183	1023	267	565
10	201	1084	270	579
11	182	1165	276	616
12	177	1019	278	628
13	191	1063	281	646
14	203	1185	284	675
15	212	1213	287	701

彼にしてみれば，乗用車の売れ行きに影響を与えるものとして，県民所得，世帯数，舗装道路の3つの変数を選んだのである．

彼の言葉を借りれば，「所得がのびれば生活にゆとりができて車を買うかもしれないし，世帯数が増えれば車も増えるでしょう．それに，道路が整備されれば購買欲もでてくると思います……」

H君は，従属変数 y を年間乗用車販売台数に，独立変数 x_1 を県民所得，x_2 を世帯数，x_3 を舗装道路の全長にとり，SPSSを使って重回帰分析をおこなうことにした．

H君はさっそく表2.8.1のデータを入力し，重回帰分析を実行してみたところ，画面には次のような表が現れた．

表 2.8.2　偏回帰係数

モデル		非標準化係数		標準化係数	t	有意確率
		B	標準誤差	ベータ		
1	(定数)	67.286	300.569		.224	.827
	県民所得	-.035	.053	-.384	-.654	.527
	世帯数	.128	1.386	.072	.092	.928
	舗装道路	.200	.124	1.106	1.611	.135

つまり，重回帰式は
　$Y = -0.035 ×$ 県民所得 $+ 0.128 ×$ 世帯数 $+ 0.200 ×$ 舗装道路 $+ 67.286$
となった．

県民所得の係数が-0.035とマイナスの値になっていることに気づいたH君は標準偏回帰係数の方も見てみると，やはり-0.384とマイナスの値になっている．県民所得が増えると乗用車販売台数が減るというのはどうも変だぞ？

この重回帰式はデータに当てはまっていないに違いないと思って，決定係数を見ると……

表 2.8.3　決定係数・自由度調整済み決定係数

モデル	R	R2乗	調整済みR2乗	推定値の標準誤差	Durbin-Watsonの検定
1	.823	.677	.589	17.067	2.374

決定係数が0.677となっている．

これは決して悪くない値なのだが，この重回帰式は予測に役立たないのではないかと疑ったH君は，さらに重回帰の分散分析表の方も見ることにした．

90ページ参照

参考文献　『SASによる回帰分析』

Section 2.8　重回帰分析がいつもうまくゆくとは限らない

表 2.8.4 重回帰の分散分析表

モデル		平方和	自由度	平均平方	F値	有意確率
1	回帰	6719.759	3	2239.920	7.690	.005
	残差	3203.975	11	291.270		
	全体	9923.733	14			

そこで,

仮説 H_0：求めた重回帰式は予測に役立たない

と仮説をたてて，検定をおこなうと，
検定統計量 F 値が 7.690 で，その有意確率は 0.005 になっている．つまり，この仮説 H_0 は棄却されるので，求めた重回帰式は予測に役立っている？

重回帰分析をおこなうと，何か面白い結果が出ると期待した H 君の思いも，ここでうやむやのまま終わってしまった．

当てはまっていない？
役立つ？

ケース2　S 教授による再分析

もちろん，重回帰分析をしたからといって，いつもうまくゆくとは限らないのだが，H 君の考えの中にちょっとしたミスはなかったのだろうか？

指導教官の S 教授は，SPSS で相関行列を調べてみた．

表 2.8.5 相関行列

		販売台数	県民所得	世帯数	舗装道路
販売台数	Pearson の相関係数	1	.724	.774	.814
	有意確率（両側）		.002	.001	.000
	N	15	15	15	15
県民所得	Pearson の相関係数	.724	1	.954	.940
	有意確率（両側）	.002		.000	.000
	N	15	15	15	15
世帯数	Pearson の相関係数	.774	.954	1	.966
	有意確率（両側）	.001	.000		.000
	N	15	15	15	15
舗装道路	Pearson の相関係数	.814	.940	.966	1
	有意確率（両側）	.000	.000	.000	
	N	15	15	15	15

この表を見ると，3つの独立変数間の相関係数がどれも1に近いことがわかる．独立変数を選ぶ基準の1つに，

"独立変数間の相関の低いもの"

というのがあったのだが，H君はその点をすっかり見落としていたようだ．

互いに相関の高い独立変数があるとき，多重共線性の問題が起こる場合があるのだが，まさにそれだったのかもしれない．

そこで，S教授は表2.8.1のデータを少し角度を変えてながめてみることにして，各変数の前年度に対する伸び率を計算してみると……

表 2.8.6　前年に対する伸び率

年	販売台数伸び率	県民所得伸び率	世帯数伸び率	舗装道路伸び率
1				
2	18.80	11.32	2.10	5.96
3	19.42	14.29	2.47	64.50
4	17.47	24.15	2.01	16.58
5	−28.72	20.48	1.97	6.09
6	33.81	−13.31	−0.77	6.17
7	−11.29	52.29	1.56	6.41
8	1.21	− 8.69	1.15	4.52
9	9.58	20.21	1.14	1.80
10	9.84	5.96	1.12	2.48
11	− 9.45	7.47	2.22	6.39
12	− 2.75	−12.53	0.72	1.95
13	7.91	− 4.32	1.08	2.87
14	6.28	11.48	1.07	4.49
15	4.43	2.36	1.06	3.85

このデータを使って，S教授は重回帰分析をおこなった．もちろん，

　　従属変数：乗用車販売台数の伸び率
　　独立変数：県民所得，世帯数，舗装道路の伸び率

である．

SPSSによる出力結果は，次のようになった．

表 2.8.7

モデル集計

モデル	R	R2乗	調整済みR2乗	推定値の標準誤差	Durbin-Watsonの検定
1	.637	.406	.228	13.61571	2.417

分散分析

モデル		平方和	自由度	平均平方	F値	有意確率
1	回帰	1267.428	3	422.476	2.279	.142
	残差	1853.876	10	185.388		
	全体	3121.303	13			

係数

モデル		非標準化係数		標準化係数	t	有意確率
		B	標準誤差	ベータ		
1	(定数)	15.745	7.399		2.128	.059
	県民所得伸び率	-.109	.267	-.120	-.410	.691
	世帯数伸び率	-10.593	6.163	-.559	-1.719	.116
	舗装道路伸び率	.534	.264	.559	2.023	.071

　この出力結果を見ると，県民所得の伸び率の偏回帰係数も，世帯数の伸び率の偏回帰係数もマイナスの値となっている．

　しかも，決定係数 R^2 は 0.406 となり，
分散分析表の有意確率にいたっては 0.142 なので，
分析結果は H 君の場合より，さらに悪くなってしまった！

　このままでは，指導教官のメンモク丸つぶれではないか!!

　奥の手を使おう!!

　そこで，
　　　　乗用車販売台数の伸び率と県民所得の伸び率の交差相関係数
を求めてみることにした．

　SPSS を使って交差相関係数を求めると，
表 2.8.8 を得ることができた．

時系列データのときは交差相関が威力を発揮するでござる！

表 2.8.8　交差相関

ラグ	交差相関	標準誤差
-7	-.081	.378
-6	.055	.354
-5	.009	.333
-4	-.178	.316
-3	.026	.302
-2	.043	.289
-1	.024	.277
0	-.339	.267
1	.878	.277
2	-.623	.289
3	.367	.302
4	-.051	.316
5	.254	.333
6	-.190	.354
7	.195	.378

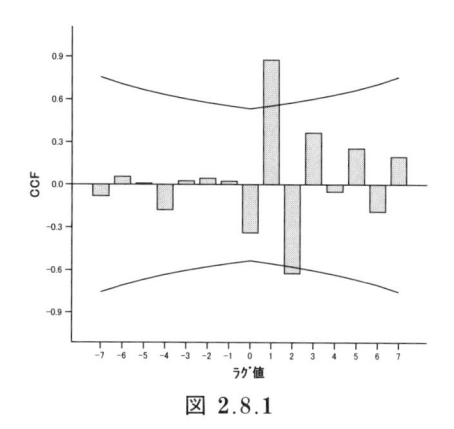

図 2.8.1

　ラグ 0 のところの交差相関係数が -0.339 であるのに対し，ラグ 1 のところの交差相関係数が 0.878 となっている．

　ということは，重回帰分析をおこなうときには，乗用車販売台数の伸び率を，1 期前にずらした方がよさそうである．

　そこで，表 2.8.1 のデータを次のように修正してみた．

表 2.8.9

年	販売台数 伸び率	県民所得 伸び率	世帯数 伸び率	舗装道路 伸び率
1				
2		11.32	2.10	5.96
3	18.80	14.29	2.47	64.50
4	19.42	24.15	2.01	16.58
5	17.47	20.48	1.97	6.09
6	-28.72	-13.31	-0.77	6.17
7	33.81	52.29	1.56	6.41
8	-11.29	-8.69	1.15	4.52
9	1.21	20.21	1.14	1.80
10	9.58	5.96	1.12	2.48
11	9.84	7.47	2.22	6.39
12	-9.45	-12.53	0.72	1.95
13	-2.75	4.32	1.08	2.87
14	7.91	11.48	1.07	4.49
15	6.28	2.36	1.06	3.85
16	4.43			

Section 2.8　重回帰分析がいつもうまくゆくとは限らない

SPSSを使って,再度,重回帰分析をおこなうと,次の出力を得ることができた.

表 2.8.10

モデル集計[b]

モデル	R	R2乗	調整済み R2乗	推定値の 標準誤差	Durbin-Watson の検定
1	.957[a]	.916	.888	5.39970	2.281

a. 予測値: (定数)、舗装道路伸び率, 県民所得伸び率, 世帯数伸び率。
b. 従属変数: 販売台数伸び率1

分散分析

モデル		平方和	自由度	平均平方	F値	有意確率
1	回帰	2857.734	3	952.578	32.671	.000
	残差	262.410	9	29.157		
	全体	3120.145	12			

係数[a]

モデル		非標準化係数		標準化係数	t	有意確率
		B	標準誤差	ベータ		
1	(定数)	-11.708	2.968		-3.945	.003
	県民所得伸び率	.569	.108	.623	5.281	.001
	世帯数伸び率	9.011	2.632	.459	3.423	.008
	舗装道路伸び率	-.002	.108	-.002	-.016	.987

a. 従属変数: 販売台数伸び率1

交差相関係数とは,相関係数の一種で,2つの変数間の対応をずらして相関係数を求めたものです.
対応のずれのことを**ラグ**といい,ラグが0のときは,普通の相関係数に一致します.

Key Word   交差相関係数:cross correlation function   ラグ:lag

重回帰式は
$$Y = 0.569 \times 県民所得伸び率 + 9.011 \times 世帯数伸び率 - 0.002 \times 舗装道路伸び率 - 11.708$$
となっている．

決定係数 $R^2 = 0.916$ は 1 に近いので，重回帰式の当てはまりはかなり良くなった．

さらに，自由度調整済み決定係数も 0.888 で，決定係数との差も大きくない．

また，ダービン・ワトソンの検定の値も 2.281 なので，自己相関の心配はあまり無さそうだ．

> 2に近いときは1次自己相関はありません

次に，標準偏回帰係数を見ると，絶対値が大きいのは県民所得伸び率と世帯数伸び率の 0.623 と 0.459 なので，自動車の販売台数に影響があるのは，県民所得伸び率と世帯数伸び率のようである．

次に，説明変量の検定を調べてみよう．

有意確率を見ると有意水準 0.05 より小さい独立変数は県民所得伸び率と世帯数伸び率なので，この 2 つの独立変数が自動車販売台数伸び率に寄与していることがわかる．

舗装道路伸び率は，販売台数の伸び率にあまり影響を与えていないようだ．この結果は，標準偏回帰係数の大小関係とも一致している．

S 教授は少し安堵した?!

> ダービン・ワトソンは……
>
> **参考文献**
> 『すぐわかる統計用語』

Section 2.9
多重共線性の問題点

次のデータを使って，重回帰分析をしてみましょう．

表 2.9.1 人為的に作成したデータです

No.	y	x_1	x_2	x_3	x_4	x_5
1	5	2	2	4	2	4
2	2	1	1	2	1	2
3	3	2	5	5	3	4
4	4	3	9	8	5	6
5	8	4	1	7	3	8
6	3	1	1	2	1	2
7	4	3	9	8	5	6
8	7	2	2	4	2	4
9	2	1	7	4	3	2
10	9	4	4	8	4	8

SPSS による出力は，次のようになります．

表 2.9.2 偏回帰係数と除外された変数

モデル		非標準化係数 B	標準誤差	標準化係数 ベータ	t	有意確率	共線性の統計量 許容度	VIF
1	(定数)	1.666	.942		1.767	.120		
	X2	-.332	.125	-.432	-2.659	.033	.961	1.041
	X5	.956	.175	.888	5.466	.001	.961	1.041

除外された変数

モデル		投入されたときの標準回帰係数	t	有意確率	偏相関	共線性の統計量 許容度	VIF	最小許容度
1	X1	.	.	.	.	.000	.	.000
	X3	.	.	.	.	.000	.	.000
	X4	.	.	.	.	.000	.	.000

独立変数が5個あったにもかかわらず，重回帰分析にはそのうちの2個しか採用されていません？？

Key Word　多重共線性：multicollinearity

その理由は，次の関係式にあります．

$$x_2 = 3x_1 - x_5, \quad x_3 = x_1 + x_4, \quad x_5 = 2x_1$$

独立変数間に，このような1次の関係式が存在するとき

"共線性がある"

といいます．

このデータのように，共線性がいくつか存在するときには

"多重共線性がある"

といいます．

では，共線性があるとなぜ困るのでしょうか？

それは，分散共分散行列の逆行列の存在と関連があります．

表2.9.1の分散共分散行列を計算してみましょう．

	x_1	x_2	x_3	x_4	x_5
x_1	1.344	0.744	2.489	1.144	2.689
x_2	0.744	10.544	4.756	4.011	1.489
x_3	2.489	4.756	5.733	3.244	4.978
x_4	1.144	4.011	3.244	2.100	2.289
x_5	2.689	1.489	4.978	2.289	5.378

この分散共分散行列を見ると

2×<u>1行目</u> = <u>5行目</u>

となっています．

> ヒントは47ページ
>
> $2x_1 = x_5$
> $\Downarrow$
> $\text{Cov}(2x_1, x_i) = \text{Cov}(x_5, x_i)$
> $\Downarrow$
> $2\,\text{Cov}(x_1, x_i) = \text{Cov}(x_5, x_i)$

このことは，

"分散共分散行列の階数が1つ減るので，逆行列が存在しない"

ということを示しています．

逆行列が存在しないということは

偏回帰係数を求められない

ということでしたね！

> 行列の階数については41ページの定理
>
> 参考文献 『よくわかる線型代数』

Section 2.9 多重共線性の問題点

Section 2.10
ダミー変数の利用

次のデータは，銀行員 265 人の給料について調査した結果です．
変数の中に，性別や職種といった名義変数があります．
このようなデータの場合，重回帰分析を使えないのでしょうか？

表 2.10.1　265 人の銀行員の……

No.	現在給料	性別	習熟度	年齢	就学年数	就業年数	職種
1	10620	女性	88	34.17	15	5.08	事務職
2	6960	女性	72	46.50	12	9.67	事務職
3	41400	男性	73	40.33	16	12.50	管理職
4	28350	男性	83	41.92	19	13.00	管理職
5	16080	男性	79	28.00	15	3.17	事務職
6	8580	女性	72	45.92	8	16.17	事務職
7	34500	男性	66	34.25	18	4.17	技術職
⋮	⋮	⋮	⋮	⋮	⋮	⋮	⋮
265	8340	女性	70	39.00	12	10.58	事務職

変数のなかに名義変数がある場合，次のように**ダミー変数**に
変換しておくと重回帰分析をすることができます．

表 2.10.2　ダミー変数

No.	現在給料	女性	男性	習熟度	年齢	就学年数	就業年数	事務職	技術職	管理職
1	10620	1	0	88	34.17	15	5.08	1	0	0
2	6960	1	0	72	46.50	12	9.67	1	0	0
3	41400	0	1	73	40.33	16	12.50	0	0	1
4	28350	0	1	83	41.92	19	13.00	0	0	1
5	16080	0	1	79	28.00	15	3.17	1	0	0
6	8580	1	0	72	45.92	8	16.17	1	0	0
7	34500	0	1	66	34.25	18	4.17	0	1	0
⋮	⋮	⋮	⋮	⋮	⋮	⋮	⋮	⋮	⋮	⋮
265	8340	1	0	70	39.00	12	10.58	1	0	0

　　　　　　　ダミー変数　　　　　　　　　　　　　　　　　　ダミー変数

ダミー変数の解釈については注意が必要です

参考文献
『社会調査・経済分析のための SPSS による統計処理』

もちろん，多重共線性の問題がありますから，どれか1つのダミー変数は分析から除いておきましょう．

そこで，ダミー変数として

女性，事務職，技術職

を取り上げて，重回帰分析をしてみると……

表 2.10.3　SPSS による出力

モデル		標準化されていない係数		標準化係数	t値	有意確率
		B	標準偏差誤差	ベータ		
1	(定数)	16133.381	2771.199		5.822	.000
	女性	-1642.963	562.711	-.114	-2.920	.004
	習熟度	50.174	22.367	.070	2.243	.026
	年齢	-52.877	31.193	-.086	-1.695	.091
	就学年数	457.332	100.992	.188	4.528	.000
	就業年数	-29.858	40.817	-.035	-.732	.465
	事務職	-11695.243	808.406	-.570	-14.467	.000
	技術職	10626.316	1620.657	.220	6.557	.000

このとき，女性のところの有意確率は，次の仮説の検定になります．

　　　仮説 H_0：男性の給料を基準にしたとき
　　　　　　　女性の給料は男性の給料と差がない

有意確率 0.004 ≦ 有意水準 0.05 なので，仮説 H_0 は棄てられます．
したがって，女性の給料は男性の給料と差があることがわかります．

男性が0，女性が1なので，女性の非標準化係数がマイナスということは女性の給料は男性の給料より低いということですね．

事務職，技術職では，それぞれ管理職が基準となります．

　　　仮説 H_0：事務職の給料は管理職の給料と差がない
　　　仮説 H_0：技術職の給料は管理職の給料と差がない

事務職や技術職を
基準にした場合は
84ページを見るべし！

Section 2.11
回帰分析についてのその他の話題

■ 変数変換について

重回帰分析をおこなう前に，一度，変数変換をしてみるというのは良い考えです．

たとえば，次のように対数変換をすると，2変数間の関係がよくわかります．

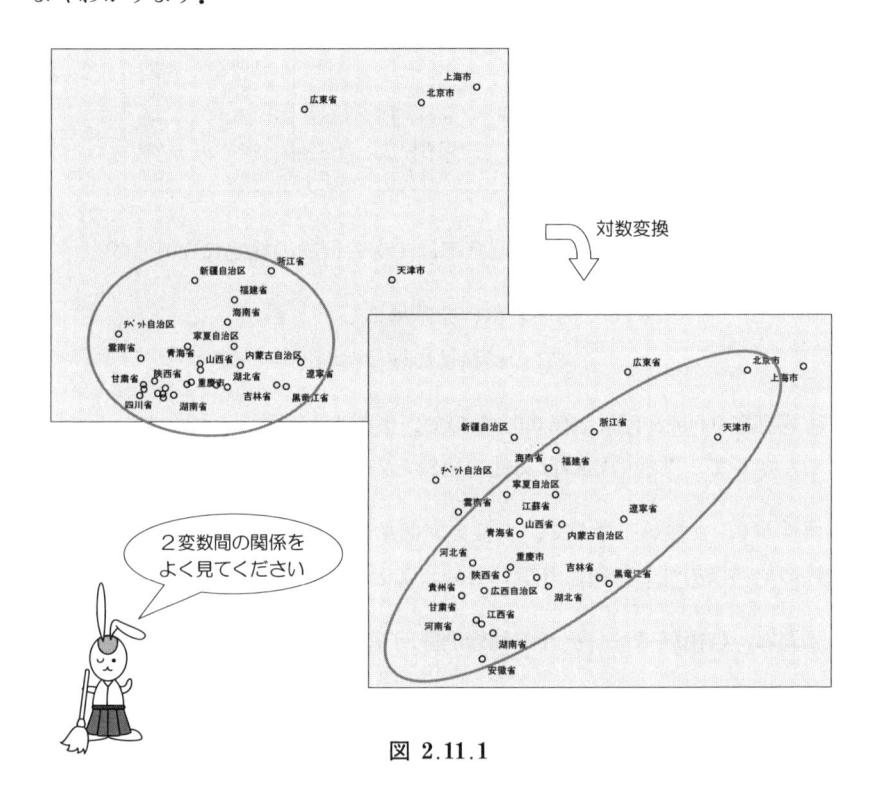

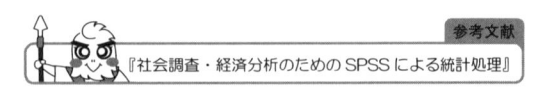

図 2.11.1

2変数間の関係をよく見てください

参考文献
『社会調査・経済分析のための SPSS による統計処理』

■ 正規分布に近づけるための変換

データの分布を正規分布に近づけるための変換として，
　　　　　　　ボックス・コックス変換
があります．

対数変換はボックス・コックス変換の１つです．

参考文献
『すぐわかる統計解析』

■ いろいろな回帰分析

回帰分析は，単回帰分析や重回帰分析だけではありません．
その他にも，次のようにドッサリあります．

　　　　　　ロジスティック回帰分析
　　　　　　カテゴリカル回帰分析
　　　　　　順序回帰分析
　　　　　　名義回帰分析
　　　　　　非線型回帰分析
　　　　　　時系列データの回帰分析

時系列データの回帰分析では，時系列分析の
自己回帰モデルを利用します．

こんなに
あるでござるか！

参考文献
『SPSSによる時系列分析の手順』
『SPSSによるカテゴリカルデータ分析の手順』

表2.10.1のデータで，事務職を基準にした場合や，技術職を基準にした場合を考えてみましょう．

● 事務職を基準にした場合

モデル		標準化されていない係数		標準化係数	t値	有意確率
		B	標準偏差誤差	ベータ		
1	(定数)	4438.138	2525.569		1.757	.080
	女性	-1642.963	562.711	-.114	-2.920	.004
	習熟度	50.174	22.367	.070	2.243	.026
	年齢	-52.877	31.193	-.086	-1.695	.091
	就学年数	457.332	100.992	.188	4.528	.000
	就業年数	-29.858	40.817	-.035	-.732	.465
	技術職	22321.560	1593.094	.461	14.011	.000
	管理職	11695.243	808.406	.530	14.467	.000

仮説 H_0：技術職の給料は事務職の給料と差がない
仮説 H_0：管理職の給料は事務職の給料と差がない

● 技術職を基準にした場合

モデル		標準化されていない係数		標準化係数	t値	有意確率
		B	標準偏差誤差	ベータ		
1	(定数)	26759.697	3261.006	-.114	8.206	.000
	女性	-1642.963	562.711	-.114	-2.920	.004
	習熟度	50.174	22.367	.070	2.243	.026
	年齢	-52.877	31.193	-.086	-1.695	.091
	就学年数	457.332	100.992	.188	4.528	.000
	就業年数	-29.858	40.817	-.035	-.732	.465
	事務職	-22321.560	1593.094	-1.087	-14.011	.000
	管理職	-10626.316	1620.657	-.481	-6.557	.000

仮説 H_0：事務職の給料は技術職の給料と差がない
仮説 H_0：管理職の給料は技術職の給料と差がない

3章
はじめての主成分分析

Section 3.1　主成分分析は総合化です！
Section 3.2　主成分とは?!
Section 3.3　主成分の求め方 (1) ──情報損失量の最小化
Section 3.4　主成分を解釈する？
Section 3.5　寄与率と累積寄与率
Section 3.6　主成分得点を定義しよう
Section 3.7　これは便利！──主成分得点によるランキング
Section 3.8　第1主成分と第2主成分
Section 3.9　主成分の求め方 (2) ──分散の最大化
Section 3.10　主成分分析は単位の影響を受けます
Section 3.11　主成分分析についてのその他の話題

Section 3.1
主成分分析は総合化です！

主成分分析は，重回帰分析や判別分析に比べて，なんとなく意味のとらえがたい手法です．しかも，主成分分析をおこなったからといって，いつも統計処理が"うまくゆく"とは限りません．そこで，主成分とは何かをさぐるところから話をすすめることにしましょう．

ある問題に対して，いくつかの要因が考えられるとき，それらの要因を1つひとつ独立に扱うのではなく，総合的に取り扱おうとするのが**主成分分析**です．

つまり，総合的に取り扱うとは，いくつかの変数 $x_1, x_2, \cdots, x_p$ を
$$a_1 x_1 + a_2 x_2 + \cdots + a_p x_p$$
のような1次式で表現することです．この式によって表される総合的特性を**主成分**といいます．

別の表現をするならば，主成分分析とは多くの変数 $x_1, x_2, \cdots, x_p$ を，できるだけ情報の損失なしに，1個または互いに独立な少数個の総合的指標 $z_1, z_2, \cdots, z_m$

$$\begin{cases} z_1 = a_{11} x_1 + a_{12} x_2 + \cdots + a_{1p} x_p \\ z_2 = a_{21} x_1 + a_{22} x_2 + \cdots + a_{2p} x_p \\ \vdots \\ z_m = a_{m1} x_1 + a_{m2} x_2 + \cdots + a_{mp} x_p \end{cases}$$

を使って表現する手法で，$z_1, z_2, \cdots, z_m$ のことをそれぞれ第1主成分，第2主成分，…，第 m 主成分と呼びます．

総合的特性は，これらの1次式の係数 $a_{i1}, a_{i2}, \cdots, a_{ip}$ に表れるので，それらをうまく読み取れるかどうかが，主成分分析の醍醐味です．

Key Word　主成分分析：principal component analysis
　　　　　主成分：principal component

■ 主成分分析の例

高齢化社会の今,老人介護はわれわれが避けて通れない道です.そこで,各地域における介護・医療の取り組みについて調べてみましょう.

次のデータは,10カ所の地域における65歳以上人口1万人当たりの介護施設数と,人口1万人当たりの医療施設数です.

表 3.1.1 介護施設と医療施設 (その1)

No.	地域名	介護施設	医療施設
1	A	22	12
2	B	22	8
3	C	18	6
4	D	18	15
5	E	15	7
6	F	19	9
7	G	19	7
8	H	24	17
9	I	21	14
10	J	25	11

この2つの変数の総合的特性を,次の

$$a_1 \times \boxed{介護施設\ x_1} + a_2 \times \boxed{医療施設\ x_2}$$

という1次式の形で表現します.

そして,この1次式のことを主成分といいます.

そこで,問題は,この主成分の係数

$$a_1 \quad a_2$$

をどのように決定すればよいのかということですね.

この a_1, a_2 を決定するときに重要になるのが情報の損失という考え方なのですが,そもそも

"総合的特性を1次式 $a_1 x_1 + a_2 x_2$ で表す"

とは,いったいどういうことなのでしょうか?

まずは,視覚でとらえることにしましょう.

Section 3.2
主成分とは?!

統計処理の第一歩はグラフ表現です．

表 3.1.1 のデータのグラフ表現は，次のような散布図ですね．

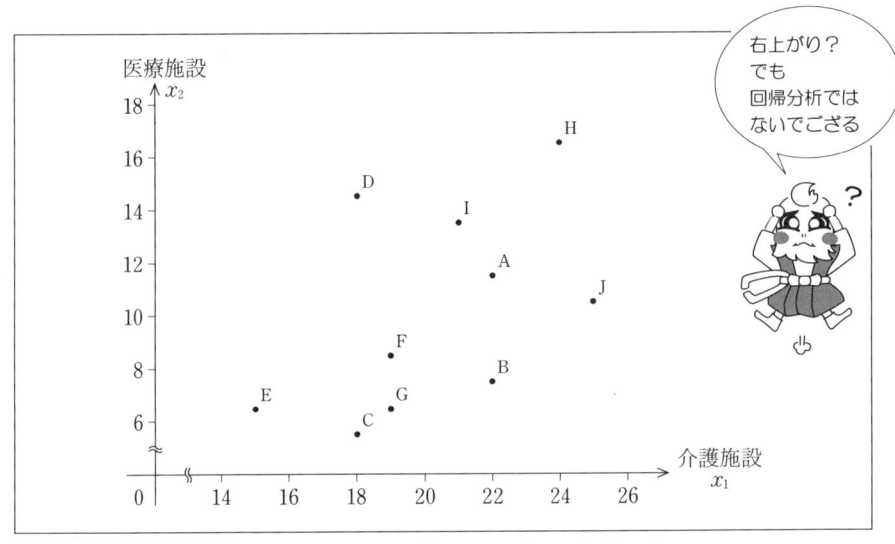

図 3.2.1 統計処理の第一歩はグラフ表現です！

この散布図を見ていると，10 個のデータは，なんとなく 1 本の軸のまわりに散らばっているような気がします．

そこで思いきって，次の図 3.2.2 のように 1 本の軸 z_1 を引いてみましょう！

図 3.2.2 を見ていると，x_1, x_2 平面上の
10 個のデータを表現するのに，
この 1 本の軸 z_1 だけで十分なのではないか
と思えてきます．

> 新しい軸に
> データから垂線を
> 下ろしてみて
> ください

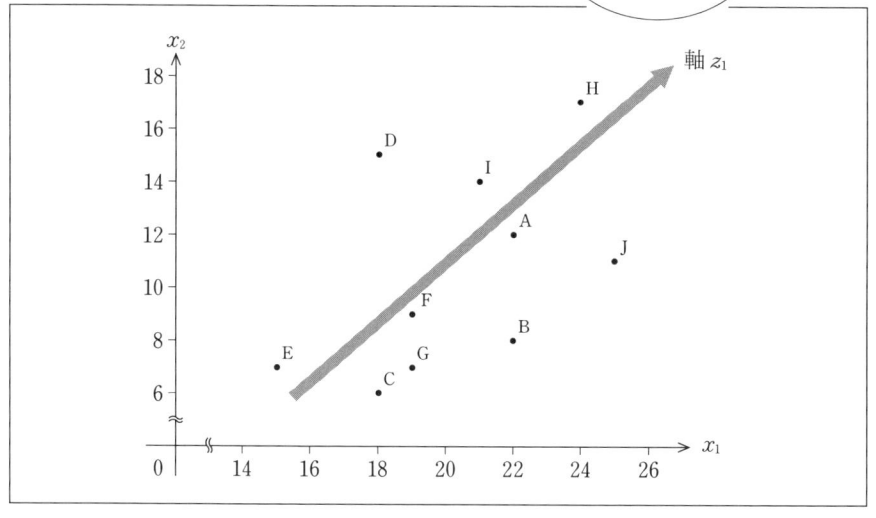

図 3.2.2

実際，地域 A や地域 F のデータは軸 z_1 のすぐ近くに位置しているので，
そのまま，z_1 上の点とみなすこともできそうです．

軸 z_1 から離れているデータは，軸 z_1 に垂線を下ろして，
その交点に移動すればよさそうですね．

統計では構造の単純化ということは重要な目的の 1 つなので，
2 つの変数 x_1, x_2 の代わりに

"1 つの変数 z_1 でデータを表現する"

ということには意味があります．

ところで，この新しい軸 z_1 が"主成分の正体"なのです．

そして，この軸 z_1 の方向比が $a_1 : a_2$ のとき，この a_1, a_2 を係数にもつ1次式
$$z_1 = a_1 x_1 + a_2 x_2$$
を主成分 z_1 と呼ぶわけですね！

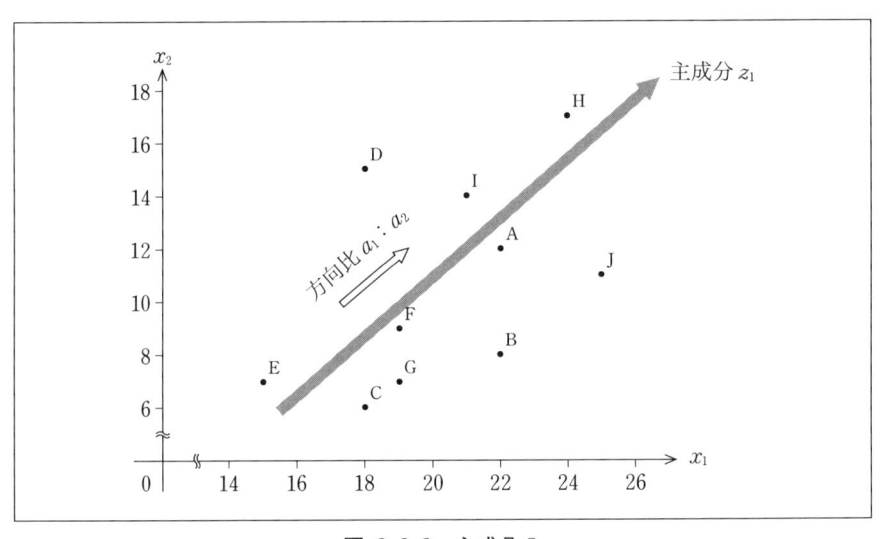

図 3.2.3　主成分？

> a_1, a_2 は x_1, x_2 の重み付けのようなものですね

Section 3.3
主成分の求め方 (1) ——情報損失量の最小化

主成分 $z_1 = a_1 x_1 + a_2 x_2$ の方向比

$$\text{方向比}\quad a_1 : a_2$$

を求めることから，主成分分析は始まります．

方向比 $a_1 : a_2$ は，次のようにいろいろと考えられます．

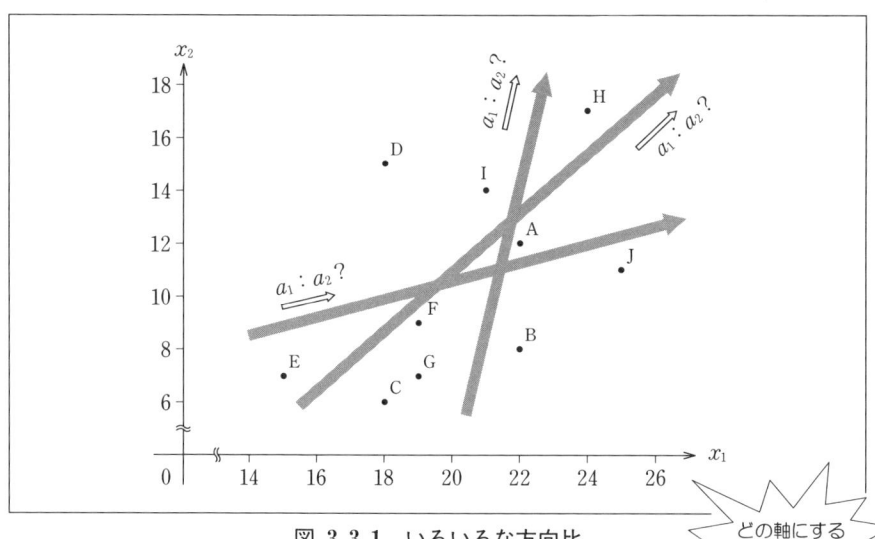

図 3.3.1　いろいろな方向比

どの軸にするのでござる？

この中で，どの方向比が最も良い方向比なのでしょうか？
新しい軸 z_1 の意味を思い出すと……

各データを主成分 z_1 上で考えるということは，

"各データから主成分 z_1 上に垂線を下ろす"

ということです．

そこで，各データから，垂線を下ろしてみると……

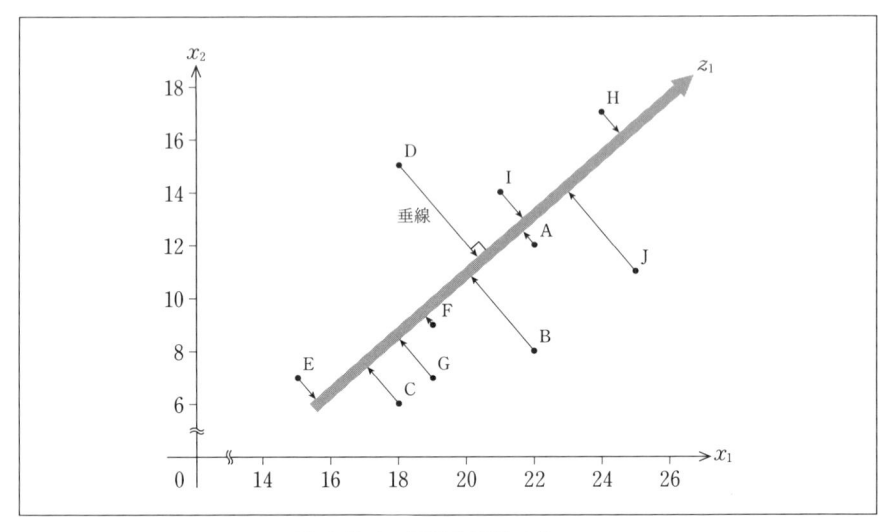

図 3.3.2　垂線を下ろすと……

ところが，このとき困ったことが起きてしまいます．それは，

情報の損失

です*!!*

　もともと 2 次元上にあったデータを 1 次元の上に移動しますから，元のデータが少し損われます．では，どの部分が損われるのでしょうか？

　次の図を見てみましょう．

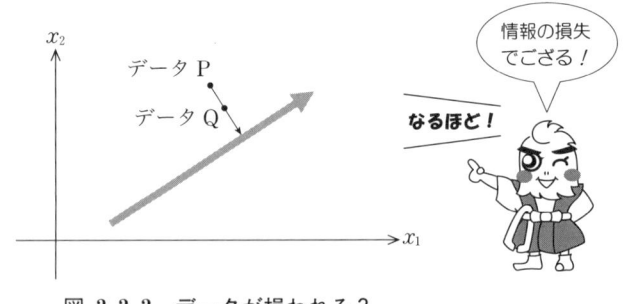

図 3.3.3　データが損われる？

図 3.3.3 の 2 つのデータ P，Q は主成分 z_1 上で考えると，同じ点に移動してしまいます．ということは，

"データから主成分 z_1 に下ろした垂線の長さ"

は，主成分 z_1 上では考慮されない量ということになります．

つまり，z_1 軸上では

垂線の長さ＝情報の損失

ということになりますから，

"最も良い方向比 $a_1 : a_2$ を見つけ出す"

ということは，

"垂線の長さが最小になる方向比 $a_1 : a_2$ を見つける"

ということですね！

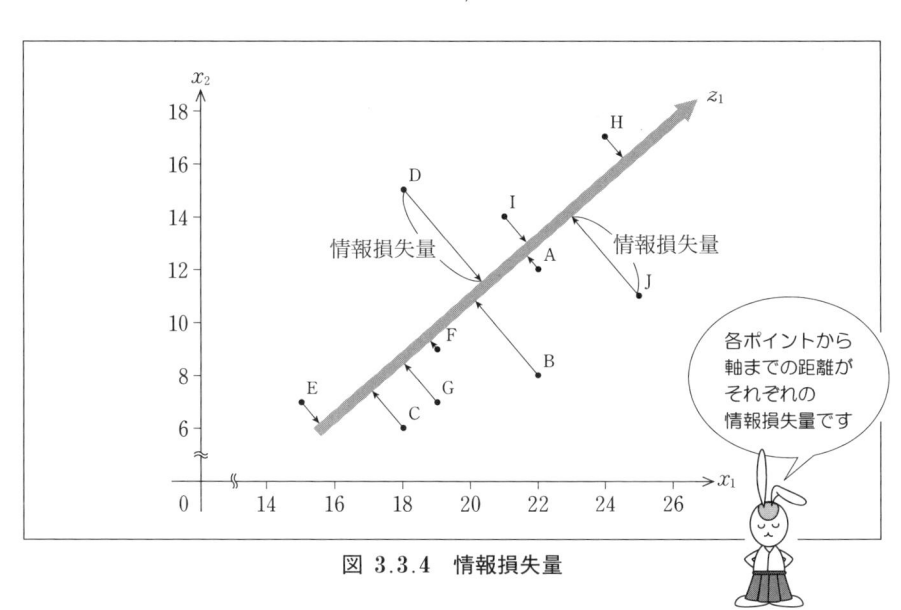

図 3.3.4　情報損失量

各ポイントから軸までの距離がそれぞれの情報損失量です

では，主成分 z_1 に下ろした垂線の長さは，どのように計算するのでしょうか？

実は，**ヘッセの標準形**という便利な公式があります．

主成分 z_1 の直線を l とすると，方向比が $a_1:a_2$ なので，この直線 l の式は

$$a_2 x_1 - a_1 x_2 + a_0 = 0$$

と表すことができます．

そこで，ヘッセの標準形を利用すると

$$\text{点}(p, q) \text{の情報損失量} = \frac{|a_2 p - a_1 q + a_0|}{\sqrt{a_2{}^2 + (-a_1)^2}}$$

となります．

ここで，条件

$$a_1{}^2 + a_2{}^2 = 1$$

を付けると，各地域の情報損失量は次の表のようになります．

95ページを見るべし！

表 3.3.1 各地域の情報損失量

No.	地域名	x_1	x_2	情報損失量
1	A	22	12	$|22a_2 - 12a_1 + a_0|$
2	B	22	8	$|22a_2 - 8a_1 + a_0|$
3	C	18	6	$|18a_2 - 6a_1 + a_0|$
4	D	18	15	$|18a_2 - 15a_1 + a_0|$
5	E	15	7	$|15a_2 - 7a_1 + a_0|$
6	F	19	9	$|19a_2 - 9a_1 + a_0|$
7	G	19	7	$|19a_2 - 7a_1 + a_0|$
8	H	24	17	$|24a_2 - 17a_1 + a_0|$
9	I	21	14	$|21a_2 - 14a_1 + a_0|$
10	J	25	11	$|25a_2 - 11a_1 + a_0|$

左ページの説明です

ヘッセの標準形

xy 平面上の点 (p, q) から，直線 $l : ax + by + c = 0$ へ下ろした垂線の長さは

$$\frac{|ap + bq + c|}{\sqrt{a^2 + b^2}}$$

で与えられます．

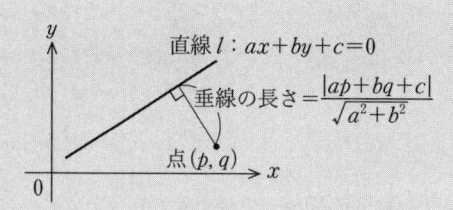

図 3.3.5 点と直線の距離

アイヤしばらく！

方向比を $a_1 : a_2$ としたとき，その軸を表す直線 l の式は次のようになります．

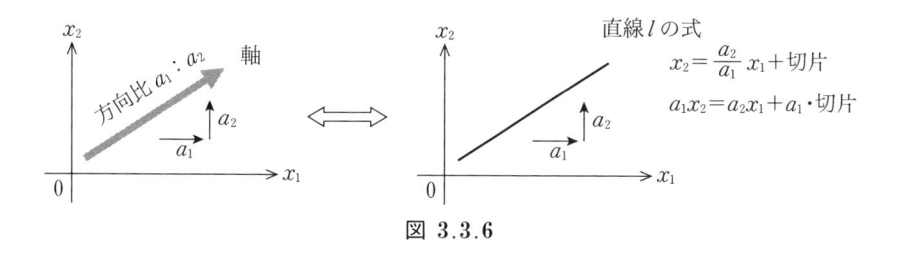

直線 l の式
$$x_2 = \frac{a_2}{a_1} x_1 + 切片$$
$$a_1 x_2 = a_2 x_1 + a_1 \cdot 切片$$

図 3.3.6

■ **情報損失量を最小にする方向比 $a_1 : a_2$ は?**

表 3.3.1 の情報損失量には絶対値の記号が付いているので，2 乗しておきましょう．

したがって，情報損失量の 2 乗和 $U(a_2, a_1, a_0)$ は

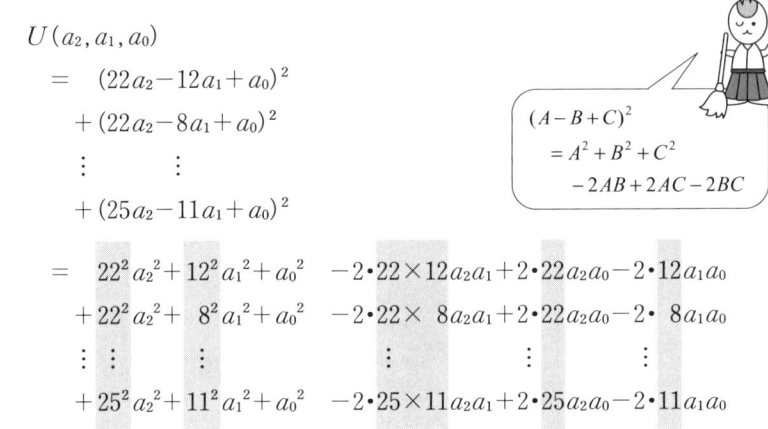

$$
\begin{aligned}
U&(a_2, a_1, a_0) \\
&= (22a_2 - 12a_1 + a_0)^2 \\
&\quad + (22a_2 - 8a_1 + a_0)^2 \\
&\quad \vdots \qquad \vdots \\
&\quad + (25a_2 - 11a_1 + a_0)^2 \\
&= 22^2 a_2^2 + 12^2 a_1^2 + a_0^2 \ -2 \cdot 22 \times 12 \, a_2 a_1 + 2 \cdot 22 a_2 a_0 - 2 \cdot 12 a_1 a_0 \\
&\quad + 22^2 a_2^2 + \ 8^2 a_1^2 + a_0^2 \ -2 \cdot 22 \times \ 8 \, a_2 a_1 + 2 \cdot 22 a_2 a_0 - 2 \cdot \ 8 a_1 a_0 \\
&\quad \vdots \qquad \vdots \qquad \vdots \qquad\qquad \vdots \qquad\qquad \vdots \qquad\qquad \vdots \\
&\quad + 25^2 a_2^2 + 11^2 a_1^2 + a_0^2 \ -2 \cdot 25 \times 11 \, a_2 a_1 + 2 \cdot 25 a_2 a_0 - 2 \cdot 11 a_1 a_0 \\
&= 4205 a_2^2 + 1254 a_1^2 + 10 a_0^2 - 2 \cdot 2204 a_2 a_1 + 2 \cdot 203 a_2 a_0 - 2 \cdot 106 a_1 a_0
\end{aligned}
$$

    ↑   ↑   ↑   ↑   ↑
    ①   ②   ③   ④   ⑤

$(A - B + C)^2$
$= A^2 + B^2 + C^2$
$\quad - 2AB + 2AC - 2BC$

となります．

よって

$$\text{条件} : a_1^2 + a_2^2 = 1$$

のもとで

$$
\begin{aligned}
U(a_2, a_1, a_0) &= 4205 a_2^2 + 1254 a_1^2 + 10 a_0^2 \\
&\quad - 2 \cdot 2204 a_2 a_1 + 2 \cdot 203 a_2 a_0 - 2 \cdot 106 a_1 a_0
\end{aligned}
$$

が最小となる a_1，a_2 を求めればいいですね．

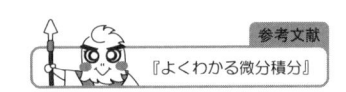

ラグランジュの乗数法という条件付き極値問題でござる

参考文献
『よくわかる微分積分』

左ページの説明です

このようなときは，次の表を用意しておくと便利ですね！

表 3.3.2　いろいろな統計量

No.	x_1	x_2	x_1^2	x_2^2	$x_1 x_2$
1	22	12	484	144	264
2	22	8	484	64	176
3	18	6	324	36	108
4	18	15	324	225	270
5	15	7	225	49	105
6	19	9	361	81	171
7	19	7	361	49	133
8	24	17	576	289	408
9	21	14	441	196	294
10	25	11	625	121	275
合計	203	106	4205	1254	2204
	↑④	↑⑤	↑① 平方和	↑② 平方和	↑③ 積和

ラグランジュの乗数法

関数 $U(x, y, z)$ が条件 $x^2 + y^2 = 1$ のもとで，極値 (α, β, γ) をとるとします。

このとき，関数 $F(x, y, z, \lambda)$ を
$$F(x, y, z, \lambda) = U(x, y, z) - \lambda(x^2 + y^2 - 1)$$
とおくと，極値 (α, β, γ) は連立方程式

$$\begin{cases} \dfrac{\partial F(x,y,z,\lambda)}{\partial x} = \dfrac{\partial U(x,y,z)}{\partial x} - 2\lambda x = 0 \\ \dfrac{\partial F(x,y,z,\lambda)}{\partial y} = \dfrac{\partial U(x,y,z)}{\partial y} - 2\lambda y = 0 \\ \dfrac{\partial F(x,y,z,\lambda)}{\partial z} = \dfrac{\partial U(x,y,z)}{\partial z} = 0 \\ x^2 + y^2 = 1 \end{cases}$$

の解に一致します．

そこで，ラグランジュの乗数を λ として

$$F(a_2, a_1, a_0, \lambda) = U(a_2, a_1, a_0) - \lambda(a_1^2 + a_2^2 - 1)$$
$$= 4205a_2^2 + 1254a_1^2 + 10a_0^2$$
$$\quad - 2 \cdot 2204 a_2 a_1 + 2 \cdot 203 a_2 a_0 - 2 \cdot 106 a_1 a_0$$
$$\quad - \lambda(a_1^2 + a_2^2 - 1)$$

を，それぞれ a_1, a_2, a_0 で偏微分して 0 とおくと

$$\frac{\partial F}{\partial a_2} = 2(4205a_2 - 2204a_1 + 203a_0 - \lambda a_2) = 0 \tag{1}$$

$$\frac{\partial F}{\partial a_1} = 2(1254a_1 - 2204a_2 - 106a_0 - \lambda a_1) = 0 \tag{2}$$

$$\frac{\partial F}{\partial a_0} = 2(10a_0 + 203a_2 - 106a_1) = 0 \tag{3}$$

となります．

はじめに，a_0 を消去します．

(3) の式を変形すると

$$a_0 = -20.3 a_2 + 10.6 a_1 \tag{4}$$

となります．この (4) の式を，(1) と (2) の式に代入すると

$$\begin{cases} 4205a_2 - 2204a_1 + 203(-20.3a_2 + 10.6a_1) - \lambda a_2 = 0 \\ 1254a_1 - 2204a_2 - 106(-20.3a_2 + 10.6a_1) - \lambda a_1 = 0 \end{cases}$$

となります．よって

$$\begin{cases} 84.1 a_2 - 52.2 a_1 - \lambda a_2 = 0 & (5) \\ 130.4 a_1 - 52.2 a_2 - \lambda a_1 = 0 & (6) \end{cases}$$

となり，したがって

$$\begin{cases} (84.1 - \lambda) a_2 - 52.2 a_1 = 0 \\ -52.2 a_2 + (130.4 - \lambda) a_1 = 0 \end{cases}$$

となりました．

条件付き極値問題はややこしいけど大切でござるよ！

この式を行列の形で表すと，次のようになります．

$$\begin{bmatrix} 84.1-\lambda & -52.2 \\ -52.2 & 130.4-\lambda \end{bmatrix} \begin{bmatrix} a_2 \\ a_1 \end{bmatrix} = \begin{bmatrix} 0 \\ 0 \end{bmatrix}$$

このとき，(a_2, a_1) が $(0, 0)$ 以外の解をもつためには次の行列式が 0，つまり

$$\begin{vmatrix} 84.1-\lambda & -52.2 \\ -52.2 & 130.4-\lambda \end{vmatrix} = 0$$

$$\begin{vmatrix} a & b \\ c & d \end{vmatrix} = ad - bc$$

ですね！ そこで，この λ の 2 次方程式

$$(84.1-\lambda)(130.4-\lambda) - (-52.2)(-52.2) = 0$$

を解くと，次の解を得ます．

$$\lambda_1 = 50.147 \qquad \lambda_2 = 164.353$$

ところで，(5), (6) の連立方程式は

$$\begin{cases} 84.1 a_2 - 52.2 a_1 = \lambda a_2 \\ -52.2 a_2 + 130.4 a_1 = \lambda a_1 \end{cases}$$

と表せます．行列の形になおすと

$$\begin{bmatrix} 84.1 & -52.2 \\ -52.2 & 130.4 \end{bmatrix} \begin{bmatrix} a_2 \\ a_1 \end{bmatrix} = \lambda \begin{bmatrix} a_2 \\ a_1 \end{bmatrix}$$

となり，上で求めた 2 次方程式の解 λ_1, λ_2 は，行列

$$\begin{bmatrix} 84.1 & -52.2 \\ -52.2 & 130.4 \end{bmatrix}$$

の**固有値**になっていることがわかります．

したがって，

　　求める方向比 $a_1 : a_2$ は，

　　　　この固有値の**固有ベクトル**である

ということがわかりました．

固有値・固有ベクトルは 30 ページを思い出すべし！

Key Word　固有値：eigenvalue
　　　　　　固有ベクトル：eigenvector

固有値 $\lambda_1 = 50.147$ の固有ベクトル (a_2, a_1) は，

$$\begin{bmatrix} 84.1 & -52.2 \\ -52.2 & 130.4 \end{bmatrix} \begin{bmatrix} a_2 \\ a_1 \end{bmatrix} = 50.147 \begin{bmatrix} a_2 \\ a_1 \end{bmatrix}$$

を解いて

$$\text{固有ベクトル} \begin{bmatrix} a_2 \\ a_1 \end{bmatrix} = \begin{bmatrix} 0.8383 \\ 0.5452 \end{bmatrix}$$

となります．

> 表3.1.1のデータの平方和積和行列
> $$\begin{bmatrix} 84.1 & 52.2 \\ 52.2 & 130.4 \end{bmatrix}$$
> と符号が一部分異なっています！

固有値 $\lambda_2 = 164.353$ の固有ベクトル (a_1, a_2) は，

$$\begin{bmatrix} 84.1 & -52.2 \\ -52.2 & 130.4 \end{bmatrix} \begin{bmatrix} a_2 \\ a_1 \end{bmatrix} = 164.353 \begin{bmatrix} a_2 \\ a_1 \end{bmatrix}$$

を解いて

$$\text{固有ベクトル} \begin{bmatrix} a_2 \\ a_1 \end{bmatrix} = \begin{bmatrix} -0.5452 \\ 0.8383 \end{bmatrix}$$

となります．

ところで，この2つの固有ベクトルのうち，求める方向比 $a_1 : a_2$ はどちらの固有ベクトルなのでしょうか？
実は

$$\text{情報損失量の2乗和 } U(a_2, a_1, a_0) = \text{固有値 } \lambda$$

が成り立つので，
求める方向比 $a_1 : a_2$ は，小さい固有値 $\lambda_1 = 50.147$ の

$$\text{固有ベクトル} \begin{bmatrix} a_2 \\ a_1 \end{bmatrix} = \begin{bmatrix} 0.8383 \\ 0.5452 \end{bmatrix}$$

ですね！

> 右のページを見てください

以上のことから，主成分 z_1 は

$$z_1 = 0.5452 x_1 + 0.8383 x_2$$

であることがわかりました．

> 左ページの説明です

固有値と情報損失量の関係は，次のようになっています．
98 ページの (4) の式
$$a_0 = -20.3a_2 + 10.6a_1$$
を，情報損失量の 2 乗和 $U(a_2, a_1, a_0)$ に代入してみましょう．

$$\begin{aligned}U(a_2, a_1, a_0) =\ & 4205a_2^2 + 1254a_1^2 + 10(-20.3a_2 + 10.6a_1)^2 \\ & -2\cdot 2204 a_2 a_1 \\ & +2\cdot 203 a_2(-20.3a_2 + 10.6a_1) \\ & -2\cdot 106 a_1(-20.3a_2 + 10.6a_1) \\ =\ & (4205 + 10\cdot 20.3^2 - 2\cdot 203\cdot 20.3)a_2^2 \\ & + (1254 + 10\cdot 10.6^2 - 2\cdot 106\cdot 10.6)a_1^2 \\ & + 2(-10\cdot 20.3\cdot 10.6 - 2204 + 203\cdot 10.6 + 106\cdot 20.3)a_2 a_1 \\ =\ & 84.1 a_2^2 + 130.4 a_1^2 - 2\times 52.2 a_2 a_1\end{aligned}$$

次に，(5) の式 $\times a_2$，(6) の式 $\times a_1$ より
$$\begin{cases} 84.1 a_2^2 - 52.2 a_1 a_2 - \lambda a_2^2 = 0 \\ 130.4 a_1^2 - 52.2 a_2 a_1 - \lambda a_1^2 = 0 \end{cases}$$
この 2 つの式を加えると
$$84.1 a_2^2 + 130.4 a_1^2 - 2\times 52.2 a_2 a_1 - \lambda(a_2^2 + a_1^2) = 0$$
$$84.1 a_2^2 + 130.4 a_1^2 - 2\times 52.2 a_2 a_1 = \lambda(a_2^2 + a_1^2)$$
となります．したがって
$$\begin{aligned}U(a_2, a_1, a_0) &= 84.1 a_2^2 + 130.4 a_1^2 - 2\times 52.2 a_2 a_1 \\ &= \lambda(a_2^2 + a_1^2)\end{aligned}$$
となりました．
ということは
$$U(a_2, a_1, a_0) = \lambda$$
情報損失量＝固有値

ということですね!!

Section 3.4
主成分を解釈する？

主成分 $z_1 = 0.5452 x_1 + 0.8383 x_2$ は，何を表現しているのでしょうか？

主成分 z_1 は，変数 x_1 と x_2 を総合化したものですから，
次の図のようになります．このような図を**パス図**といいます．

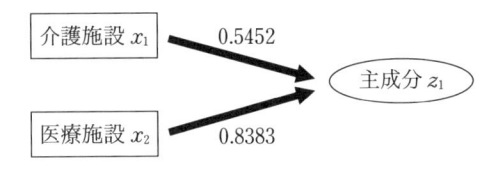

図 3.4.1 主成分分析のパス図

そこで，変数 x_1 や x_2 を変化させてみましょう．

介護施設 x_1 を増加してみると，主成分 z_1 も増加します．

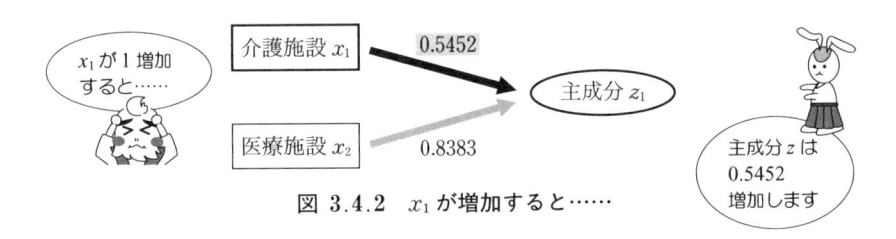

図 3.4.2 x_1 が増加すると……

医療施設 x_2 を増加してみると主成分 z_1 も増加します．

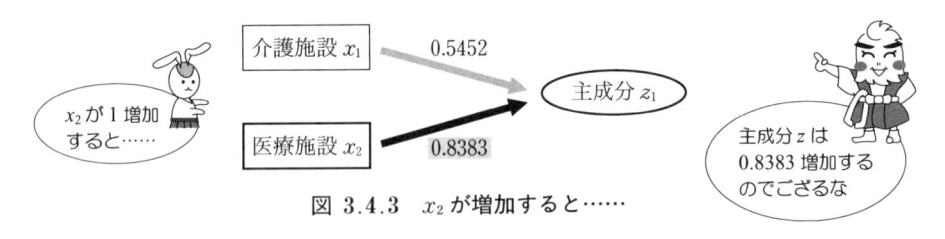

図 3.4.3 x_2 が増加すると……

つまり,

"介護施設や医療施設が増加すると主成分 z も増加する"

ということは,

主成分 z_1 ="福祉の充実度"

と解釈できないでしょうか？

したがって

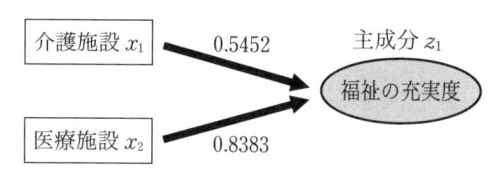

図 3.4.4　主成分に名前を付ける！

となりそうですね！

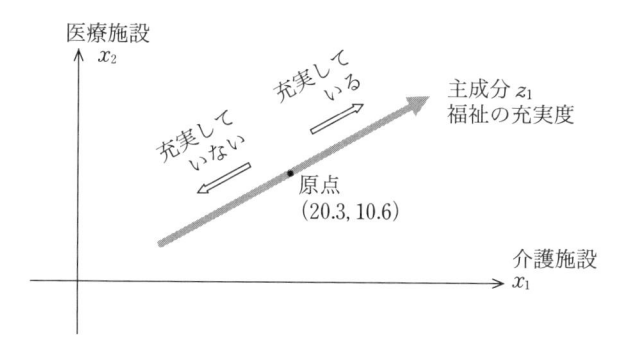

図 3.4.5　主成分を解釈する！

98ページの (4) の式 $a_0 = -20.3a_2 + 10.6a_1$ を思い出すと,直線 l の式は

$$0.8383x_1 - 0.5452x_2 + a_0 = 0$$
$$0.8383(x_1 - 20.3) - 0.5452(x_2 - 10.6) = 0$$

なので,平均 $(20.3, 10.6)$ を通っていることがわかります！！

Section 3.5
寄与率と累積寄与率

このようにして求めた主成分 z_1 は，はじめに与えられたデータの情報をどの程度説明しているのでしょうか？

ここで，**寄与率**を定義しましょう．

主成分分析は，いくつかの変数 $x_1, x_2, \cdots, x_p$ のもつ情報を
$$a_1x_1 + a_2x_2 + \cdots + a_px_p$$
という1本の軸の上に総合化しますから，どうしても
"情報の損失"
が起こります．

次の図を見てみましょう．

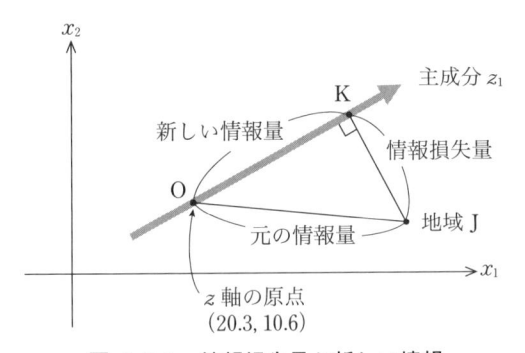

図 3.5.1 情報損失量と新しい情報

平均Oからのキョリを，そのデータのもつ情報量と考えれば

OJ＝地域Jの元の情報量
OK＝地域Jの新しい情報量
KJ＝地域Jの情報損失量

と考えて，よさそうですね！

z 軸の原点O
＝(x_1の平均, x_2の平均)

△JKO は直角三角形ですから

$$元の情報量^2 = 新しい情報量^2 + 情報損失量^2$$

という関係式が成り立ちます．

そこで，各データについて，この式を合計すると，次のような寄与率を定義できます．

寄与率の定義

$$主成分の寄与率 = \frac{\sum_{i=1}^{N}新しい情報量^2}{\sum_{i=1}^{N}元の情報量^2}$$

$$= \frac{\sum_{i=1}^{N}元の情報量^2 - \sum_{i=1}^{N}情報損失量^2}{\sum_{i=1}^{N}元の情報量^2}$$

さっそく，主成分 z_1 の寄与率を計算してみましょう．

$$\sum_{i=1}^{N}元の情報量^2 = データと平均との差の2乗和$$

$$= \sum_{i=1}^{N}(x_{1i} - \bar{x}_1)^2 + \sum_{i=1}^{N}(x_{2i} - \bar{x}_2)^2$$

$$= \sum_{i=1}^{N}x_{1i}^2 - \frac{\left(\sum_{i=1}^{N}x_{1i}\right)^2}{N} + \sum_{i=1}^{N}x_{2i}^2 - \frac{\left(\sum_{i=1}^{N}x_{2i}\right)^2}{N}$$

$$= 4205 - \frac{203^2}{10} + 1254 - \frac{106^2}{10}$$

$$= 214.5$$

$$\sum_{i=1}^{N}情報損失量^2 = 固有値\ \lambda = 50.147$$

したがって，

$$主成分 z_1 の寄与率 = \frac{214.5 - 50.147}{214.5} = 0.7661$$

となりました．つまり，

主成分 z_1 のもっている情報量は全体の 76.61% であるといえます．

> 寄与率の合計を累積寄与率といいます

Section 3.6
主成分得点を定義しよう

主成分 z_1 の方向比を $a_1 : a_2$ とすると
$$a_2 x_1 - a_1 x_2 + a_0 = 0$$
が、この主成分 z_1 を表す直線の式です。

98 ページの (4) の式から
$$a_0 = -20.3 a_2 + 10.6 a_1$$
となりますから、この a_0 を直線の式に代入すると……
$$a_2 x_1 - a_1 x_2 + (-20.3 a_2 + 10.6 a_1) = 0$$
$$a_2 (x_1 - 20.3) - a_1 (x_2 - 10.6) = 0$$

したがって、2 つの変数 x_1, x_2 の平均
$$(\bar{x}_1, \bar{x}_2) = (20.3, 10.6)$$
は、直線上の点になっています。

そこで、この平均を主成分 z_1 の原点とすれば

主成分得点 = 新しい情報量
$$= a_1 (x_1 - 20.3) + a_2 (x_2 - 10.6)$$

としてよさそうですね。

> 95 ページの図 3.3.6 を思い出すでござる

> 新しい情報量が地域 J の主成分得点です

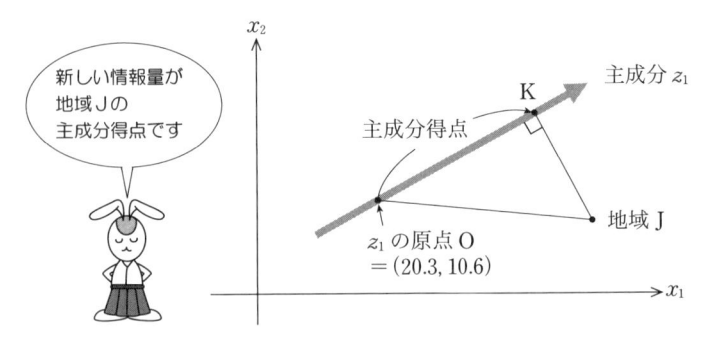

図 3.6.1 主成分得点の定義

Key Word　主成分得点：principal component score

> 左ページの
> 説明です

突然ですが，次の計算をしてみましょう．

$$\underbrace{\{(a_1(x_1-\bar{x}_1)+a_2(x_2-\bar{x}_2)\}^2}_{A}+\underbrace{\{a_2x_1-a_1x_2+a_0\}^2}_{B}$$

$$=\{(a_1(x_1-\bar{x}_1)+a_2(x_2-\bar{x}_2)\}^2+\{a_2x_1-a_1x_2+(-a_2\bar{x}_1+a_1\bar{x}_2)\}^2$$

$$=\{(a_1(x_1-\bar{x}_1)+a_2(x_2-\bar{x}_2)\}^2+\{a_2(x_1-\bar{x}_1)-a_1(x_2-\bar{x}_2)\}^2$$

$$=a_1{}^2(x_1-\bar{x}_1)^2+a_2{}^2(x_2-\bar{x}_2)^2+2a_1a_2(x_1-\bar{x}_1)(x_2-\bar{x}_2)$$
$$+a_2{}^2(x_1-\bar{x}_1)^2+a_1{}^2(x_2-\bar{x}_2)^2-2a_2a_1(x_1-\bar{x}_1)(x_2-\bar{x}_2)$$

$$=(a_1{}^2+a_2{}^2)(x_1-\bar{x}_1)^2+(a_2{}^2+a_1{}^2)(x_2-\bar{x}_2)^2$$

$$=(x_1-\bar{x}_1)^2+(x_2-\bar{x}_2)^2$$

$$=\underbrace{\{\sqrt{(x_1-\bar{x}_1)^2+(x_2-\bar{x}_2)^2}\}^2}_{C}$$

したがって

$$\underbrace{\{a_1(x_1-\bar{x}_1)+a_2(x_2-\bar{x}_2)\}^2}_{A}$$

$$=\underbrace{\{\sqrt{(x_1-\bar{x}_1)^2+(x_2-\bar{x}_2)^2}\}^2}_{C}-\underbrace{\{a_2x_1-a_1x_2+a_0\}^2}_{B}$$

$$=元の情報量^2-情報損失量^2$$

$$=新しい情報量^2$$

つまり

$$主成分得点=a_1(x_1-\bar{x}_1)+a_2(x_2-\bar{x}_2)$$
$$=新しい情報量$$

ですね．

Section 3.7
これは便利！──主成分得点によるランキング

次のデータは，ある年の生命保険会社の株式占率，公社債占率，外国証券占率，貸付金占率，外貨建資産占率について調査した結果です．

表 3.7.1　生命保険会社のデータ

No.	保険会社	株式	公社債	外国証券	貸付金	外貨建
1	日本	18.8	22.0	7.6	37.3	5.2
2	第一	20.3	24.0	6.6	34.7	5.3
3	住友	15.5	27.4	7.7	33.7	4.3
4	明治	21.1	20.9	3.4	39.1	3.3
5	朝日	23.0	14.0	10.3	38.4	10.1
6	三井	19.8	15.2	4.7	43.4	4.6
7	安田	18.7	16.3	10.0	41.7	7.6
8	千代田	18.7	8.7	7.0	50.3	6.3
9	太陽	11.6	24.2	5.1	43.1	2.1
10	協栄	8.2	24.1	7.3	41.9	6.8
11	大同	9.1	43.4	4.7	30.0	2.4
12	東邦	12.9	15.8	13.6	37.2	12.2
13	富国	13.8	23.5	10.8	36.1	6.8
14	日本団体	8.1	12.2	20.5	43.2	17.6
15	第百	16.4	21.0	6.7	41.1	5.9
16	日産	12.3	8.8	21.1	40.5	18.3

このデータをもとに，SPSSで主成分分析をおこなったところ，次のような出力結果を得ました．

表 3.7.2　SPSSによる主成分分析

	成分
	1
株式	-.188
公社債	-.842
外国証券	.887
貸付金	.536
外貨建	.931

因子抽出法: 主成分分析

相関行列による主成分分析でござる

108　3章　はじめての主成分分析

この第 1 主成分は

"生命保険会社の負の体力"

を表しています．

つまり，第 1 主成分得点を計算したとき，得点の高い生命保険会社は負の体力がありますから，倒産しやすい会社を意味します．

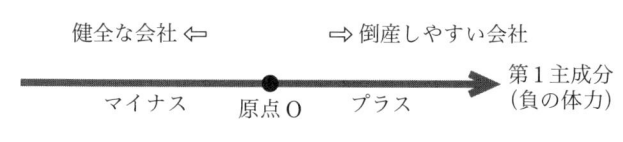

健全な会社 ⇐　　　⇒ 倒産しやすい会社
←――――――●――――――→ 第 1 主成分
マイナス　原点 O　プラス　　（負の体力）

図 3.7.1　第 1 主成分の軸 z_1

したがって，第 1 主成分得点の大きい順に会社を並べてみると

"倒産しやすい生命保険会社ランキング"

をおこなうことができますね！

次の表は，第 1 主成分得点を降順に並べ替えた結果です．

表 3.7.3　主成分得点とランキング

ランキング	保険会社	第 1 主成分得点
1	日産	2.03529
2	日本団体	1.99562
3	東邦	0.72081
4	千代田	0.60867
5	朝日	0.33203
6	安田	0.25011
7	協栄	−0.10464
8	富国	−0.18551
9	三井	−0.20278
10	第百	−0.24503
11	日本	−0.46896
12	太陽	−0.58209
13	第一	−0.72950
14	明治	−0.78727
15	住友	−0.82906
16	大同	−1.80767

主成分得点はここです

Section 3.8
第1主成分と第2主成分

固有値は2つありました.*!!*
ということは,固有ベクトルも2つあります.

$$\lambda_1 = 50.147 \text{ の固有ベクトル} \begin{bmatrix} a_1 \\ a_2 \end{bmatrix} = \begin{bmatrix} 0.5452 \\ 0.8383 \end{bmatrix}$$

$$\lambda_2 = 164.353 \text{ の固有ベクトル} \begin{bmatrix} a_1 \\ a_2 \end{bmatrix} = \begin{bmatrix} 0.8383 \\ -0.5452 \end{bmatrix}$$

方向比 $a_1 : a_2$ が2つ存在しますから,主成分も2つ存在する?
そうです*!!*
主成分は,次のように2つ存在します.

$$z_1 = 0.5452 x_1 + 0.8383 x_2$$
$$z_2 = 0.8383 x_1 - 0.5452 x_2$$

しかも,この2つの方向比は**直交**していますから,
2つの主成分の関係は次のようになります.

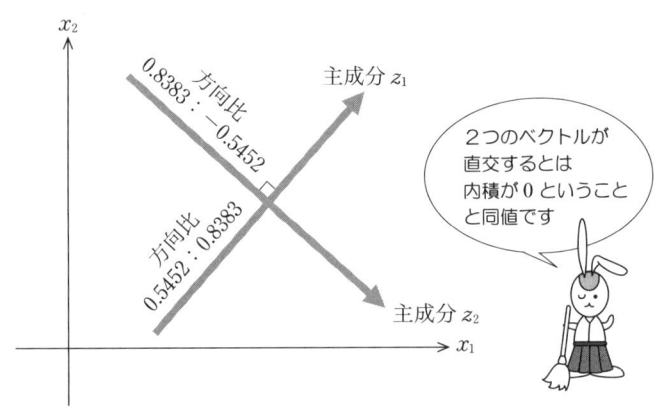

図 3.8.1 主成分は互いに直交する*!!*

Key Word　　直交:orthogonal

ということは，第1主成分で考えると

$$\sum_{i=1}^{N} 元の情報量^2 = \underbrace{\sum_{i=1}^{N} 新しい情報量^2}_{ここが第1主成分\ z_1} + \sum_{i=1}^{N} 情報損失量^2$$

となります．

第2主成分で考えると

$$\sum_{i=1}^{N} 元の情報量^2 = \sum_{i=1}^{N} 情報損失量^2 + \underbrace{\sum_{i=1}^{N} 新しい情報量^2}_{ここが第2主成分\ z_2}$$

となります．

このことは，変数の個数が p 個あれば，

"主成分も第1主成分から第 p 主成分まで p 個存在し，
　　元の情報量をこの p 個の主成分たちで分けあっている"

ということですね!!

主成分分析とクラスター分析をうまく利用すると，次のようにデータを4つのタイプに分類できます．

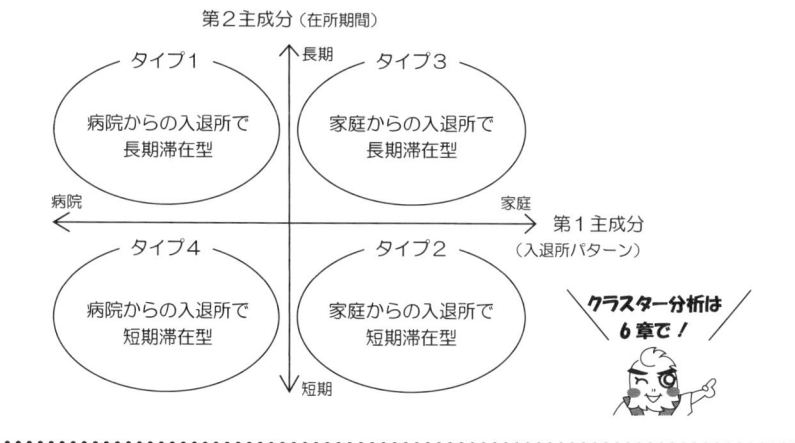

第2主成分（在所期間）

タイプ1	タイプ3
病院からの入退所で長期滞在型	家庭からの入退所で長期滞在型

病院　　　　　　　　　　　家庭　→ 第1主成分（入退所パターン）

タイプ4	タイプ2
病院からの入退所で短期滞在型	家庭からの入退所で短期滞在型

クラスター分析は6章で！

Section 3.9
主成分の求め方 (2) ── 分散の最大化

主成分 z の方向比 $a_1 : a_2$ の求め方を思い出しましょう．

次の図をながめていると，情報損失量を最小にするということは
　　　　　　"新しい情報量を最大にする方向比 $a_1 : a_2$ を求める"
ということと同じであることに気づきますね！

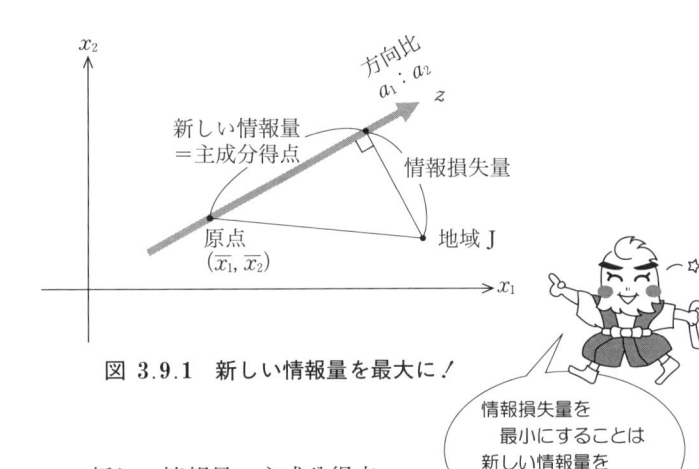

図 3.9.1　新しい情報量を最大に！

> 情報損失量を
> 最小にすることは
> 新しい情報量を
> 最大にすること！

しかも，

　　　　　　新しい情報量＝主成分得点

ですから，

$$\frac{\sum_{i=1}^{N} 元の情報量^2}{N-1} = \frac{\sum_{i=1}^{N} 新しい情報量^2}{N-1} + \frac{\sum_{i=1}^{N} 情報損失量^2}{N-1}$$

$$\frac{\sum_{i=1}^{N} 元の情報量^2}{N-1} = 主成分得点 z の分散 + \frac{情報損失量^2}{N-1}$$

に注目すれば，情報損失量を最小にするとは
　　　　　　　"主成分 z の分散を最大にする"
と同じことですね！

主成分 $z = a_1 x_1 + a_2 x_2$ の分散 $\mathrm{Var}(z)$ は，47ページの公式を思い出すと

$$\mathrm{Var}(z) = \mathrm{Var}(a_1 x_1 + a_2 x_2)$$
$$= a_1^2 \mathrm{Var}(x_1) + a_2^2 \mathrm{Var}(x_2) + 2 a_1 a_2 \mathrm{Cov}(x_1, x_2)$$

となります．そこで，条件 $a_1^2 + a_2^2 = 1$ のもとで

$$\mathrm{Var}(z) = 9.344 a_1^2 + 14.489 a_2^2 + 2 \times 5.800 a_1 a_2$$

が最大になる方向比 $a_1 : a_2$ を求めればよいことがわかりました．

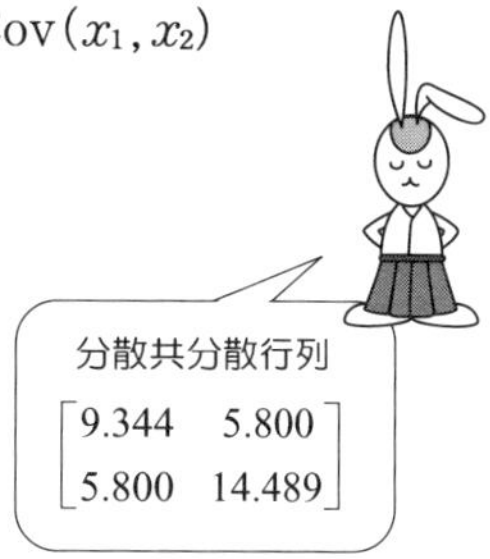

分散共分散行列
$\begin{bmatrix} 9.344 & 5.800 \\ 5.800 & 14.489 \end{bmatrix}$

97ページのラグランジュの乗数法を思い出して，関数 $G(a_1, a_2, \lambda)$ を

$$G(a_1, a_2, \lambda) = 9.344 a_1^2 + 14.489 a_2^2 + 2 \times 5.800 a_1 a_2 - \lambda (a_1^2 + a_2^2 - 1)$$

とおき，a_1, a_2 で偏微分します．

$$\begin{cases} \dfrac{\partial G}{\partial a_1} = 2(9.344 a_1 + 5.800 a_2 - \lambda a_1) = 0 \\ \dfrac{\partial G}{\partial a_2} = 2(14.489 a_2 + 5.800 a_1 - \lambda a_2) = 0 \end{cases}$$

この連立1次方程式を行列の形で表すと，次のように

$$\begin{bmatrix} 9.344 & 5.800 \\ 5.800 & 14.489 \end{bmatrix} \begin{bmatrix} a_1 \\ a_2 \end{bmatrix} = \lambda \begin{bmatrix} a_1 \\ a_2 \end{bmatrix}$$

分散共分散行列の固有値，固有ベクトルの問題に帰着されます．

固有値 $\lambda_1 = 18.2614$　　固有ベクトル $\begin{bmatrix} a_1 \\ a_2 \end{bmatrix} = \begin{bmatrix} 0.5452 \\ 0.8383 \end{bmatrix}$

固有値 $\lambda_2 = 5.5716$　　固有ベクトル $\begin{bmatrix} a_1 \\ a_2 \end{bmatrix} = \begin{bmatrix} 0.8383 \\ -0.5452 \end{bmatrix}$

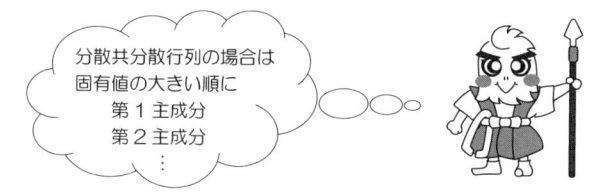

分散共分散行列の場合は
固有値の大きい順に
第1主成分
第2主成分
⋮

Section 3.9　主成分の求め方 (2)

Section 3.10
主成分分析は単位の影響を受けます

次のデータを使って，主成分分析をしてみましょう．

表 3.10.1 介護施設と医療施設（その2）

No.	介護施設	医療施設
1	220	12
2	220	8
3	180	6
4	180	15
5	150	7
6	190	9
7	190	7
8	240	17
9	210	14
10	250	11

表3.1.1と
よく似ている
でござる

このデータの分散共分散行列は

$$\begin{bmatrix} 934.444 & 58.000 \\ 58.000 & 14.489 \end{bmatrix}$$

となります．そこで，113ページと同様に，
分散共分散行列の固有値・固有ベクトル

$$\begin{bmatrix} 934.444 & 58.000 \\ 58.000 & 14.489 \end{bmatrix} \begin{bmatrix} a_1 \\ a_2 \end{bmatrix} = \lambda \begin{bmatrix} a_1 \\ a_2 \end{bmatrix}$$

を求めると，次のようになります．

固有値 $\lambda_1 = 938.086$ 固有ベクトル $\begin{bmatrix} a_1 \\ a_2 \end{bmatrix} = \begin{bmatrix} 0.9980 \\ 0.0627 \end{bmatrix}$

固有値 $\lambda_2 = 10.847$ 固有ベクトル $\begin{bmatrix} a_1 \\ a_2 \end{bmatrix} = \begin{bmatrix} -0.0627 \\ 0.9980 \end{bmatrix}$

第1主成分 z_1 は，固有値の大きい方の固有ベクトルが方向比ですから

$$第1主成分\ z_1 = 0.9980\, x_1 + 0.0627\, x_2$$

となります．

この第1主成分の係数をみると，x_1 の係数は x_2 の係数を無視できるほど大きい値になっています．

したがって

$$第1主成分＝介護施設の充実度$$

のように思えますね．

ところが，実は

$$表3.1.1のデータ＝表3.10.1のデータ$$

なのです．

表3.1.1 と表3.10.1 とでは，介護施設数が10倍異なっていますが，

　　　　表3.1.1 の介護施設数　……　人口1万人当たり
　　　　表3.10.1 の介護施設数　……　人口10万人当たり

ですから，データの中身は同じですね．‼

つまり

　　　　　"主成分はその変数の単位の影響を受ける"

ということがわかりました！

変数の単位を変えると方向比 $a_1 : a_2$ も変わってしまいますから，もちろん，主成分の解釈も変わってしまいます．

では，単位の影響を受けない主成分分析はないのでしょうか？

　　　　　　　あります！

変数の単位の影響を取り除く統計手法，それが

データの標準化

です．

> データの標準化は
> $x \mapsto \dfrac{x - 平均}{標準偏差}$

Section 3.10　主成分分析は単位の影響を受けます

データの標準化をして,主成分分析をしてみましょう.

表 3.10.2　標準化されたデータ

No.	標準化された 介護施設	標準化された 医療施設
1	0.5561	0.3678
2	0.5561	-0.6831
3	-0.7524	-1.2085
4	-0.7524	1.1559
5	-1.7338	-0.9458
6	-0.4253	-0.4203
7	-0.4253	-0.9458
8	1.2104	1.6814
9	0.2290	0.8932
10	1.5375	0.1051

このデータの分散共分散行列は

$$\begin{bmatrix} 1 & 0.4985 \\ 0.4985 & 1 \end{bmatrix}$$

なので,分散共分散行列の固有値・固有ベクトル

$$\begin{bmatrix} 1 & 0.4985 \\ 0.4985 & 1 \end{bmatrix} \begin{bmatrix} a_1 \\ a_2 \end{bmatrix} = \lambda \begin{bmatrix} a_1 \\ a_2 \end{bmatrix}$$

を求めると,次のようになります.

固有値 $\lambda_1 = 1.4985$　　固有ベクトル $\begin{bmatrix} a_1 \\ a_2 \end{bmatrix} = \begin{bmatrix} 0.7071 \\ 0.7071 \end{bmatrix}$

固有値 $\lambda_2 = 0.5015$　　固有ベクトル $\begin{bmatrix} a_1 \\ a_2 \end{bmatrix} = \begin{bmatrix} -0.7071 \\ 0.7071 \end{bmatrix}$

> これは
> 相関行列では
> ござらぬか?

ところが，よく考えてみると……

データの標準化をすれば

$$\text{分散} \longrightarrow 1$$
$$\text{共分散} \longrightarrow \text{相関係数}$$

ですから

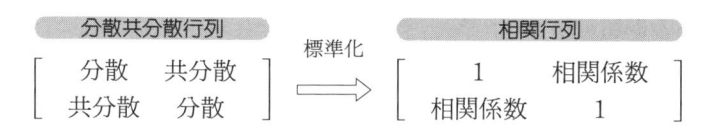

$$\underbrace{\begin{bmatrix} \text{分散} & \text{共分散} \\ \text{共分散} & \text{分散} \end{bmatrix}}_{\text{分散共分散行列}} \xrightarrow{\text{標準化}} \underbrace{\begin{bmatrix} 1 & \text{相関係数} \\ \text{相関係数} & 1 \end{bmatrix}}_{\text{相関行列}}$$

となります．

ということは，データの標準化による主成分分析は

"相関行列による主成分分析"

ですね！

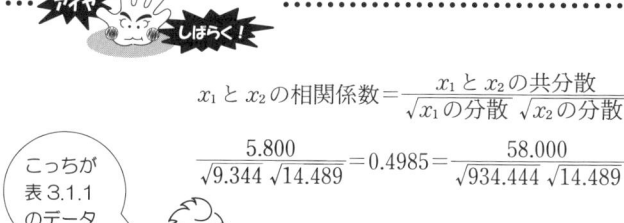

$$x_1 \text{と} x_2 \text{の相関係数} = \frac{x_1 \text{と} x_2 \text{の共分散}}{\sqrt{x_1 \text{の分散}} \sqrt{x_2 \text{の分散}}}$$

$$\frac{5.800}{\sqrt{9.344}\sqrt{14.489}} = 0.4985 = \frac{58.000}{\sqrt{934.444}\sqrt{14.489}}$$

こっちが表3.1.1のデータ

こっちは表3.10.1のデータ

Section 3.10 主成分分析は単位の影響を受けます

Section 3.11
主成分分析についてのその他の話題

■ 主成分分析と多重共線性？

重回帰分析の場合，独立変数間に多重共線性が存在すると
いろいろな問題が起こります．

いちばん大きな問題は，

"分散共分散行列の逆行列が存在しない"

ということです．

主成分分析の場合，多重共線性の問題は起こらないのでしょうか？

そこで，次のデータを使って，主成分分析をしてみましょう．

表 3.11.1　多重共線性のあるデータ（その1）

No.	x_1	x_2	x_3	x_4
1	2	2	4	2
2	1	1	2	1
3	2	5	5	3
4	3	9	8	5
5	4	1	7	3
6	4	4	8	4
7	1	1	2	1
8	3	9	8	5
9	2	2	4	2
10	1	7	4	3

SPSS を使って主成分分析をすると，次のような出力結果を得ます．

表 3.11.2

成分	初期の固有値		
	合計	分散の %	累積 %
1	3.132	78.302	78.302
2	.868	21.698	100.000
3	2.39E−016	5.97E−015	100.000
4	4.09E−017	1.02E−015	100.000

｝2つの共線性

因子抽出法: 主成分分析

成分行列[a]

	成分	
	1	2
X1	.797	−.604
X2	.749	.662
X3	.982	−.188
X4	.985	.172

因子抽出法: 主成分分析
a. 2 個の成分が抽出されました

$3.132 + 0.868$
$= 1 + 1 + 1 + 1$

この分散共分散行列の逆行列は存在しないでござるよ！

$$\begin{bmatrix} 1.344 & 0.744 & 2.489 & 1.144 \\ 0.744 & 10.544 & 4.756 & 4.011 \\ 2.489 & 4.756 & 5.733 & 3.244 \\ 1.144 & 4.011 & 3.244 & 2.100 \end{bmatrix}$$

次のデータを使って，主成分分析をしてみましょう．

> このデータは表2.9.1と同じでござる

表 3.11.3　多重共線性のあるデータ（その2）

No.	x_1	x_2	x_3	x_4	x_5
1	2	2	4	2	4
2	1	1	2	1	2
3	2	5	5	3	4
4	3	9	8	5	6
5	4	1	7	3	8
6	4	4	8	4	8
7	1	1	2	1	2
8	3	9	8	5	6
9	2	2	4	2	4
10	1	7	4	3	2

> このデータの分散共分散行列も逆行列は存在しません

SPSSを使って主成分分析をすると，次のような出力を得ます．

表 3.11.4

説明された分散の合計

成分	初期の固有値		
	合計	分散の %	累積 %
1	3.856	77.116	77.116
2	1.144	22.884	100.000
3	3.84E-016	7.69E-015	100.000
4	7.43E-017	1.49E-015	100.000
5	-1.24E-016	-2.48E-015	100.000

成分3〜5は ３つの共線性

因子抽出法: 主成分分析

成分行列 [a]

	成分	
	1	2
X1	.893	-.450
X2	.618	.786
X3	1.000	-.008
X4	.938	.347
X5	.893	-.450

因子抽出法: 主成分分析
a. 2個の成分が抽出されました

$3.856 + 1.144 = 1+1+1+1+1$

このように，主成分分析は多重共線性が存在していても，固有ベクトルが求まるということがわかりました．

4章 はじめての因子分析

- Section 4.1　因子分析で共通要因を?!
- Section 4.2　因子分析のモデル式と因子の解釈
- Section 4.3　因子分析の分散共分散行列
- Section 4.4　主因子法による因子分析
- Section 4.5　因子負荷の求め方の実際
- Section 4.6　因子を回転する?!
- Section 4.7　最尤法と1変数の尤度関数
- Section 4.8　p変数の尤度関数への一般化
- Section 4.9　最尤法による因子負荷の求め方
- Section 4.10　直交モデル・斜交モデルの分散共分散行列
- Section 4.11　最尤法とプロマックス回転の例

Section 4.1
因子分析で共通要因を?!

因子分析とは何かを考える際に便利なものが

パス図

です．パス図とは，統計のモデル式を図で表現したものです．

次の例を見てみましょう．

■ 重回帰分析のパス図

重回帰分析は

原因 x_1, x_2, x_3　と　結果 y

の間の関係を

$$y = \beta_1 x_1 + \beta_2 x_2 + \beta_3 x_3 + \beta_0 + \varepsilon$$

のような1次式で表現します．

このモデル式をパス図で表現すると，次のようになります．

β_i は x_i が y に与える影響の大きさです

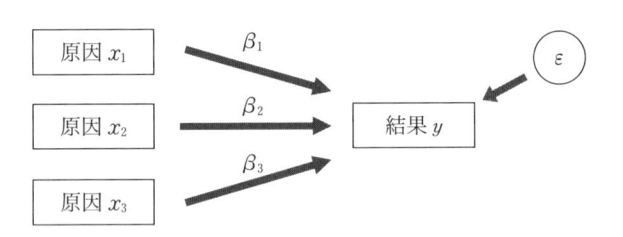

図 4.1.1　重回帰分析のパス図

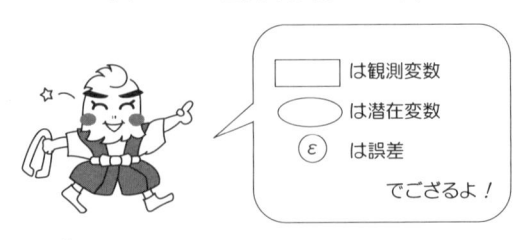

☐ は観測変数
◯ は潜在変数
ε は誤差
でござるよ！

Key Word　因子分析：factor analysis

■ **主成分分析のパス図**

主成分分析は，いくつかの要因 x_1, x_2, x_3 を総合化して，主成分という新しい座標軸 z

$$主成分\ z = a_1 x_1 + a_2 x_2 + a_3 x_3$$

を作る統計手法です．

したがって，主成分分析のパス図は次のようになります．

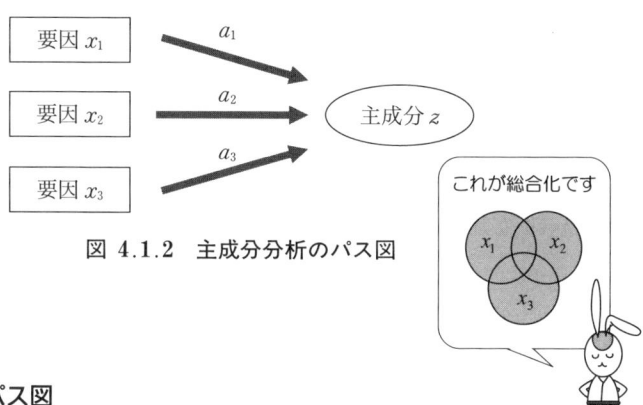

図 4.1.2　主成分分析のパス図

■ **因子分析のパス図**

これに対し，因子分析のパス図は次のように描けます．

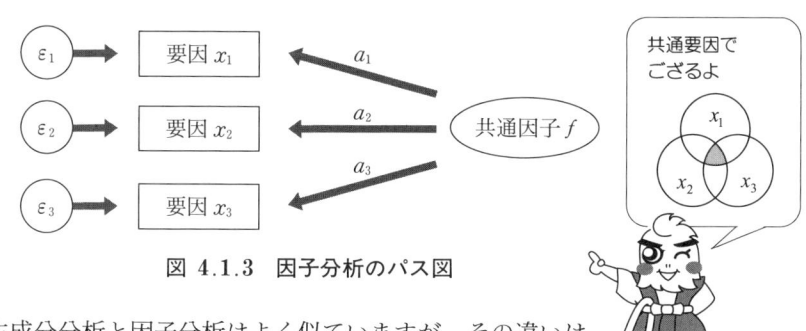

図 4.1.3　因子分析のパス図

主成分分析と因子分析はよく似ていますが，その違いは

"矢印の向き"　と　"誤差の有無"

にあります．つまり，要因の総合化が主成分分析であるのに対し，因子分析は

"いくつかの要因の共通因子の抽出"

が目的となります．

■ 因子分析の例

具体例で考えてみることにしましょう．

因子分析は心理学の分野などでよく利用されています．そこで次のようなアンケート調査をおこないました．

表 4.1.1 小さなアンケート調査票

項目 1　あなたは近頃, 仕事に集中できますか？ 　　　　1　全くできない　　2　あまりできない　　3　どちらともいえない 　　　　4　できる　　　　　5　よくできる 項目 2　あなたは近頃, 疲れがとれないと感じますか？ 　　　　1　全く感じない　　2　あまり感じない　　3　どちらともいえない 　　　　4　感じる　　　　　5　とても感じる 項目 3　あなたは近頃, イライラしますか？ 　　　　1　全くしない　　2　あまりしない　　3　どちらともいえない 　　　　4　する　　　　　5　よくする

その結果，次のような回答を得ました．

表 4.1.2 アンケート調査の結果

被験者 No.	仕事に集中できる	疲れがとれない	イライラする
1	3	1	2
2	4	1	1
3	3	4	5
4	1	4	4
5	2	5	5
6	5	2	1
7	1	5	4
8	4	2	3
9	2	3	3
10	5	3	2

このデータから知りたいことは，次のようなことです．

　　"仕事に集中できる，疲れがとれない，イライラする
　　　といった要因の背後に潜んでいる共通因子は何か？"

つまり，このパス図は

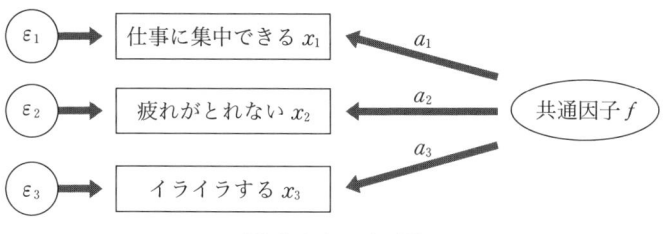

図 4.1.4　パス図

であり，このモデル式は

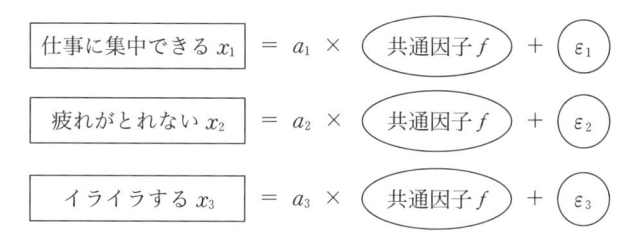

図 4.1.5　モデル式

となります．

ということは，因子分析の第一歩は
$$\{a_1 \quad a_2 \quad a_3\}$$
を求めることですね！

この a_1, a_2, a_3 のことを

因子負荷　または　**因子負荷量**

といいます．

この因子負荷 a_1, a_2, a_3 を求める方法に

$$\begin{cases} 主因子法 \\ 最尤法 \end{cases}$$

などがあります．

> 共通因子は
> 1個とは
> 限りません

Key Word　**因子負荷量**：factor loading

Section 4.2
因子分析のモデル式と因子の解釈

因子分析の目的は，いくつかの要因の奥に潜む

"共通因子の抽出" と "その解釈"

にあります．

そこで，共通因子を用いて，因子分析のモデル式を作ってみると……

■ 因子分析のモデル式

その1　共通因子が1個の場合

変数が x_1, x_2, x_3 で，共通因子が f のときのモデル式は……

$$\begin{cases} x_1 = a_1 f + \varepsilon_1 \\ x_2 = a_2 f + \varepsilon_2 \\ x_3 = a_3 f + \varepsilon_3 \end{cases}$$

その2　共通因子が2個の場合

変数が x_1, x_2, x_3 で，共通因子が f_1, f_2 のときのモデル式は……

$$\begin{cases} x_1 = a_{11} f_1 + a_{12} f_2 + \varepsilon_1 \\ x_2 = a_{21} f_1 + a_{22} f_2 + \varepsilon_2 \\ x_3 = a_{31} f_1 + a_{32} f_2 + \varepsilon_3 \end{cases}$$

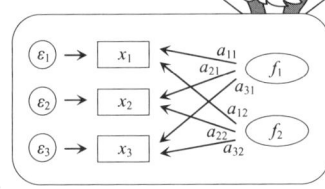

一般には，モデル式は次のようになります．

その3　変数の数が p 個，共通因子の数が m 個の場合

$$\begin{cases} x_1 = a_{11} f_1 + a_{12} f_2 + \cdots + a_{1m} f_m + \varepsilon_1 \\ x_2 = a_{21} f_1 + a_{22} f_2 + \cdots + a_{2m} f_m + \varepsilon_2 \\ \quad \vdots \\ x_p = a_{p1} f_1 + a_{p2} f_2 + \cdots + a_{pm} f_m + \varepsilon_p \end{cases}$$

■ 因子負荷行列または因子パターン行列

このモデル式を行列で表現すると……

$$\begin{bmatrix} x_1 \\ x_2 \\ \vdots \\ x_p \end{bmatrix} = \begin{bmatrix} a_{11} & a_{12} & \cdots & a_{1m} \\ a_{21} & a_{22} & \cdots & a_{2m} \\ \vdots & \vdots & \ddots & \vdots \\ a_{p1} & a_{p2} & \cdots & a_{pm} \end{bmatrix} \begin{bmatrix} f_1 \\ f_2 \\ \vdots \\ f_m \end{bmatrix} + \begin{bmatrix} \varepsilon_1 \\ \varepsilon_2 \\ \vdots \\ \varepsilon_p \end{bmatrix}$$

↑
因子負荷行列 Λ_f
または因子パターン行列

因子が1個の場合
$$\Lambda_f = \begin{bmatrix} a_1 \\ a_2 \\ a_3 \end{bmatrix}$$

因子が2個の場合
$$\Lambda_f = \begin{bmatrix} a_{11} & a_{12} \\ a_{21} & a_{22} \\ a_{31} & a_{32} \end{bmatrix}$$

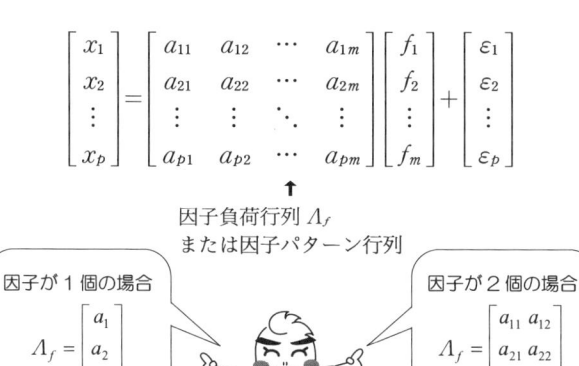

■ 因子の解釈

表 4.1.2 のデータに対して，因子負荷が

$$\begin{cases} a_1 = -0.732 \\ a_2 = 0.889 \\ a_3 = 0.955 \end{cases}$$

のように求まれば，
次にしなければならないことは

"共通因子の解釈"

です．

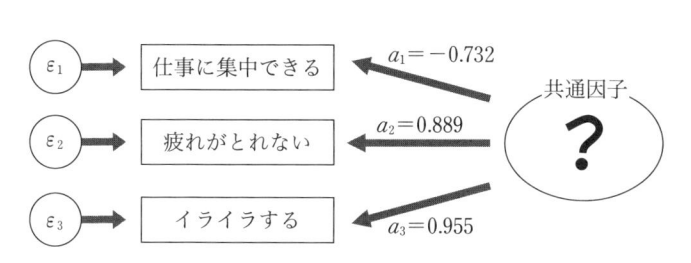

この因子負荷の値は
モデル式の因子負荷の
推定値です

$\varepsilon_1 \rightarrow$ 仕事に集中できる $\leftarrow a_1 = -0.732$
$\varepsilon_2 \rightarrow$ 疲れがとれない $\leftarrow a_2 = 0.889$
$\varepsilon_3 \rightarrow$ イライラする $\leftarrow a_3 = 0.955$

共通因子 ?

図 4.2.1　この共通因子は何？

因子の解釈をするときは

$$\begin{cases} 因子負荷の絶対値の大きさ \\ 因子負荷のプラス・マイナス \end{cases}$$

などに注意して，
次のように，共通因子に名前を付けます．

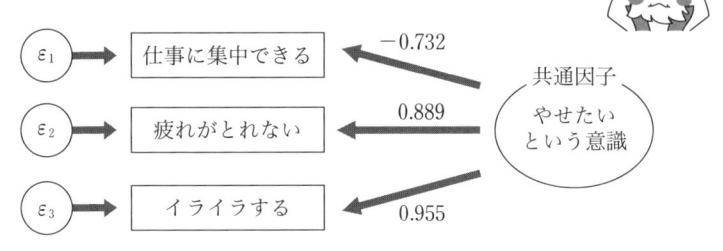

```
ε₁ → 仕事に集中できる ← -0.732
ε₂ → 疲れがとれない  ← 0.889    共通因子
ε₃ → イライラする    ← 0.955    やせたい
                                という意識
```

図 4.2.2　因子に名前を！

因子の解釈は，因子負荷の絶対値の大きさが1つの基準となりますから，次のような例は，解釈しやすい因子ですね．

■ 因子の解釈の例

次のデータは，高齢者の転倒事故が多く見られる在宅空間についての調査結果です．

表 4.2.1　高齢者の転倒事故

No.	寝室	居間	階段	ベランダ	浴室	トイレ	食堂	玄関	庭	廊下
1	2	1	3	3	4	4	3	4	3	2
2	1	1	3	4	5	4	5	5	3	3
3	2	2	3	3	2	4	4	5	1	4
4	3	1	3	3	4	4	4	3	3	4
5	3	1	3	3	3	3	3	3	3	3
⋮	⋮	⋮	⋮	⋮	⋮	⋮	⋮	⋮	⋮	⋮
78	1	3	4	3	4	4	5	1	3	4
79	1	1	2	3	3	3	3	4	3	4
80	3	1	3	1	1	1	3	2	1	2

このデータに対し，SPSS で因子分析をおこなったところ，次のような出力結果を得ました．

表 4.2.2 パターン行列

	因子 1	因子 2	因子 3
浴室	.858	-.098	-.028
食堂	.844	.038	-.060
トイレ	.744	.023	-.109
廊下	.634	.168	.141
庭	.602	.029	.007
玄関	.063	.818	-.015
ベランダ	.292	.459	.004
階段	-.101	.372	.254
居間	.161	-.091	.867
寝室	-.311	.211	.387

因子抽出法: 最尤法
回転法: Kaiser の正規化を伴うプロマックス法

○ の部分に注目してください

このパターン行列を見ながら，次のように因子に名前を付けます．

第1因子は，
　　　　浴室，食堂，トイレ
といった変数の因子負荷が大きいので
　　　　"水まわり"
第2因子は
　　　　玄関，ベランダ，階段
といった変数の因子負荷が大きいので
　　　　"段差のあるところ"
と名付けられそうですね．

第1因子と第2因子を用いて散布図を描くと面白いことがわかるでござるよ！
15ページを見るべし！

このように，因子負荷がきれいに並んだ行列を
　　　　　サーストンの単純構造
と呼んでいます．

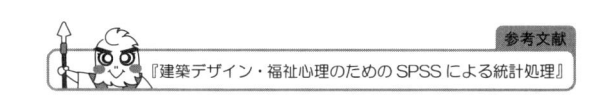

参考文献
『建築デザイン・福祉心理のための SPSS による統計処理』

Section 4.3
因子分析の分散共分散行列

共通因子を抽出するときのポイントが，
分散共分散行列 Σ
です．

■ 因子が 1 個の場合

因子分析のモデル式を

$$\begin{cases} x_1 = a_1 f + \varepsilon_1 \\ x_2 = a_2 f + \varepsilon_2 \\ x_3 = a_3 f + \varepsilon_3 \end{cases}$$

	x_1	x_2	x_3
x_1	分散	共分散	共分散
x_2	共分散	分散	共分散
x_3	共分散	共分散	分散

が分散共分散行列です

とすると，変数 x_1, x_2, x_3 の分散共分散行列 Σ

$$\Sigma = \begin{bmatrix} \mathrm{Var}(x_1) & \mathrm{Cov}(x_1, x_2) & \mathrm{Cov}(x_1, x_3) \\ \mathrm{Cov}(x_2, x_1) & \mathrm{Var}(x_2) & \mathrm{Cov}(x_2, x_3) \\ \mathrm{Cov}(x_3, x_1) & \mathrm{Cov}(x_3, x_2) & \mathrm{Var}(x_3) \end{bmatrix}$$

が，どのように表現されるのか，考えてみましょう．

ところで，このモデル式にはいくつかの仮定がついています．

仮定 1． $\mathrm{Cov}(\varepsilon_1, \varepsilon_2) = 0$, $\mathrm{Cov}(\varepsilon_1, \varepsilon_3) = 0$, $\mathrm{Cov}(\varepsilon_2, \varepsilon_3) = 0$

仮定 2． $\mathrm{Cov}(\varepsilon_1, f) = 0$, $\mathrm{Cov}(\varepsilon_2, f) = 0$, $\mathrm{Cov}(\varepsilon_3, f) = 0$

仮定 3． $\mathrm{Var}(f) = 1$

この仮定を利用して，
分散 Var と共分散 Cov を
計算します．

ε_1 と ε_2 が独立 $\Rightarrow \mathrm{Cov}(\varepsilon_1, \varepsilon_2) = 0$
ε_1 と f が独立 $\Rightarrow \mathrm{Cov}(\varepsilon_1, f) = 0$

$$\begin{aligned}
\mathrm{Var}(x_1) &= \mathrm{Var}(a_1 f + \varepsilon_1) \\
&= a_1{}^2 \mathrm{Var}(f) + \mathrm{Var}(\varepsilon_1) + 2a_1 \mathrm{Cov}(f, \varepsilon_1) \\
&= a_1{}^2 + \mathrm{Var}(\varepsilon_1)
\end{aligned}$$

$$\begin{aligned}
\mathrm{Cov}(x_1, x_2) &= \mathrm{Cov}(a_1 f + \varepsilon_1, a_2 f + \varepsilon_2) \\
&= a_1 a_2 \mathrm{Cov}(f, f) + a_1 \mathrm{Cov}(f, \varepsilon_2) + a_2 \mathrm{Cov}(\varepsilon_1, f) + \mathrm{Cov}(\varepsilon_1, \varepsilon_2) \\
&= a_1 a_2
\end{aligned}$$

$$\begin{aligned}
\mathrm{Cov}(x_1, x_3) &= \mathrm{Cov}(a_1 f + \varepsilon_1, a_3 f + \varepsilon_3) \\
&= a_1 a_3 \mathrm{Cov}(f, f) + a_1 \mathrm{Cov}(f_1, \varepsilon_1) + a_3 \mathrm{Cov}(\varepsilon_3, f) + \mathrm{Cov}(\varepsilon_1, a_3) \\
&= a_1 a_3
\end{aligned}$$

$$\begin{aligned}
\mathrm{Var}(x_2) &= \mathrm{Var}(a_2 f + \varepsilon_2) \\
&= a_2{}^2 \mathrm{Var}(f) + \mathrm{Var}(\varepsilon_2) + 2a_2 \mathrm{Cov}(f, \varepsilon_2) \\
&= a_2{}^2 + \mathrm{Var}(\varepsilon_2)
\end{aligned}$$

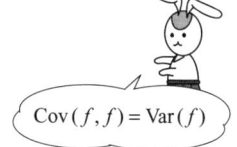

$\mathrm{Cov}(f, f) = \mathrm{Var}(f)$

$$\begin{aligned}
\mathrm{Cov}(x_2, x_1) &= \mathrm{Cov}(a_2 f + \varepsilon_2, a_1 f + \varepsilon_1) \\
&= a_2 a_1 \mathrm{Cov}(f, f) + a_2 \mathrm{Cov}(f, \varepsilon_1) + a_1 \mathrm{Cov}(\varepsilon_2, f) + \mathrm{Cov}(\varepsilon_2, \varepsilon_1) \\
&= a_2 a_1
\end{aligned}$$

$$\begin{aligned}
\mathrm{Cov}(x_2, x_3) &= \mathrm{Cov}(a_2 f + \varepsilon_2, a_3 f + \varepsilon_3) \\
&= a_2 a_3 \mathrm{Cov}(f, f) + a_2 \mathrm{Cov}(f, \varepsilon_3) + a_3 \mathrm{Cov}(\varepsilon_2, f) + \mathrm{Cov}(\varepsilon_2, \varepsilon_3) \\
&= a_2 a_3
\end{aligned}$$

$$\begin{aligned}
\mathrm{Var}(x_3) &= \mathrm{Var}(a_3 f + \varepsilon_3) \\
&= a_3{}^2 \mathrm{Var}(f) + \mathrm{Var}(\varepsilon_3) + 2a_3 \mathrm{Cov}(f, \varepsilon_3) \\
&= a_3{}^2 + \mathrm{Var}(\varepsilon_3)
\end{aligned}$$

47ページの公式を使うでござる

$$\begin{aligned}
\mathrm{Cov}(x_3, x_1) &= \mathrm{Cov}(a_3 f + \varepsilon_3, a_1 f + \varepsilon_1) \\
&= a_3 a_1 \mathrm{Cov}(f, f) + a_3 \mathrm{Cov}(f, \varepsilon_1) + a_1 \mathrm{Cov}(\varepsilon_3, f) + \mathrm{Cov}(\varepsilon_3, \varepsilon_1) \\
&= a_3 a_1
\end{aligned}$$

$$\begin{aligned}
\mathrm{Cov}(x_3, x_2) &= \mathrm{Cov}(a_3 f + \varepsilon_3, a_2 f + \varepsilon_2) \\
&= a_3 a_2 \mathrm{Cov}(f, f) + a_3 \mathrm{Cov}(f, \varepsilon_2) + a_2 \mathrm{Cov}(\varepsilon_3, f) + \mathrm{Cov}(\varepsilon_3, \varepsilon_2) \\
&= a_3 a_2
\end{aligned}$$

以上のことから，因子が 1 個のときのモデルによる分散共分散行列 Σ は，次のように表現されることがわかります．

$$\Sigma = \begin{bmatrix} a_1{}^2 + \mathrm{Var}(\varepsilon_1) & a_1 a_2 & a_1 a_3 \\ a_2 a_1 & a_2{}^2 + \mathrm{Var}(\varepsilon_2) & a_2 a_3 \\ a_3 a_1 & a_3 a_2 & a_3{}^2 + \mathrm{Var}(\varepsilon_3) \end{bmatrix}$$

この分散共分散行列は，さらに次のように変形できます．

$$\Sigma = \begin{bmatrix} a_1{}^2 & a_1 a_2 & a_1 a_3 \\ a_2 a_1 & a_2{}^2 & a_2 a_3 \\ a_3 a_1 & a_3 a_2 & a_3{}^2 \end{bmatrix} + \begin{bmatrix} \mathrm{Var}(\varepsilon_1) & 0 & 0 \\ 0 & \mathrm{Var}(\varepsilon_2) & 0 \\ 0 & 0 & \mathrm{Var}(\varepsilon_3) \end{bmatrix}$$

$$\Sigma = \underbrace{\begin{bmatrix} a_1 \\ a_2 \\ a_3 \end{bmatrix}}_{\Lambda_f} \underbrace{\begin{bmatrix} a_1 & a_2 & a_3 \end{bmatrix}}_{\Lambda_f{}^t} + \underbrace{\begin{bmatrix} \mathrm{Var}(\varepsilon_1) & 0 & 0 \\ 0 & \mathrm{Var}(\varepsilon_2) & 0 \\ 0 & 0 & \mathrm{Var}(\varepsilon_3) \end{bmatrix}}_{D}$$

この式を見ていると……

分散共分散行列 Σ から，因子負荷 $\begin{bmatrix} a_1 \\ a_2 \\ a_3 \end{bmatrix}$ を求める

ことができそうな気がしてきますね！

因子負荷行列を Λ_f
誤差の行列を D とおけば
$$\Sigma = \Lambda_f \cdot \Lambda_f{}^t + D$$
となります

行列の計算は 29 ページを見るでござる！

■ 因子が2個の場合

因子分析のモデル式を

$$\begin{cases} x_1 = a_{11}f_1 + a_{12}f_2 + \varepsilon_1 \\ x_2 = a_{21}f_1 + a_{22}f_2 + \varepsilon_2 \\ x_3 = a_{31}f_1 + a_{32}f_2 + \varepsilon_3 \end{cases}$$

とすると，変数 x_1, x_2, x_3 の分散共分散行列 Σ

$$\Sigma = \begin{bmatrix} \mathrm{Var}(x_1) & \mathrm{Cov}(x_1, x_2) & \mathrm{Cov}(x_1, x_3) \\ \mathrm{Cov}(x_2, x_1) & \mathrm{Var}(x_2) & \mathrm{Cov}(x_2, x_3) \\ \mathrm{Cov}(x_3, x_1) & \mathrm{Cov}(x_3, x_2) & \mathrm{Var}(x_3) \end{bmatrix}$$

は，どのように表現されるのでしょうか？

モデル式の仮定は，次のようになります．

仮定1． $\mathrm{Cov}(\varepsilon_1, \varepsilon_2) = 0$, $\mathrm{Cov}(\varepsilon_1, \varepsilon_3) = 0$, $\mathrm{Cov}(\varepsilon_2, \varepsilon_3) = 0$

仮定2． $\mathrm{Cov}(\varepsilon_1, f_1) = 0$, $\mathrm{Cov}(\varepsilon_2, f_1) = 0$, $\mathrm{Cov}(\varepsilon_3, f_1) = 0$
$\mathrm{Cov}(\varepsilon_1, f_2) = 0$, $\mathrm{Cov}(\varepsilon_2, f_2) = 0$, $\mathrm{Cov}(\varepsilon_3, f_2) = 0$

仮定3． $\mathrm{Var}(f_1) = 1$, $\mathrm{Var}(f_2) = 1$, $\mathrm{Cov}(f_1, f_2) = 0$

> 今度は因子が2個でござる

はじめに，分散 Var を計算してみましょう．

$$\begin{aligned}
\mathrm{Var}(x_1) &= \mathrm{Var}(a_{11}f_1 + a_{12}f_2 + \varepsilon_1) \\
&= \mathrm{Var}(a_{11}f_1) + \mathrm{Var}(a_{12}f_2) + \mathrm{Var}(\varepsilon_1) \\
&\quad + 2\,\mathrm{Cov}(a_{11}f_1, a_{12}f_2) + 2\,\mathrm{Cov}(a_{11}f_1, \varepsilon_1) + 2\,\mathrm{Cov}(a_{12}f_2, \varepsilon_1) \\
&= a_{11}^2 \mathrm{Var}(f_1) + a_{12}^2 \mathrm{Var}(f_2) + \mathrm{Var}(\varepsilon_1) \\
&\quad + 2a_{11}a_{12}\mathrm{Cov}(f_1, f_2) + 2a_{11}\mathrm{Cov}(f_1, \varepsilon_1) + 2a_{12}\mathrm{Cov}(f_2, \varepsilon_1) \\
&= a_{11}^2 + a_{12}^2 + \mathrm{Var}(\varepsilon_1)
\end{aligned}$$

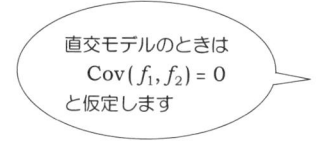

> 直交モデルのときは $\mathrm{Cov}(f_1, f_2) = 0$ と仮定します

同じように Var を計算すると……

$$\begin{aligned}\operatorname{Var}(x_2) &= \operatorname{Var}(a_{21}f_1 + a_{22}f_2 + \varepsilon_2) \\ &= a_{21}{}^2 + a_{22}{}^2 + \operatorname{Var}(\varepsilon_2)\end{aligned}$$

$$\begin{aligned}\operatorname{Var}(x_3) &= \operatorname{Var}(a_{31}f_1 + a_{32}f_2 + \varepsilon_3) \\ &= a_{31}{}^2 + a_{32}{}^2 + \operatorname{Var}(\varepsilon_3)\end{aligned}$$

次に，共分散 Cov を計算してみましょう．

$$\begin{aligned}\operatorname{Cov}(x_1, x_2) &= \operatorname{Cov}(a_{11}f_1 + a_{12}f_2 + \varepsilon_1,\ a_{21}f_1 + a_{22}f_2 + \varepsilon_2) \\ &= \operatorname{Cov}(a_{11}f_1, a_{21}f_1) + \operatorname{Cov}(a_{11}f_1, a_{22}f_2) + \operatorname{Cov}(a_{11}f_1, \varepsilon_2) \\ &\quad + \operatorname{Cov}(a_{12}f_2, a_{21}f_1) + \operatorname{Cov}(a_{12}f_2, a_{22}f_2) + \operatorname{Cov},(a_{12}f_1, \varepsilon_2) \\ &\quad + \operatorname{Cov}(\varepsilon_1, a_{21}f_1) + \operatorname{Cov}(\varepsilon_1, a_{22}f_2) + \operatorname{Cov}(\varepsilon_1, \varepsilon_2) \\ &= a_{11}a_{21}\operatorname{Var}(f_1) + a_{11}a_{22}\operatorname{Cov}(f_1, f_2) + a_{11}\operatorname{Cov}(f_1, \varepsilon_2) \\ &\quad + a_{12}a_{21}\operatorname{Cov}(f_2, f_1) + a_{12}a_{22}\operatorname{Var}(f_2) + a_{12}\operatorname{Cov}(f_1, \varepsilon_2) \\ &\quad + a_{21}\operatorname{Cov}(\varepsilon_1, f_1) + a_{22}\operatorname{Cov}(\varepsilon_1, f_2) + \operatorname{Cov}(\varepsilon_1, \varepsilon_2) \\ &= a_{11}a_{21} + a_{12}a_{22}\end{aligned}$$

同じように Cov を計算すると……

$$\begin{aligned}\operatorname{Cov}(x_1, x_3) &= \operatorname{Cov}(a_{11}f_1 + a_{12}f_2 + \varepsilon_1,\ a_{31}f_1 + a_{32}f_2 + \varepsilon_3) \\ &= a_{11}a_{31} + a_{12}a_{32}\end{aligned}$$

$$\begin{aligned}\operatorname{Cov}(x_2, x_3) &= \operatorname{Cov}(a_{21}f_1 + a_{22}f_2 + \varepsilon_2,\ a_{31}f_1 + a_{32}f_2 + \varepsilon_3) \\ &= a_{21}a_{31} + a_{22}a_{32}\end{aligned}$$

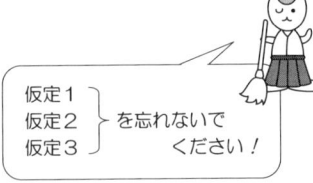

仮定1
仮定2 を忘れないで
仮定3 ください！

したがって，因子が2個のとき分散共分散行列 Σ は

$$\Sigma = \begin{bmatrix} a_{11}^2 + a_{12}^2 + \mathrm{Var}(\varepsilon_1) & a_{11}a_{21} + a_{12}a_{22} & a_{11}a_{31} + a_{12}a_{32} \\ a_{11}a_{21} + a_{12}a_{22} & a_{21}^2 + a_{22}^2 + \mathrm{Var}(\varepsilon_2) & a_{21}a_{31} + a_{22}a_{32} \\ a_{11}a_{31} + a_{12}a_{32} & a_{21}a_{31} + a_{22}a_{32} & a_{31}^2 + a_{32}^2 + \mathrm{Var}(\varepsilon_3) \end{bmatrix}$$

と表現されます．

この右辺を変形すると，次のようになります．

$$\Sigma = \begin{bmatrix} a_{11}^2 + a_{12}^2 & a_{11}a_{21} + a_{12}a_{22} & a_{11}a_{31} + a_{12}a_{32} \\ a_{11}a_{21} + a_{12}a_{22} & a_{21}^2 + a_{22}^2 & a_{21}a_{31} + a_{22}a_{32} \\ a_{11}a_{31} + a_{12}a_{32} & a_{21}a_{31} + a_{22}a_{32} & a_{31}^2 + a_{32}^2 \end{bmatrix}$$
$$+ \begin{bmatrix} \mathrm{Var}(\varepsilon_1) & 0 & 0 \\ 0 & \mathrm{Var}(\varepsilon_2) & 0 \\ 0 & 0 & \mathrm{Var}(\varepsilon_3) \end{bmatrix}$$

$$\Sigma = \underbrace{\begin{bmatrix} a_{11} & a_{12} \\ a_{21} & a_{22} \\ a_{31} & a_{32} \end{bmatrix}}_{\Lambda_f} \underbrace{\begin{bmatrix} a_{11} & a_{21} & a_{31} \\ a_{12} & a_{22} & a_{32} \end{bmatrix}}_{\Lambda_f{}^t} + \underbrace{\begin{bmatrix} \mathrm{Var}(\varepsilon_1) & 0 & 0 \\ 0 & \mathrm{Var}(\varepsilon_2) & 0 \\ 0 & 0 & \mathrm{Var}(\varepsilon_3) \end{bmatrix}}_{D}$$

この式を見ていると……

　　　　分散共分散行列 Σ から，因子負荷 $\begin{bmatrix} a_{11} & a_{12} \\ a_{21} & a_{22} \\ a_{31} & a_{32} \end{bmatrix}$ を求める

ことができそうです．

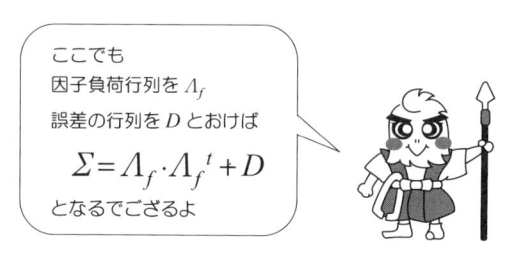

> ここでも
> 因子負荷行列を Λ_f
> 誤差の行列を D とおけば
> $$\Sigma = \Lambda_f \cdot \Lambda_f{}^t + D$$
> となるでござるよ

Section 4.4
主因子法による因子分析

次のデータを，SPSS を使って因子分析してみましょう．

表 4.4.1　アンケート調査の結果

No.	x_1	x_2	x_3
1	3	1	2
2	4	1	1
3	3	4	5
4	1	4	4
5	2	5	5
6	5	2	1
7	1	5	4
8	4	2	3
9	2	3	3
10	5	3	2

SPSS による出力結果は，次のようになりました．

表 4.4.2　SPSS による出力

因子	初期の固有値			抽出後の負荷量平方和		
	合計	分散の %	累積 %	合計	分散の %	累積 %
1	2.470	82.336	82.336	2.240	74.651	74.651
2	.384	12.794	95.131			
3	.146	4.869	100.000			

共通性

	初期	因子抽出後
X1	.501	.536
X2	.728	.791
X3	.760	.913

因子抽出法: 主因子法

因子行列[a]

	因子
	1
X1	−.732
X2	.889
X3	.955

a. 1 個の因子が抽出されました．12 回の反復が必要です．

この因子行列が，第1因子の因子負荷を表しています．
したがって，パス図は次のようになります．

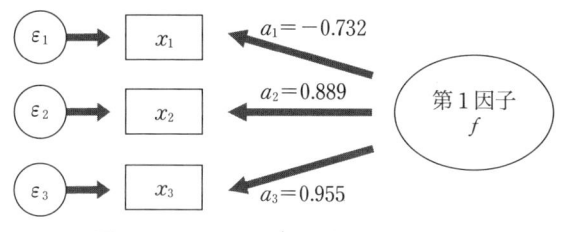

図 4.4.1 この因子負荷の求め方は？

この3つの因子負荷はどのように計算されたのでしょうか？
この因子負荷の計算は，因子分析の中心的課題ですね！

モデルによる分散共分散行列 Σ は，次のようになります．

$$\Sigma = \begin{bmatrix} a_1^2 + \mathrm{Var}(\varepsilon_1) & a_1 a_2 & a_1 a_3 \\ a_1 a_2 & a_2^2 + \mathrm{Var}(\varepsilon_2) & a_2 a_3 \\ a_1 a_3 & a_2 a_3 & a_3^2 + \mathrm{Var}(\varepsilon_3) \end{bmatrix}$$

これに対し，データの相関行列は次のようになります．

$$\begin{bmatrix} 1 & -0.65 & -0.70 \\ -0.65 & 1 & 0.85 \\ -0.70 & 0.85 & 1 \end{bmatrix}$$

もし，因子分析のモデルがデータによく合っているのならば

$$\begin{bmatrix} 1 & -0.65 & -0.70 \\ -0.65 & 1 & 0.85 \\ -0.70 & 0.85 & 1 \end{bmatrix} = \begin{bmatrix} a_1^2 + \mathrm{Var}(\varepsilon_1) & a_1 a_2 & a_1 a_3 \\ a_1 a_2 & a_2^2 + \mathrm{Var}(\varepsilon_2) & a_2 a_3 \\ a_1 a_3 & a_2 a_3 & a_3^2 + \mathrm{Var}(\varepsilon_3) \end{bmatrix}$$

が成り立つはずですね！　では，この式から

　　　　　　因子負荷 a_1, a_2, a_3

が求まるのでしょうか……？

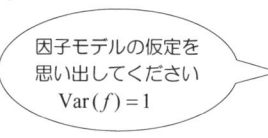

（因子モデルの仮定を思い出してください $\mathrm{Var}(f) = 1$）

次のように変形してみましょう．

$$\begin{bmatrix} 1 & -0.65 & -0.70 \\ -0.65 & 1 & 0.85 \\ -0.70 & 0.85 & 1 \end{bmatrix} = \begin{bmatrix} a_1^2 & a_1 a_2 & a_1 a_3 \\ a_1 a_2 & a_2^2 & a_2 a_3 \\ a_1 a_3 & a_2 a_3 & a_3^2 \end{bmatrix} + \begin{bmatrix} \mathrm{Var}(\varepsilon_1) & 0 & 0 \\ 0 & \mathrm{Var}(\varepsilon_2) & 0 \\ 0 & 0 & \mathrm{Var}(\varepsilon_3) \end{bmatrix}$$

$$\Rightarrow \begin{bmatrix} 1 & -0.65 & -0.70 \\ -0.65 & 1 & 0.85 \\ -0.70 & 0.85 & 1 \end{bmatrix} - \begin{bmatrix} \mathrm{Var}(\varepsilon_1) & 0 & 0 \\ 0 & \mathrm{Var}(\varepsilon_2) & 0 \\ 0 & 0 & \mathrm{Var}(\varepsilon_3) \end{bmatrix} = \begin{bmatrix} a_1^2 & a_1 a_2 & a_1 a_3 \\ a_1 a_2 & a_2^2 & a_2 a_3 \\ a_1 a_3 & a_2 a_3 & a_3^2 \end{bmatrix}$$

$$\Rightarrow \begin{bmatrix} 1 & -0.65 & -0.70 \\ -0.65 & 1 & 0.85 \\ -0.70 & 0.85 & 1 \end{bmatrix} - \begin{bmatrix} \mathrm{Var}(\varepsilon_1) & 0 & 0 \\ 0 & \mathrm{Var}(\varepsilon_2) & 0 \\ 0 & 0 & \mathrm{Var}(\varepsilon_3) \end{bmatrix} = \begin{bmatrix} a_1 \\ a_2 \\ a_3 \end{bmatrix} \begin{bmatrix} a_1 & a_2 & a_3 \end{bmatrix}$$

$$\Rightarrow \begin{bmatrix} 1-\mathrm{Var}(\varepsilon_1) & -0.65 & -0.70 \\ -0.65 & 1-\mathrm{Var}(\varepsilon_2) & 0.85 \\ -0.70 & 0.85 & 1-\mathrm{Var}(\varepsilon_3) \end{bmatrix} = \begin{bmatrix} a_1 \\ a_2 \\ a_3 \end{bmatrix} \begin{bmatrix} a_1 & a_2 & a_3 \end{bmatrix} \quad (☆)$$

ここで，左辺の行列の3つの固有値・固有ベクトルを

(イ) 　固有値$=\lambda_1$　　固有ベクトル $\begin{bmatrix} p_1 \\ p_2 \\ p_3 \end{bmatrix}$

(ロ) 　固有値$=\lambda_2$　　固有ベクトル $\begin{bmatrix} q_1 \\ q_2 \\ q_3 \end{bmatrix}$

(ハ) 　固有値$=\lambda_3$　　固有ベクトル $\begin{bmatrix} r_1 \\ r_2 \\ r_3 \end{bmatrix}$

とすると，それぞれ……

> 3次対称行列の固有値は3個でござる

(イ) $\begin{bmatrix} 1-\mathrm{Var}(\varepsilon_1) & -0.65 & -0.70 \\ -0.65 & 1-\mathrm{Var}(\varepsilon_2) & 0.85 \\ -0.70 & 0.85 & 1-\mathrm{Var}(\varepsilon_3) \end{bmatrix} \begin{bmatrix} p_1 \\ p_2 \\ p_3 \end{bmatrix} = \lambda_1 \begin{bmatrix} p_1 \\ p_2 \\ p_3 \end{bmatrix}$

(ロ) $\begin{bmatrix} 1-\mathrm{Var}(\varepsilon_1) & -0.65 & -0.70 \\ -0.65 & 1-\mathrm{Var}(\varepsilon_2) & 0.85 \\ -0.70 & 0.85 & 1-\mathrm{Var}(\varepsilon_3) \end{bmatrix} \begin{bmatrix} q_1 \\ q_2 \\ q_3 \end{bmatrix} = \lambda_2 \begin{bmatrix} q_1 \\ q_2 \\ q_3 \end{bmatrix}$

(ハ) $\begin{bmatrix} 1-\mathrm{Var}(\varepsilon_1) & -0.65 & -0.70 \\ -0.65 & 1-\mathrm{Var}(\varepsilon_2) & 0.85 \\ -0.70 & 0.85 & 1-\mathrm{Var}(\varepsilon_3) \end{bmatrix} \begin{bmatrix} r_1 \\ r_2 \\ r_3 \end{bmatrix} = \lambda_3 \begin{bmatrix} r_1 \\ r_2 \\ r_3 \end{bmatrix}$

ですね.**!!**

この3つの式を1つにまとめると

$$\begin{bmatrix} 1-\mathrm{Var}(\varepsilon_1) & -0.65 & -0.70 \\ -0.65 & 1-\mathrm{Var}(\varepsilon_2) & 0.85 \\ -0.70 & 0.85 & 1-\mathrm{Var}(\varepsilon_3) \end{bmatrix} \begin{bmatrix} p_1 & q_1 & r_1 \\ p_2 & q_2 & r_2 \\ p_3 & q_3 & r_3 \end{bmatrix} = \begin{bmatrix} \lambda_1 p_1 & \lambda_2 q_1 & \lambda_3 r_1 \\ \lambda_1 p_2 & \lambda_2 q_2 & \lambda_3 r_2 \\ \lambda_1 p_3 & \lambda_2 q_3 & \lambda_3 r_3 \end{bmatrix}$$

となります.

ところで,ここが重要なのですが,実は,

　　　　　固有ベクトルからなる行列は直交行列

になっているので……

$$\underbrace{\begin{bmatrix} p_1 & q_1 & r_1 \\ p_2 & q_2 & r_2 \\ p_3 & q_3 & r_3 \end{bmatrix}}_{\text{固有ベクトル}} \begin{bmatrix} p_1 & p_2 & p_3 \\ q_1 & q_2 & q_3 \\ r_1 & r_2 & r_3 \end{bmatrix} = \underbrace{\begin{bmatrix} 1 & 0 & 0 \\ 0 & 1 & 0 \\ 0 & 0 & 1 \end{bmatrix}}_{\text{単位行列 } E}$$

となっています.

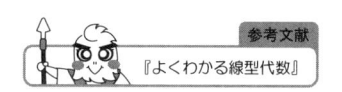

参考文献
『よくわかる線型代数』

したがって

$$\begin{bmatrix} 1-\mathrm{Var}(\varepsilon_1) & -0.65 & -0.70 \\ -0.65 & 1-\mathrm{Var}(\varepsilon_2) & 0.85 \\ -0.70 & 0.85 & 1-\mathrm{Var}(\varepsilon_3) \end{bmatrix} \begin{bmatrix} p_1 & q_1 & r_1 \\ p_2 & q_2 & r_2 \\ p_3 & q_3 & r_3 \end{bmatrix} = \begin{bmatrix} \lambda_1 p_1 & \lambda_2 q_1 & \lambda_3 r_1 \\ \lambda_1 p_2 & \lambda_2 q_2 & \lambda_3 r_2 \\ \lambda_1 p_3 & \lambda_2 q_3 & \lambda_3 r_3 \end{bmatrix}$$

の両辺に，次の行列

$$\begin{bmatrix} p_1 & p_2 & p_3 \\ q_1 & q_2 & q_3 \\ r_1 & r_2 & r_3 \end{bmatrix}$$

> 固有ベクトルの転置行列でござる

を右からかけ算すると……

$$\begin{bmatrix} 1-\mathrm{Var}(\varepsilon_1) & -0.65 & -0.70 \\ -0.65 & 1-\mathrm{Var}(\varepsilon_2) & 0.85 \\ -0.70 & 0.85 & 1-\mathrm{Var}(\varepsilon_3) \end{bmatrix} \underbrace{\begin{bmatrix} p_1 & q_1 & r_1 \\ p_2 & q_2 & r_2 \\ p_3 & q_3 & r_3 \end{bmatrix} \begin{bmatrix} p_1 & p_2 & p_3 \\ q_1 & q_2 & q_3 \\ r_1 & r_2 & r_3 \end{bmatrix}}_{\text{単位行列 } E}$$

$$= \begin{bmatrix} \lambda_1 p_1 & \lambda_2 q_1 & \lambda_3 r_1 \\ \lambda_1 p_2 & \lambda_2 q_2 & \lambda_3 r_2 \\ \lambda_1 p_3 & \lambda_2 q_3 & \lambda_3 r_3 \end{bmatrix} \begin{bmatrix} p_1 & p_2 & p_3 \\ q_1 & q_2 & q_3 \\ r_1 & r_2 & r_3 \end{bmatrix}$$

$$\begin{bmatrix} 1-\mathrm{Var}(\varepsilon_1) & -0.65 & -0.70 \\ -0.65 & 1-\mathrm{Var}(\varepsilon_2) & 0.85 \\ -0.70 & 0.85 & 1-\mathrm{Var}(\varepsilon_3) \end{bmatrix} = \begin{bmatrix} \lambda_1 p_1 & \lambda_2 q_1 & \lambda_3 r_1 \\ \lambda_1 p_2 & \lambda_2 q_2 & \lambda_3 r_2 \\ \lambda_1 p_3 & \lambda_2 q_3 & \lambda_3 r_3 \end{bmatrix} \begin{bmatrix} p_1 & p_2 & p_3 \\ q_1 & q_2 & q_3 \\ r_1 & r_2 & r_3 \end{bmatrix}$$

$$\begin{bmatrix} 1-\mathrm{Var}(\varepsilon_1) & -0.65 & -0.70 \\ -0.65 & 1-\mathrm{Var}(\varepsilon_2) & 0.85 \\ -0.70 & 0.85 & 1-\mathrm{Var}(\varepsilon_3) \end{bmatrix}$$

$$= \lambda_1 \begin{bmatrix} p_1 \\ p_2 \\ p_3 \end{bmatrix} \begin{bmatrix} p_1 & p_2 & p_3 \end{bmatrix} + \lambda_2 \begin{bmatrix} q_1 \\ q_2 \\ q_3 \end{bmatrix} \begin{bmatrix} q_1 & q_2 & q_3 \end{bmatrix} + \lambda_3 \begin{bmatrix} r_1 \\ r_2 \\ r_3 \end{bmatrix} \begin{bmatrix} r_1 & r_2 & r_3 \end{bmatrix}$$

となります．

> スペクトル分解といいます

ここで，140 ページの（☆）の式を思い出しましょう．すると

$$\lambda_1 \begin{bmatrix} p_1 \\ p_2 \\ p_3 \end{bmatrix} \begin{bmatrix} p_1 & p_2 & p_3 \end{bmatrix} + \underbrace{\lambda_2 \begin{bmatrix} q_1 \\ q_2 \\ q_3 \end{bmatrix} \begin{bmatrix} q_1 & q_2 & q_3 \end{bmatrix} + \lambda_3 \begin{bmatrix} r_1 \\ r_2 \\ r_3 \end{bmatrix} \begin{bmatrix} r_1 & r_2 & r_3 \end{bmatrix}}_{\text{この部分は無視します！}} = \begin{bmatrix} a_1 \\ a_2 \\ a_3 \end{bmatrix} \begin{bmatrix} a_1 & a_2 & a_3 \end{bmatrix}$$

となりますね．

そこで，3 つの固有値 $\lambda_1, \lambda_2, \lambda_3$

$$\lambda_1 > \lambda_2 > \lambda_3 \geqq 0$$

のうち，λ_1 が λ_2, λ_3 に対して十分大きいとするならば

$$\lambda_1 \begin{bmatrix} p_1 \\ p_2 \\ p_3 \end{bmatrix} \begin{bmatrix} p_1 & p_2 & p_3 \end{bmatrix} \fallingdotseq \begin{bmatrix} a_1 \\ a_2 \\ a_3 \end{bmatrix} \begin{bmatrix} a_1 & a_2 & a_3 \end{bmatrix}$$

（λ_2, λ_3 を無視するということは第 1 因子 f_1 だけ抽出することです）

としてよさそうです．

ここで，$\lambda_1 = \sqrt{\lambda_1} \cdot \sqrt{\lambda_1}$ とすると

$$\begin{bmatrix} \sqrt{\lambda_1}\, p_1 \\ \sqrt{\lambda_1}\, p_2 \\ \sqrt{\lambda_1}\, p_3 \end{bmatrix} \begin{bmatrix} \sqrt{\lambda_1}\, p_1 & \sqrt{\lambda_1}\, p_2 & \sqrt{\lambda_1}\, p_3 \end{bmatrix} \fallingdotseq \begin{bmatrix} a_1 \\ a_2 \\ a_3 \end{bmatrix} \begin{bmatrix} a_1 & a_2 & a_3 \end{bmatrix}$$

となります．

以上のことから，因子負荷 a_1, a_2, a_3 は

$$a_1 = \sqrt{\lambda_1}\, p_1, \quad a_2 = \sqrt{\lambda_1}\, p_2, \quad a_3 = \sqrt{\lambda_1}\, p_3$$

のように求めることができます！！

（やっと因子負荷 a_1, a_2, a_3 を求めるしくみがわかったでござる！）

（やっとわかった！）

（要するに固有値・固有ベクトルを求めればよいのじゃよ！）

Section 4.4　主因子法による因子分析

Section 4.5
因子負荷の求め方の実際

Section 4.4 で考えた因子負荷を求めるしくみを，実際におこなってみましょう．

> 小数点以下で誤差がでることがあります

反復 0 次の相関行列の固有値と固有ベクトルを求めます．

$$\begin{bmatrix} 1 & -0.65 & -0.70 \\ -0.65 & 1 & 0.85 \\ -0.70 & 0.85 & 1 \end{bmatrix}$$

このとき，固有値は次のようになります．

$$\lambda_1 = 2.47009, \quad \lambda_2 = 0.383829, \quad \lambda_3 = 0.146083$$

固有値 $\lambda_1 = 2.47009$ の固有ベクトルを求めると

$$\text{固有ベクトル} \begin{bmatrix} p_1 \\ p_2 \\ p_3 \end{bmatrix} = \begin{bmatrix} -0.544724 \\ 0.587092 \\ 0.598831 \end{bmatrix}$$

なので，

$$a_1 = \sqrt{\lambda_1}\, p_1, \quad a_2 = \sqrt{\lambda_1}\, p_2, \quad a_3 = \sqrt{\lambda_1}\, p_3$$

を思い出すと，

a_1, a_2, a_3 は次のようになります．

$$\begin{cases} a_1 = \sqrt{2.47009} \times (-0.544724) = -0.856116 \\ a_2 = \sqrt{2.47009} \times 0.587092 = 0.922704 \\ a_3 = \sqrt{2.47009} \times 0.598831 = 0.941154 \end{cases}$$

ところが……

138ページの出力結果と一致していません！

$a_1 = -0.856116$
$a_2 = 0.922704$
$a_3 = 0.941154$
$\iff$

	因子
	1
X1	-.732
X2	.889
X3	.955

実はこの a_1, a_2, a_3 は，求めたい因子負荷ではありません．

ここで求めた固有値 $\lambda_1 = 2.47009$ と

$$\text{固有ベクトル} \begin{bmatrix} p_1 \\ p_2 \\ p_3 \end{bmatrix} = \begin{bmatrix} -0.544724 \\ 0.587092 \\ 0.598831 \end{bmatrix}$$

は，次の相関行列の固有値・固有ベクトルです．

$$\begin{bmatrix} 1 & -0.65 & -0.70 \\ -0.65 & 1 & 0.85 \\ -0.70 & 0.85 & 1 \end{bmatrix} \begin{bmatrix} p_1 \\ p_2 \\ p_3 \end{bmatrix} = \lambda_1 \begin{bmatrix} p_1 \\ p_2 \\ p_3 \end{bmatrix}$$

求めなければならない固有値・固有ベクトルは

$$\begin{bmatrix} 1-\text{Var}(\varepsilon_1) & -0.65 & -0.70 \\ -0.65 & 1-\text{Var}(\varepsilon_2) & 0.85 \\ -0.70 & 0.85 & 1-\text{Var}(\varepsilon_3) \end{bmatrix} \begin{bmatrix} p_1 \\ p_2 \\ p_3 \end{bmatrix} = \lambda_1 \begin{bmatrix} p_1 \\ p_2 \\ p_3 \end{bmatrix} \quad (\bigstar)$$

のように，対角線のところに

$$\text{Var}(\varepsilon_1), \quad \text{Var}(\varepsilon_2), \quad \text{Var}(\varepsilon_3)$$

を含んだ行列の固有値・固有ベクトルなのです．

そこで……

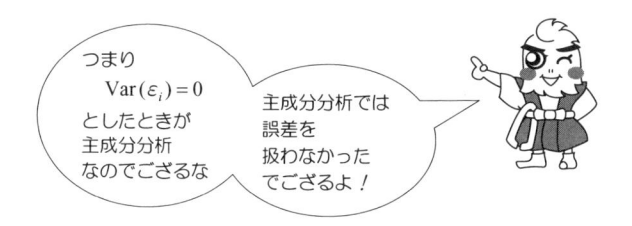

> つまり $\text{Var}(\varepsilon_i) = 0$ としたときが主成分分析なのでござるな

> 主成分分析では誤差を扱わなかったでござるよ！

Section 4.5 因子負荷の求め方の実際

反復 1 次の分散の式を思い出すと……

$$\begin{cases} \text{Var}(x_1) = a_1{}^2 + \text{Var}(\varepsilon_1) \\ \text{Var}(x_2) = a_2{}^2 + \text{Var}(\varepsilon_2) \\ \text{Var}(x_3) = a_3{}^2 + \text{Var}(\varepsilon_3) \end{cases}$$

> 標準化をすると分散 = 1

相関行列はデータの標準化を意味しますから，

$$1 = a_1{}^2 + \text{Var}(\varepsilon_1) \implies 1 - \text{Var}(\varepsilon_1) = a_1{}^2$$
$$1 = a_2{}^2 + \text{Var}(\varepsilon_2) \implies 1 - \text{Var}(\varepsilon_2) = a_2{}^2$$
$$1 = a_3{}^2 + \text{Var}(\varepsilon_3) \implies 1 - \text{Var}(\varepsilon_3) = a_3{}^2$$

よって，（★）の式の行列の

$1 - \text{Var}(\varepsilon_1)$ のところへ $(a_1)^2 = (\sqrt{\lambda_1}\, p_1)^2 = (-0.856116)^2$
$1 - \text{Var}(\varepsilon_2)$ のところへ $(a_2)^2 = (\sqrt{\lambda_1}\, p_2)^2 = (0.922704)^2$
$1 - \text{Var}(\varepsilon_3)$ のところへ $(a_3)^2 = (\sqrt{\lambda_1}\, p_3)^2 = (0.941154)^2$

を，それぞれ代入してみてはいかがでしょうか？

すると……
求めるものは，次の行列の固有値・固有ベクトルですね！

$$\begin{bmatrix} (-0.856116)^2 & -0.65 & -0.70 \\ -0.65 & (0.922704)^2 & 0.85 \\ -0.70 & 0.85 & (0.941154)^2 \end{bmatrix}$$

この行列の固有値を求めると

$$\lambda_1 = 2.30054, \quad \lambda_2 = 0.154758, \quad \lambda_3 = 0.014794$$

となり，固有値 $\lambda_1 = 2.30054$ の固有ベクトルは次のようになります．

$$\text{固有ベクトル} \begin{bmatrix} p_1 \\ p_2 \\ p_3 \end{bmatrix} = \begin{bmatrix} 0.52029 \\ -0.593525 \\ -0.614024 \end{bmatrix}$$

反復2 あとは，このくり返しです！

$$\begin{cases} a_1 = \sqrt{\lambda_1}\, p_1 = \sqrt{2.30054} \times (0.52029) & = 0.789151 \\ a_2 = \sqrt{\lambda_1}\, p_2 = \sqrt{2.30054} \times (-0.593525) = -0.900231 \\ a_3 = \sqrt{\lambda_1}\, p_3 = \sqrt{2.30054} \times (-0.614024) = -0.931322 \end{cases}$$

この値の2乗を，行列の対角線のところに代入します．

$$\begin{bmatrix} (0.789151)^2 & -0.65 & -0.70 \\ -0.65 & (-0.900231)^2 & 0.85 \\ -0.70 & 0.85 & (-0.931322)^2 \end{bmatrix}$$

この行列の固有値を求めると

$$\lambda_1 = 2.24997, \quad \lambda_2 = 0.0658028, \quad \lambda_3 = -0.0152345$$

なので，固有値 $\lambda_1 = 2.24997$ の固有ベクトルは

$$\text{固有ベクトル} \begin{bmatrix} p_1 \\ p_2 \\ p_3 \end{bmatrix} = \begin{bmatrix} -0.506215 \\ 0.596395 \\ 0.622944 \end{bmatrix}$$

となります．

これを12回もくり返すのじゃよ

千里の道も一歩から

反復3
$$\begin{cases} a_1 = \sqrt{\lambda_1}\, p_1 = \sqrt{2.24997} \times (-0.506215) = -0.759317 \\ a_2 = \sqrt{\lambda_1}\, p_2 = \sqrt{2.24997} \times (0.596395) = 0.894586 \\ a_3 = \sqrt{\lambda_1}\, p_3 = \sqrt{2.24997} \times (0.622944) = 0.934409 \end{cases}$$

この値の2乗を，行列の対角線のところへ代入します．

$$\begin{bmatrix} (-0.759317)^2 & -0.65 & -0.70 \\ -0.65 & (0.894586)^2 & 0.85 \\ -0.70 & 0.85 & (0.934409)^2 \end{bmatrix}$$

この行列の固有値は，

$$\lambda_1 = 2.23695, \quad \lambda_2 = 0.0308363, \quad \lambda_3 = -0.0178197$$

なので，固有値 λ_1 の固有ベクトルは……

$$\text{固有ベクトル} \begin{bmatrix} p_1 \\ p_2 \\ p_3 \end{bmatrix} = \begin{bmatrix} -0.498651 \\ 0.597271 \\ 0.628183 \end{bmatrix}$$

成功の秘訣は目的を持ち続けること

反復4
$$\begin{cases} a_1 = \sqrt{\lambda_1}\, p_1 = \sqrt{2.23695} \times (-0.498651) = -0.74585 \\ a_2 = \sqrt{\lambda_1}\, p_2 = \sqrt{2.23695} \times (0.597271) = 0.893305 \\ a_3 = \sqrt{\lambda_1}\, p_3 = \sqrt{2.23695} \times (0.628183) = 0.939539 \end{cases}$$

この値の2乗を，行列の対角線のところに代入して

$$\begin{bmatrix} (-0.74585)^2 & -0.65 & -0.70 \\ -0.65 & (0.893305)^2 & 0.85 \\ -0.70 & 0.85 & (0.939539)^2 \end{bmatrix}$$

この行列の固有値は，

$$\lambda_1 = 2.23493, \quad \lambda_2 = 0.0164528, \quad \lambda_3 = -0.0144329$$

なので，固有値 λ_1 の固有ベクトルは……

$$\text{固有ベクトル} \begin{bmatrix} p_1 \\ p_2 \\ p_3 \end{bmatrix} = \begin{bmatrix} -0.494556 \\ 0.597236 \\ 0.631446 \end{bmatrix}$$

反復 5
$$\begin{cases} a_1 = \sqrt{\lambda_1}\, p_1 = \sqrt{2.23493} \times (-0.494556) = -0.739346 \\ a_2 = \sqrt{\lambda_1}\, p_2 = \sqrt{2.23493} \times (0.597236) = 0.892848 \\ a_3 = \sqrt{\lambda_1}\, p_3 = \sqrt{2.23493} \times (0.631446) = 0.943992 \end{cases}$$

この値の2乗を，行列の対角線のところに代入します．

$$\begin{bmatrix} (-0.739346)^2 & -0.65 & -0.70 \\ -0.65 & (0.892848)^2 & 0.85 \\ -0.70 & 0.85 & (0.943992)^2 \end{bmatrix}$$

この行列の固有値は

$$\lambda_1 = 2.23566, \quad \lambda_2 = 0.0100009, \quad \lambda_3 = -0.0107306$$

なので，固有値 λ_1 の固有ベクトルは……

$$固有ベクトル \begin{bmatrix} p_1 \\ p_2 \\ p_3 \end{bmatrix} = \begin{bmatrix} -0.492274 \\ 0.596837 \\ 0.633602 \end{bmatrix}$$

反復 6
$$\begin{cases} a_1 = \sqrt{\lambda_1}\, p_1 = \sqrt{2.23566} \times (-0.492274) = -0.736055 \\ a_2 = \sqrt{\lambda_1}\, p_2 = \sqrt{2.23566} \times (0.596837) = 0.892398 \\ a_3 = \sqrt{\lambda_1}\, p_3 = \sqrt{2.23566} \times (0.633602) = 0.94737 \end{cases}$$

この値の2乗を，行列の対角線のところに代入します．

$$\begin{bmatrix} (-0.736055)^2 & -0.65 & -0.70 \\ -0.65 & (0.892398)^2 & 0.85 \\ -0.70 & 0.85 & (0.94737)^2 \end{bmatrix}$$

この行列の固有値は

$$\lambda_1 = 2.23677, \quad \lambda_2 = 0.00673039, \quad \lambda_3 = -0.00784176$$

なので，固有値 λ_1 の固有ベクトルは……

$$固有ベクトル \begin{bmatrix} p_1 \\ p_2 \\ p_3 \end{bmatrix} = \begin{bmatrix} -0.490963 \\ 0.596332 \\ 0.635093 \end{bmatrix}$$

人生は重荷をかついで山道を登るが如し

反復7
$$\begin{cases} a_1 = \sqrt{\lambda_1}\, p_1 = \sqrt{2.23677} \times (-0.490963) = -0.734277 \\ a_2 = \sqrt{\lambda_1}\, p_2 = \sqrt{2.23677} \times (0.596332) = 0.891865 \\ a_3 = \sqrt{\lambda_1}\, p_3 = \sqrt{2.23677} \times (0.635093) = 0.949835 \end{cases}$$

この値の2乗を，行列の対角線のところに代入します．

$$\begin{bmatrix} (-0.734277)^2 & -0.65 & -0.70 \\ -0.65 & (0.891865)^2 & 0.85 \\ -0.70 & 0.85 & (0.949835)^2 \end{bmatrix}$$

この行列の固有値は

$$\lambda_1 = 2.23769, \quad \lambda_2 = 0.00483288, \quad \lambda_3 = -0.00575525$$

なので，固有値 λ_1 の固有ベクトルは……

$$\text{固有ベクトル} \begin{bmatrix} p_1 \\ p_2 \\ p_3 \end{bmatrix} = \begin{bmatrix} 0.490189 \\ -0.595835 \\ -0.636156 \end{bmatrix}$$

反復8
$$\begin{cases} a_1 = \sqrt{\lambda_1}\, p_1 = \sqrt{2.23769} \times (0.490189) = 0.733271 \\ a_2 = \sqrt{\lambda_1}\, p_2 = \sqrt{2.23769} \times (-0.595835) = -0.891305 \\ a_3 = \sqrt{\lambda_1}\, p_3 = \sqrt{2.23769} \times (-0.636156) = -0.951622 \end{cases}$$

この値の2乗を，行列の対角線のところに代入します．

$$\begin{bmatrix} (0.733271)^2 & -0.65 & -0.70 \\ -0.65 & (-0.891305)^2 & 0.85 \\ -0.70 & 0.85 & (-0.951622)^2 \end{bmatrix}$$

この行列の固有値は

$$\lambda_1 = 2.23836, \quad \lambda_2 = 0.00359658, \quad \lambda_3 = -0.00426458$$

なので，固有値 λ_1 の固有ベクトルは……

$$\text{固有ベクトル} \begin{bmatrix} p_1 \\ p_2 \\ p_3 \end{bmatrix} = \begin{bmatrix} -0.489721 \\ 0.595393 \\ 0.636931 \end{bmatrix}$$

千日の稽古を鍛といい
万日の稽古を練という

反復 9
$$\begin{cases} a_1 = \sqrt{\lambda_1}\, p_1 = \sqrt{2.23836} \times (-0.489721) = -0.732679 \\ a_2 = \sqrt{\lambda_1}\, p_2 = \sqrt{2.23836} \times (0.595393) = 0.890776 \\ a_3 = \sqrt{\lambda_1}\, p_3 = \sqrt{2.23836} \times (0.636931) = 0.952923 \end{cases}$$

この値の 2 乗を，行列の対角線のところに代入します．

$$\begin{bmatrix} (-0.732679)^2 & -0.65 & -0.70 \\ -0.65 & (0.890776)^2 & 0.85 \\ -0.70 & 0.85 & (0.952923)^2 \end{bmatrix}$$

この行列の固有値は

$\lambda_1 = 2.23883, \quad \lambda_2 = 0.00272466, \quad \lambda_3 = -0.00318876$

なので，固有値 λ_1 の固有ベクトルは……

$$\text{固有ベクトル} \begin{bmatrix} p_1 \\ p_2 \\ p_3 \end{bmatrix} = \begin{bmatrix} 0.48943 \\ -0.595019 \\ -0.637305 \end{bmatrix}$$

先を取る何事においても

反復 10
$$\begin{cases} a_1 = \sqrt{\lambda_1}\, p_1 = \sqrt{2.23883} \times (0.48943) = 0.73232 \\ a_2 = \sqrt{\lambda_1}\, p_2 = \sqrt{2.23833} \times (-0.595019) = -0.89031 \\ a_3 = \sqrt{\lambda_1}\, p_3 = \sqrt{2.23833} \times (-0.637305) = -0.953878 \end{cases}$$

この値の 2 乗を，行列の対角線のところに代入します．

$$\begin{bmatrix} (0.73232)^2 & -0.65 & -0.70 \\ -0.65 & (-0.89031)^2 & 0.85 \\ -0.70 & 0.85 & (-0.953878)^2 \end{bmatrix}$$

この行列の固有値は

$\lambda_1 = 2.23915, \quad \lambda_2 = 0.00208107, \quad \lambda_3 = -0.00240167$

なので，固有値 λ_1 の固有ベクトルは……

$$\text{固有ベクトル} \begin{bmatrix} p_1 \\ p_2 \\ p_3 \end{bmatrix} = \begin{bmatrix} 0.489246 \\ -0.594713 \\ -0.63793 \end{bmatrix}$$

Section 4.5 因子負荷の求め方の実際

反復 11
$$\begin{cases} a_1 = \sqrt{\lambda_1}\, p_1 = \sqrt{2.23915} \times (0.489246) = 0.732097 \\ a_2 = \sqrt{\lambda_1}\, p_2 = \sqrt{2.23915} \times (-0.594713) = -0.889916 \\ a_3 = \sqrt{\lambda_1}\, p_3 = \sqrt{2.23915} \times (-0.63793) = -0.954585 \end{cases}$$

この値の 2 乗を，行列の対角線のところに代入します．

$$\begin{bmatrix} (0.732097)^2 & -0.65 & -0.70 \\ -0.65 & (-0.889916)^2 & 0.85 \\ -0.70 & 0.85 & (-0.954585)^2 \end{bmatrix}$$

この行列の固有値は

$$\lambda_1 = 2.23937, \quad \lambda_2 = 0.00159492, \quad \lambda_3 = -0.00181801$$

なので，固有値 λ_1 の固有ベクトルは……

$$\text{固有ベクトル} \begin{bmatrix} p_1 \\ p_2 \\ p_3 \end{bmatrix} = \begin{bmatrix} 0.489126 \\ -0.594468 \\ -0.638251 \end{bmatrix}$$

百里の道も
九十九里をもって
半ばとする

反復 12
$$\begin{cases} a_1 = \sqrt{\lambda_1}\, p_1 = \sqrt{2.23937} \times (0.489126) = 0.731954 \\ a_2 = \sqrt{\lambda_1}\, p_2 = \sqrt{2.23937} \times (-0.594468) = -0.889593 \\ a_3 = \sqrt{\lambda_1}\, p_3 = \sqrt{2.23937} \times (-0.638251) = -0.955112 \end{cases}$$

この値の 2 乗を，行列の対角線のところに代入します．

$$\begin{bmatrix} (0.731954)^2 & -0.65 & -0.70 \\ -0.65 & (-0.889593)^2 & 0.85 \\ -0.70 & 0.85 & (-0.955112)^2 \end{bmatrix}$$

この行列の固有値は

$$\lambda_1 = 2.23953, \quad \lambda_2 = 0.00122373, \quad \lambda_3 = -0.00138107$$

なので，固有値 λ_1 の固有ベクトルは……

$$\text{固有ベクトル} \begin{bmatrix} p_1 \\ p_2 \\ p_3 \end{bmatrix} = \begin{bmatrix} 0.489046 \\ -0.594273 \\ -0.638493 \end{bmatrix}$$

したがって

$$a_1 = \sqrt{\lambda_1}\, p_1 = \sqrt{2.23953} \times (0.489046) = 0.73186$$
$$a_2 = \sqrt{\lambda_1}\, p_2 = \sqrt{2.23953} \times (-0.594273) = -0.889333$$
$$a_3 = \sqrt{\lambda_1}\, p_3 = \sqrt{2.23953} \times (-0.638493) = -0.955508$$

となります．

やっと，138 ページの SPSS の出力結果に一致しました*!!*

因子行列[a]

	因子
	1
X1	−.732
X2	.889
X3	.955

因子抽出法: 主因子法

それ剣は瞬息

SPSSも瞬息でござるよ

Section 4.6
因子を回転する?!

因子分析で大切な作業の1つに
　　　"因子の回転"
があります．

因子の回転よりも
変換といった方が
正しい表現です

バリマックス回転？

たとえば，SPSS で因子分析をおこなっていると，
次のような画面が現れます．

表 4.6.1 回転前の因子行列

	因子	
	1	2
X1	−.354	.724
X2	.616	.587
X3	.910	−.116

因子抽出法: 主因子法

回転前の因子行列

$$\begin{bmatrix} -0.354 & 0.724 \\ 0.616 & 0.587 \\ 0.910 & -0.116 \end{bmatrix}$$

　　↑　　　　↑
　f_1 の　　f_2 の
　因子負荷　因子負荷

表 4.6.2 回転後の因子行列

	因子	
	1	2
X1	.074	.802
X2	.832	.181
X3	.716	−.572

因子抽出法: 主因子法
回転法: Kaiser の正規化を伴うバリマックス法

回転後の因子行列

$$\begin{bmatrix} 0.074 & 0.802 \\ 0.832 & 0.181 \\ 0.716 & -0.572 \end{bmatrix}$$

　　↑　　　　↑
　g_1 の　　g_2 の
　因子負荷　因子負荷

表 4.6.3 因子変換行列

因子	1	2
1	.854	−.520
2	.520	.854

因子抽出法: 主因子法

因子変換行列

$$\begin{bmatrix} 0.854 & -0.520 \\ 0.520 & 0.854 \end{bmatrix}$$

この回転後の因子行列とは，何を意味しているのでしょうか？

そもそも，回転とは？

座標軸の回転は，次のような感じです．

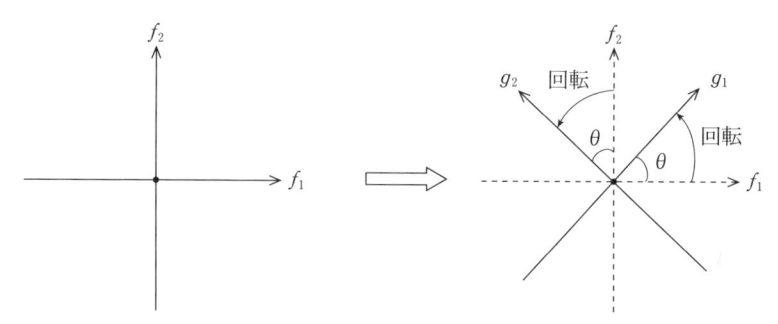

図 4.6.1 座標軸を回転すると……

この軸の回転を表す変換行列 T は

$$T = \begin{bmatrix} \cos\theta & -\sin\theta \\ \sin\theta & \cos\theta \end{bmatrix}$$

となります．

ただし

右からかけると…… $[g_1 \quad g_2] = [f_1 \quad f_2] \begin{bmatrix} \cos\theta & -\sin\theta \\ \sin\theta & \cos\theta \end{bmatrix}$

左からかけると…… $\begin{bmatrix} g_1 \\ g_2 \end{bmatrix} = \begin{bmatrix} \cos\theta & \sin\theta \\ -\sin\theta & \cos\theta \end{bmatrix} \begin{bmatrix} f_1 \\ f_2 \end{bmatrix}$

となることに注意しましょう！

表 4.6.3 の因子変換行列は
この回転を表す変換行列なのでしょうか？
そこで……

> 回転行列は
> 直交変換の1つです

因子が 2 個の場合, 因子負荷は次のようになります.

回転前の因子負荷　　　　　　　　**回転後の因子負荷**

Λ_f

$\Lambda_g = \Lambda_f \cdot T$

$\Lambda_f = \begin{bmatrix} a_{11} & a_{12} \\ a_{21} & a_{22} \\ a_{31} & a_{32} \end{bmatrix} \Longrightarrow \Lambda_g = \begin{bmatrix} a_{11} & a_{12} \\ a_{21} & a_{22} \\ a_{31} & a_{32} \end{bmatrix} \begin{bmatrix} \cos\theta & -\sin\theta \\ \sin\theta & \cos\theta \end{bmatrix}$

$= \begin{bmatrix} a_{11}\cos\theta + a_{12}\sin\theta & -a_{11}\sin\theta + a_{12}\cos\theta \\ a_{21}\cos\theta + a_{22}\sin\theta & -a_{21}\sin\theta + a_{22}\cos\theta \\ a_{31}\cos\theta + a_{32}\sin\theta & -a_{31}\sin\theta + a_{32}\cos\theta \end{bmatrix}$

表 4.6.1 の因子行列は回転前の因子負荷です.

そこで, この因子行列に, 因子変換行列をかけ算してみましょう.

$\underbrace{\begin{bmatrix} -0.354 & 0.724 \\ 0.616 & 0.587 \\ 0.910 & -0.116 \end{bmatrix}}_{\text{回転前}} \cdot \underbrace{\begin{bmatrix} 0.854 & -0.520 \\ 0.520 & 0.854 \end{bmatrix}}_{\text{因子変換行列}}$

$= \begin{bmatrix} -0.354 \times 0.854 + 0.724 \times 0.520 & -0.354 \times (-0.520) + 0.724 \times 0.854 \\ 0.616 \times 0.854 + 0.587 \times 0.520 & 0.616 \times (-0.520) + 0.587 \times 0.854 \\ 0.910 \times 0.854 + (-0.116) \times 0.520 & 0.910 \times (-0.520) + (-0.116) \times 0.854 \end{bmatrix}$

$= \underbrace{\begin{bmatrix} 0.0742 & 0.8024 \\ 0.8313 & 0.1810 \\ 0.7168 & -0.5723 \end{bmatrix}}_{\text{回転後}}$

たしかに, 因子行列に因子変換行列をかけると, 表 4.6.2 の回転後の因子行列になっていますね!

> この因子変換行列は直交変換なので
> バリマックス回転は直交回転でござる！
>
> $\begin{bmatrix} 0.854 & -0.520 \\ 0.520 & 0.854 \end{bmatrix} \begin{bmatrix} 0.854 & 0.520 \\ -0.520 & 0.854 \end{bmatrix} = \begin{bmatrix} 1 & 0 \\ 0 & 1 \end{bmatrix}$

ということは，因子変換行列は回転を表す変換行列ということですから

$$\begin{bmatrix} 0.854 & -0.520 \\ 0.520 & 0.854 \end{bmatrix} = \begin{bmatrix} \cos\theta & -\sin\theta \\ \sin\theta & \cos\theta \end{bmatrix}$$

となるはずです．

次の等式

$$\cos\theta = 0.854$$

を解くと

$$\theta = 31.35°$$

となります．

> 正確には回転ではなく直交変換です

この回転を図示してみましょう．

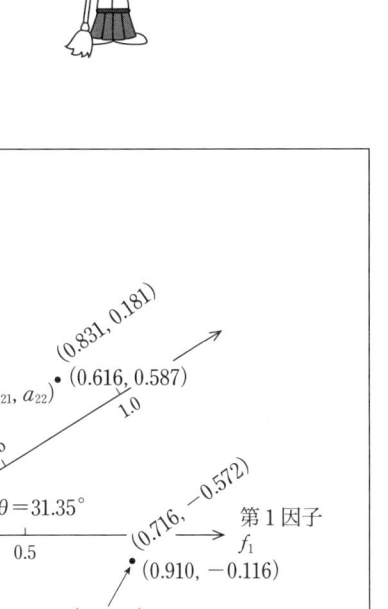

図 4.6.2 これが因子の回転です！

ここで，疑問が2つ！

| 疑問1 | 分散共分散行列から求めた因子負荷を回転してしまうと別の因子になってしまうのでは？ |

| 疑問2 | なぜ，因子を回転するのですか？ |

そこで……

■ 因子が1個の場合

因子負荷と分散共分散行列 Σ は，次のようになっていました．

因子モデルの分散共分散行列

$$\Sigma = \begin{bmatrix} a_1^2 + \mathrm{Var}(\varepsilon_1) & a_1 a_2 & a_1 a_3 \\ a_1 a_2 & a_2^2 + \mathrm{Var}(\varepsilon_2) & a_2 a_3 \\ a_1 a_3 & a_2 a_3 & a_3^2 + \mathrm{Var}(\varepsilon_3) \end{bmatrix}$$

この分散共分散行列は，次のように変形できます．

$$= \begin{bmatrix} a_1^2 & a_1 a_2 & a_1 a_3 \\ a_1 a_2 & a_2^2 & a_2 a_3 \\ a_1 a_3 & a_2 a_3 & a_3^2 \end{bmatrix} + \begin{bmatrix} \mathrm{Var}(\varepsilon_1) & 0 & 0 \\ 0 & \mathrm{Var}(\varepsilon_2) & 0 \\ 0 & 0 & \mathrm{Var}(\varepsilon_3) \end{bmatrix}$$

$$= \begin{bmatrix} a_1 \\ a_2 \\ a_3 \end{bmatrix} \begin{bmatrix} a_1 & a_2 & a_3 \end{bmatrix} + \begin{bmatrix} \mathrm{Var}(\varepsilon_1) & 0 & 0 \\ 0 & \mathrm{Var}(\varepsilon_2) & 0 \\ 0 & 0 & \mathrm{Var}(\varepsilon_3) \end{bmatrix}$$

でも，因子が1個では，回転が……

> 因子が1個のときは回転できないでござる

■ **因子が 2 個の場合**

因子負荷と分散共分散行列 Σ は，次のようになります．

因子モデルの分散共分散行列

$$\Sigma = \begin{bmatrix} a_{11}^2 + a_{12}^2 + \mathrm{Var}(\varepsilon_1) & a_{11}a_{21} + a_{12}a_{22} & a_{11}a_{31} + a_{12}a_{32} \\ a_{11}a_{21} + a_{12}a_{22} & a_{21}^2 + a_{22}^2 + \mathrm{Var}(\varepsilon_2) & a_{21}a_{31} + a_{22}a_{32} \\ a_{11}a_{31} + a_{12}a_{32} & a_{21}a_{31} + a_{22}a_{32} & a_{31}^2 + a_{32}^2 + \mathrm{Var}(\varepsilon_3) \end{bmatrix}$$

$$= \begin{bmatrix} a_{11}^2 + a_{12}^2 & a_{11}a_{21} + a_{12}a_{22} & a_{11}a_{31} + a_{12}a_{32} \\ a_{11}a_{21} + a_{12}a_{22} & a_{21}^2 + a_{22}^2 & a_{21}a_{31} + a_{22}a_{32} \\ a_{11}a_{31} + a_{12}a_{32} & a_{21}a_{31} + a_{22}a_{32} & a_{31}^2 + a_{32}^2 \end{bmatrix}$$

$$+ \begin{bmatrix} \mathrm{Var}(\varepsilon_1) & 0 & 0 \\ 0 & \mathrm{Var}(\varepsilon_2) & 0 \\ 0 & 0 & \mathrm{Var}(\varepsilon_3) \end{bmatrix}$$

$$= \begin{bmatrix} a_{11} & a_{12} \\ a_{21} & a_{22} \\ a_{31} & a_{32} \end{bmatrix} \begin{bmatrix} a_{11} & a_{21} & a_{31} \\ a_{12} & a_{22} & a_{32} \end{bmatrix} + \begin{bmatrix} \mathrm{Var}(\varepsilon_1) & 0 & 0 \\ 0 & \mathrm{Var}(\varepsilon_2) & 0 \\ 0 & 0 & \mathrm{Var}(\varepsilon_3) \end{bmatrix}$$

この因子負荷のところに，

　　　　回転前の因子負荷

を代入します．次に

　　　　回転後の因子負荷

を代入します．

すると……

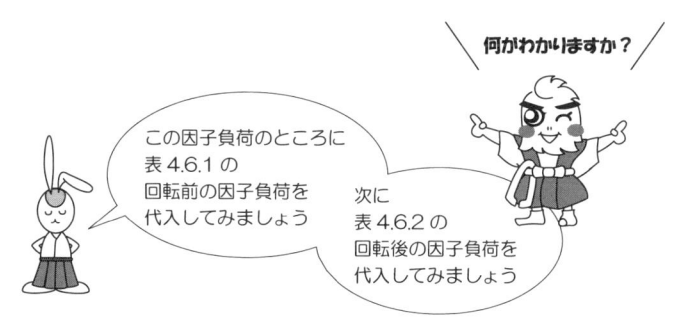

> この因子負荷のところに
> 表 4.6.1 の
> 回転前の因子負荷を
> 代入してみましょう

> 次に
> 表 4.6.2 の
> 回転後の因子負荷を
> 代入してみましょう

> 何がわかりますか？

■ 回転前の因子負荷の場合

因子負荷の行列の積は，次のようになります．

$$\Sigma = \begin{bmatrix} -0.354 & 0.724 \\ 0.616 & 0.587 \\ 0.910 & -0.116 \end{bmatrix} \begin{bmatrix} -0.354 & 0.616 & 0.910 \\ 0.724 & 0.587 & -0.116 \end{bmatrix} + \begin{bmatrix} \mathrm{Var}(\varepsilon_1) & 0 & 0 \\ 0 & \mathrm{Var}(\varepsilon_2) & 0 \\ 0 & 0 & \mathrm{Var}(\varepsilon_3) \end{bmatrix}$$

$$= \begin{bmatrix} 0.6495 & 0.2069 & -0.4061 \\ 0.2069 & 0.7240 & 0.4925 \\ -0.4061 & 0.4925 & 0.8416 \end{bmatrix} + \begin{bmatrix} \mathrm{Var}(\varepsilon_1) & 0 & 0 \\ 0 & \mathrm{Var}(\varepsilon_2) & 0 \\ 0 & 0 & \mathrm{Var}(\varepsilon_3) \end{bmatrix}$$

■ 回転後の因子負荷の場合

因子負荷の行列の積は，次のようになります．

$$\Sigma = \begin{bmatrix} 0.074 & 0.802 \\ 0.832 & 0.181 \\ 0.716 & -0.572 \end{bmatrix} \begin{bmatrix} 0.074 & 0.832 & 0.716 \\ 0.802 & 0.181 & -0.572 \end{bmatrix} + \begin{bmatrix} \mathrm{Var}(\varepsilon_1) & 0 & 0 \\ 0 & \mathrm{Var}(\varepsilon_2) & 0 \\ 0 & 0 & \mathrm{Var}(\varepsilon_3) \end{bmatrix}$$

$$= \begin{bmatrix} 0.6487 & 0.2067 & -0.4058 \\ 0.2067 & 0.7250 & 0.4922 \\ -0.4058 & 0.4922 & 0.8398 \end{bmatrix} + \begin{bmatrix} \mathrm{Var}(\varepsilon_1) & 0 & 0 \\ 0 & \mathrm{Var}(\varepsilon_2) & 0 \\ 0 & 0 & \mathrm{Var}(\varepsilon_3) \end{bmatrix}$$

回転前と回転後の2つの分散共分散行列は，ほぼ一致していますね!!
ということは，

　　　　　　因子を回転しても分散共分散行列は変わらない

ということがわかりました．

これが158ページの疑問1に対する答えです

ということは分散共分散行列から求まる因子負荷は無数にあるってことでござるか？

このことを，文字式で確認してみましょう．
156 ページの回転後の因子負荷を思い出して……

$$\begin{bmatrix} a_{11}\cos\theta + a_{12}\sin\theta & -a_{11}\sin\theta + a_{12}\cos\theta \\ a_{21}\cos\theta + a_{22}\sin\theta & -a_{21}\sin\theta + a_{22}\cos\theta \\ a_{31}\cos\theta + a_{32}\sin\theta & -a_{31}\sin\theta + a_{32}\cos\theta \end{bmatrix}$$
↑
回転後

$$\cdot \begin{bmatrix} a_{11}\cos\theta + a_{12}\sin\theta & a_{21}\cos\theta + a_{22}\sin\theta & a_{31}\cos\theta + a_{32}\sin\theta \\ -a_{11}\sin\theta + a_{12}\cos\theta & -a_{21}\sin\theta + a_{22}\cos\theta & -a_{31}\sin\theta + a_{32}\cos\theta \end{bmatrix}$$

$$= \begin{bmatrix} a_{11}{}^2 + a_{12}{}^2 & a_{11}a_{21} + a_{12}a_{22} & a_{11}a_{31} + a_{12}a_{32} \\ a_{21}a_{11} + a_{22}a_{12} & a_{21}{}^2 + a_{22}{}^2 & a_{21}a_{31} + a_{22}a_{32} \\ a_{31}a_{11} + a_{32}a_{12} & a_{31}a_{21} + a_{32}a_{22} & a_{31}{}^2 + a_{32}{}^2 \end{bmatrix}$$

$$= \begin{bmatrix} a_{11} & a_{12} \\ a_{21} & a_{22} \\ a_{31} & a_{32} \end{bmatrix} \cdot \begin{bmatrix} a_{11} & a_{21} & a_{31} \\ a_{12} & a_{22} & a_{32} \end{bmatrix}$$
↑
回転前

したがって，分散共分散行列 Σ は，因子の回転によって変わらないことがわかりました．
このことを
"因子の回転に関する不定性"
といいます．
そこで，この因子の回転に関する不定性という性質を利用して
"より解釈しやすい因子負荷を探す"
というのが
"因子の回転"
という考え方ですね！

（因子の回転よりも変換といった方がより正確な表現です）

（実は直交変換です）

それでは

　　　　　"より解釈のしやすい因子負荷"

とは，どのような因子負荷なのでしょうか？

そのためには，次の具体例を見た方がわかりやすいと思います．

回転後の因子行列を見ると，なんとなく因子に名前が付けられそうですね！

表 4.6.4　因子分析

因子行列

	因子	
	1	2
ストレス	-.719	.293
運動量	.473	-.638
健康	.369	-.464
仕事	.917	.192
地域活動	.754	.430
趣味	.674	.044
家庭生活	.697	.219

回転後の因子行列

	因子	
	1	2
ストレス	-.482	-.608
運動量	.099	.788
健康	.093	.586
仕事	.893	.284
地域活動	.868	-.004
趣味	.609	.293
家庭生活	.715	.152

因子変換行列

因子	1	2
1	.871	.492
2	.492	-.871

因子抽出法：主因子法
回転法：Kaiser の正規化を伴うバリマックス法

> 回転前の因子負荷は
> どの変数も大きいので
> 因子に名前を
> 付けにくいでござる

> 回転後の因子負荷を見ると
> 　仕事　地域活動　家庭生活
> といった変数の因子負荷の
> 絶対値の値が大きいので
> 　第1因子 ＝ 外面的充実度
> のようにカンタンに解釈できます
>
> これが疑問2に対する答えです

参考文献
『臨床心理・精神医学のための SPSS による統計処理』

第1因子と第2因子を散布図でグラフ表現してみましょう！

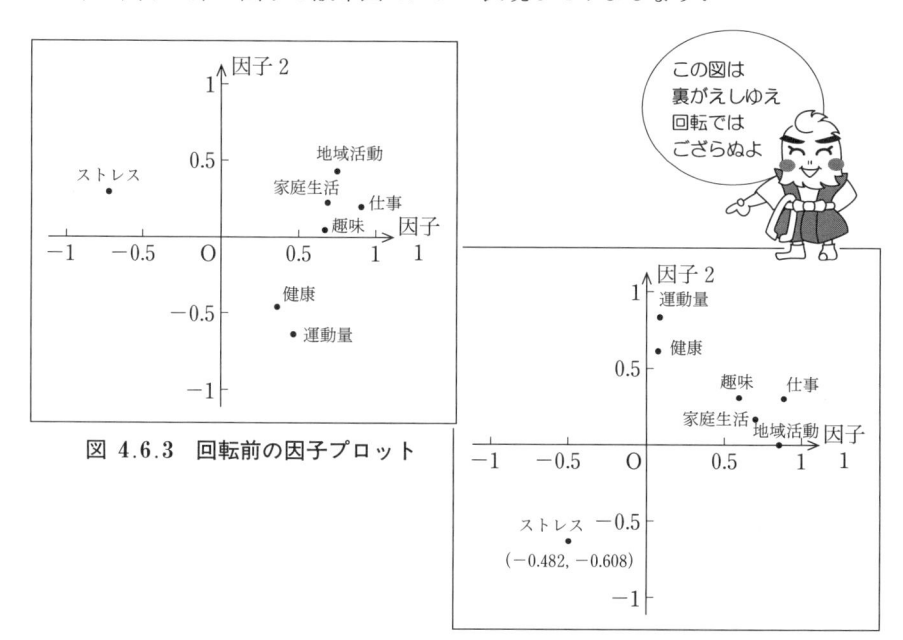

図 4.6.3 回転前の因子プロット

この図は裏がえしゆえ回転ではござらぬよ

図 4.6.4 回転後の因子プロット

ところで，この因子変換行列は直交行列ですが，回転行列ではありません．

したがって，$\begin{bmatrix} \cos\theta & -\sin\theta \\ \sin\theta & \cos\theta \end{bmatrix}$ では表現できません．

回転前の因子行列　　因子変換行列　　回転後の因子行列

$$\begin{bmatrix} -0.719 & 0.293 \\ 0.473 & -0.638 \\ 0.369 & -0.464 \\ 0.917 & 0.192 \\ 0.754 & 0.430 \\ 0.674 & 0.044 \\ 0.697 & 0.219 \end{bmatrix} \cdot \begin{bmatrix} 0.871 & 0.492 \\ 0.492 & -0.871 \end{bmatrix} = \begin{bmatrix} -0.482 & -0.608 \\ 0.099 & 0.788 \\ 0.093 & 0.586 \\ 0.893 & 0.284 \\ 0.868 & -0.004 \\ 0.609 & 0.293 \\ 0.715 & 0.152 \end{bmatrix}$$

Section 4.7
最尤法と1変数の尤度関数

最尤法（さいゆうほう）とは，

"尤（もっと）もらしいパラメータを求める方法"

のことです．

尤もらしいとは，"確率が最大になる"ことを意味します．

たとえば，正規母集団 $N(\mu, \sigma^2)$ の2つのパラメータ

$$母平均\ \mu, \quad 母分散\ \sigma^2$$

を推定したいとします．

このとき，正規母集団 $N(\mu, \sigma^2)$ から，ランダムに N 個のデータを取り出します．

$$\{x_1\ x_2\ \cdots\ x_N\}$$

このデータ x_i は，正規分布 $N(\mu, \sigma^2)$ に従っているので，確率密度関数は，次のようになります．

$$\frac{1}{\sigma\sqrt{2\pi}} e^{-\frac{1}{2}\left(\frac{x_i-\mu}{\sigma}\right)^2}$$

> これが1変数の確率密度関数です

N 個のデータは，正規母集団からランダムに取り出されているので，同時確率密度関数は

$$\frac{1}{\sigma\sqrt{2\pi}} e^{-\frac{1}{2}\left(\frac{x_1-\mu}{\sigma}\right)^2} \cdot \frac{1}{\sigma\sqrt{2\pi}} e^{-\frac{1}{2}\left(\frac{x_2-\mu}{\sigma}\right)^2} \cdot \cdots \cdot \frac{1}{\sigma\sqrt{2\pi}} e^{-\frac{1}{2}\left(\frac{x_N-\mu}{\sigma}\right)^2}$$

のように，それぞれの確率密度関数の積の形で表現できます．

そこで，N 個のデータ $\{x_1\ x_2\ \cdots\ x_N\}$ が与えられたとき

$$\frac{1}{\sigma\sqrt{2\pi}} e^{-\frac{1}{2}\left(\frac{x_1-\mu}{\sigma}\right)^2} \cdot \frac{1}{\sigma\sqrt{2\pi}} e^{-\frac{1}{2}\left(\frac{x_2-\mu}{\sigma}\right)^2} \cdot \cdots \cdot \frac{1}{\sigma\sqrt{2\pi}} e^{-\frac{1}{2}\left(\frac{x_N-\mu}{\sigma}\right)^2}$$

が最大となるパラメータ μ，σ^2 を求めてみてはいかがでしょう！

Key Word　最尤法：maximum-likelihood method, ML

■ 1 変数の尤度関数

この確率密度関数の積

$$\frac{1}{\sigma\sqrt{2\pi}}e^{-\frac{1}{2}\left(\frac{x_1-\mu}{\sigma}\right)^2} \cdot \frac{1}{\sigma\sqrt{2\pi}}e^{-\frac{1}{2}\left(\frac{x_2-\mu}{\sigma}\right)^2} \cdot \cdots \cdot \frac{1}{\sigma\sqrt{2\pi}}e^{-\frac{1}{2}\left(\frac{x_N-\mu}{\sigma}\right)^2}$$

のことを

尤度関数 $L(x_1, x_2, \cdots, x_N ; \mu, \sigma^2)$

といいます．

したがって，最尤法とは

"N 個のデータ $\{x_1 \ x_2 \ \cdots \ x_N\}$ が与えられたとき
尤度関数が最大になるパラメータ μ, σ^2 を求める方法"

のことですね．

最大尤度で
最尤法!!

ところで，因子分析は変数の数が 1 個ではありません．

因子分析は多変量データを扱いますから，尤度関数についても

"p 変数の尤度関数"

が必要となります．

パラメータ μ, σ^2 の最尤推定量は

$$\mu \Longrightarrow \frac{x_1 + x_2 + \cdots + x_N}{N}$$

$$\sigma^2 \Longrightarrow \frac{(x_1-\bar{x})^2 + (x_2-\bar{x})^2 + \cdots + (x_N-\bar{x})^2}{N}$$

となります．

つまり最尤法では
分散も N で
割ります

Key Word　尤度関数：likelihood function

そこで，この 1 変数の尤度関数を p 変数へと一般化しやすいように，変形しておきましょう．

$$L(x_1, x_2, \cdots, x_N ; \mu, \sigma^2)$$

$$= \frac{1}{\sigma\sqrt{2\pi}} e^{-\frac{1}{2}\left(\frac{x_1-\mu}{\sigma}\right)^2} \cdot \frac{1}{\sigma\sqrt{2\pi}} e^{-\frac{1}{2}\left(\frac{x_2-\mu}{\sigma}\right)^2} \cdot \cdots \cdot \frac{1}{\sigma\sqrt{2\pi}} e^{-\frac{1}{2}\left(\frac{x_N-\mu}{\sigma}\right)^2}$$

$$= \left(\frac{1}{\sigma\sqrt{2\pi}}\right)^N \cdot e^{-\frac{1}{2\sigma^2}\{(x_1-\mu)^2+(x_2-\mu)^2+\cdots+(x_N-\mu)^2\}}$$

$$= (\sigma\sqrt{2\pi})^{-N} \cdot e^{\frac{-1}{2\sigma^2}\{x_1^2-2x_1\mu+\mu^2+x_2^2-2x_2\mu+\mu^2+\cdots+x_N^2-2x_N\mu+\mu^2\}}$$

$$= (\sigma\sqrt{2\pi})^{-N} \cdot e^{\frac{-1}{2\sigma^2}\{x_1^2+x_2^2+\cdots+x_N^2-2(x_1+x_2+\cdots+x_N)\mu+N\mu^2\}}$$

$$= (\sigma\sqrt{2\pi})^{-N} \cdot e^{\frac{-1}{2\sigma^2}\{x_1^2+x_2^2+\cdots+x_N^2-2N\bar{x}\mu+N\mu^2\}}$$

$$= (\sigma\sqrt{2\pi})^{-N} \cdot e^{\frac{-1}{2\sigma^2}\{x_1^2+x_2^2+\cdots+x_N^2-N\bar{x}^2+N\bar{x}^2-2N\cdot\bar{x}\mu+N\mu^2\}}$$

$$= (\sigma\sqrt{2\pi})^{-N} \cdot e^{\frac{-1}{2\sigma^2}\{x_1^2+x_2^2+\cdots+x_N^2-N\bar{x}^2+N(\bar{x}-\mu)^2\}}$$

$$= (\sigma\sqrt{2\pi})^{-N} \cdot e^{\frac{-1}{2\sigma^2}\{x_1^2+x_2^2+\cdots+x_N^2-2N\cdot\bar{x}^2+N\bar{x}^2+N(\bar{x}-\mu)^2\}}$$

$$= (\sigma\sqrt{2\pi})^{-N} \cdot e^{\frac{-1}{2\sigma^2}\{x_1^2+x_2^2+\cdots+x_N^2-2(x_1+x_2+\cdots+x_N)\cdot\bar{x}+N\bar{x}^2+N(\bar{x}-\mu)^2\}}$$

$$= (\sigma\sqrt{2\pi})^{-N} \cdot e^{\frac{-1}{2\sigma^2}\{(x_1-\bar{x})^2+(x_2-\bar{x})^2+\cdots+(x_N-\bar{x})^2+N(\bar{x}-\mu)^2\}}$$

$$= (\sigma\sqrt{2\pi})^{-N} \cdot e^{\frac{-1}{2\sigma^2}\{N\cdot s^2+N(\bar{x}-\mu)^2\}}$$

$$= (2\pi)^{-\frac{N}{2}} \cdot (\sigma^2)^{-\frac{N}{2}} \cdot e^{-\frac{N}{2}\cdot\frac{s^2}{\sigma^2}} \cdot e^{-\frac{N}{2}\cdot\frac{(\bar{x}-\mu)^2}{\sigma^2}}$$

$$= (2\pi)^{-\frac{N}{2}} \cdot (\sigma^2)^{-\frac{N}{2}} \cdot e^{-\frac{N}{2}\cdot(\sigma^2)^{-1}\cdot s^2} \cdot e^{-\frac{N}{2}\cdot(\bar{x}-\mu)\cdot(\sigma^2)^{-1}\cdot(\bar{x}-\mu)} \qquad (※)$$

ここまで変形しておくと，p 変数への一般化はあと少しです．

そして，p 変数への一般化のポイントは

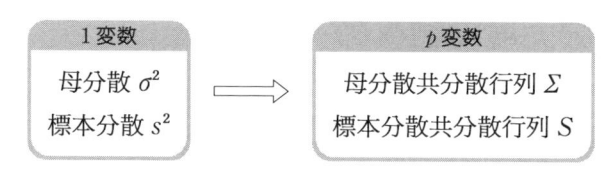

1変数		p 変数
母分散 σ^2 標本分散 s^2	$\Longrightarrow$	母分散共分散行列 Σ 標本分散共分散行列 S

ですね！

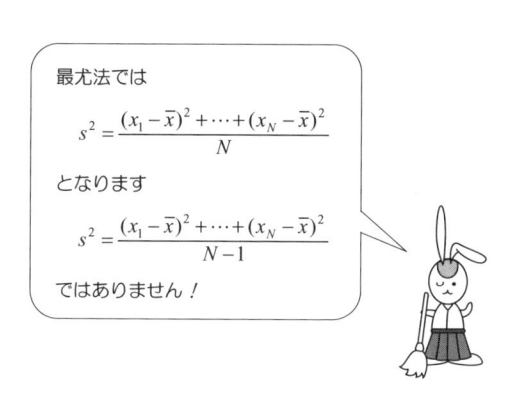

最尤法では
$$s^2 = \frac{(x_1 - \bar{x})^2 + \cdots + (x_N - \bar{x})^2}{N}$$
となります
$$s^2 = \frac{(x_1 - \bar{x})^2 + \cdots + (x_N - \bar{x})^2}{N-1}$$
ではありません！

隣のページは虫メガネが必要でござるよ！

はいはい

Section 4.8
p 変数の尤度関数への一般化

1 変数と p 変数の違いは，次のようになります．

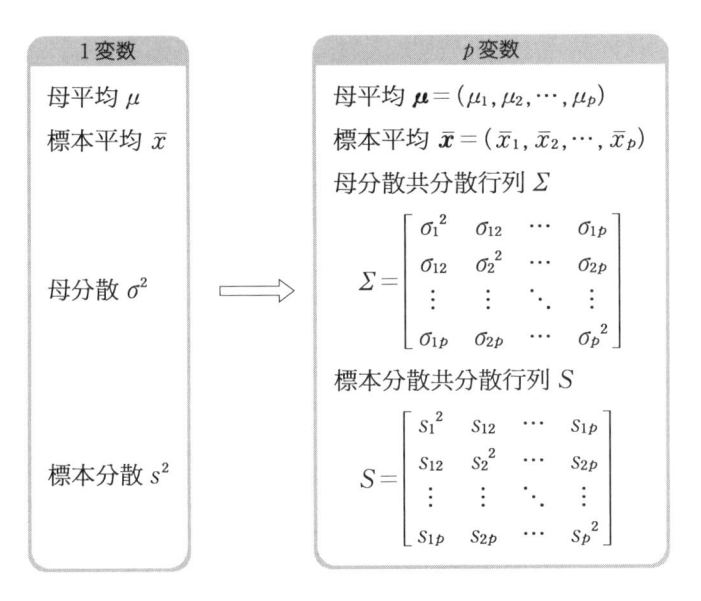

1 変数	p 変数
母平均 μ	母平均 $\boldsymbol{\mu}=(\mu_1, \mu_2, \cdots, \mu_p)$
標本平均 $\bar{x}$	標本平均 $\bar{\boldsymbol{x}}=(\bar{x}_1, \bar{x}_2, \cdots, \bar{x}_p)$
母分散 σ^2	母分散共分散行列 Σ $$\Sigma=\begin{bmatrix} \sigma_1^2 & \sigma_{12} & \cdots & \sigma_{1p} \\ \sigma_{12} & \sigma_2^2 & \cdots & \sigma_{2p} \\ \vdots & \vdots & \ddots & \vdots \\ \sigma_{1p} & \sigma_{2p} & \cdots & \sigma_p^2 \end{bmatrix}$$
標本分散 s^2	標本分散共分散行列 S $$S=\begin{bmatrix} s_1^2 & s_{12} & \cdots & s_{1p} \\ s_{12} & s_2^2 & \cdots & s_{2p} \\ \vdots & \vdots & \ddots & \vdots \\ s_{1p} & s_{2p} & \cdots & s_p^2 \end{bmatrix}$$

したがって，1 変数の確率密度関数

$$\frac{1}{\sigma\sqrt{2\pi}} e^{-\frac{1}{2\sigma^2}(x-\mu)^2}$$

を

$$=(2\pi)^{-\frac{1}{2}} \cdot (\sigma^2)^{-\frac{1}{2}} \cdot e^{-\frac{1}{2} \cdot (x-\mu) \cdot (\sigma^2)^{-1} \cdot (x-\mu)}$$

$(\sigma^2)^{-\frac{1}{2}}$ は $|\Sigma|^{-\frac{1}{2}}$ へ
$(\sigma^2)^{-1}$ は Σ^{-1} へ

のように変形しておけば，
p 変数の確率密度関数は

$$(2\pi)^{-\frac{p}{2}} \cdot |\Sigma|^{-\frac{1}{2}} \cdot e^{-\frac{1}{2} \cdot (\boldsymbol{x}-\boldsymbol{\mu}) \cdot \Sigma^{-1} \cdot (\boldsymbol{x}-\boldsymbol{\mu})^t} \qquad (※※)$$

のようになることがわかります．

そこで，（※）の式と（※※）の式をながめていると，
p 変数の尤度関数は，次のような形になりそうだと思えてきますね！

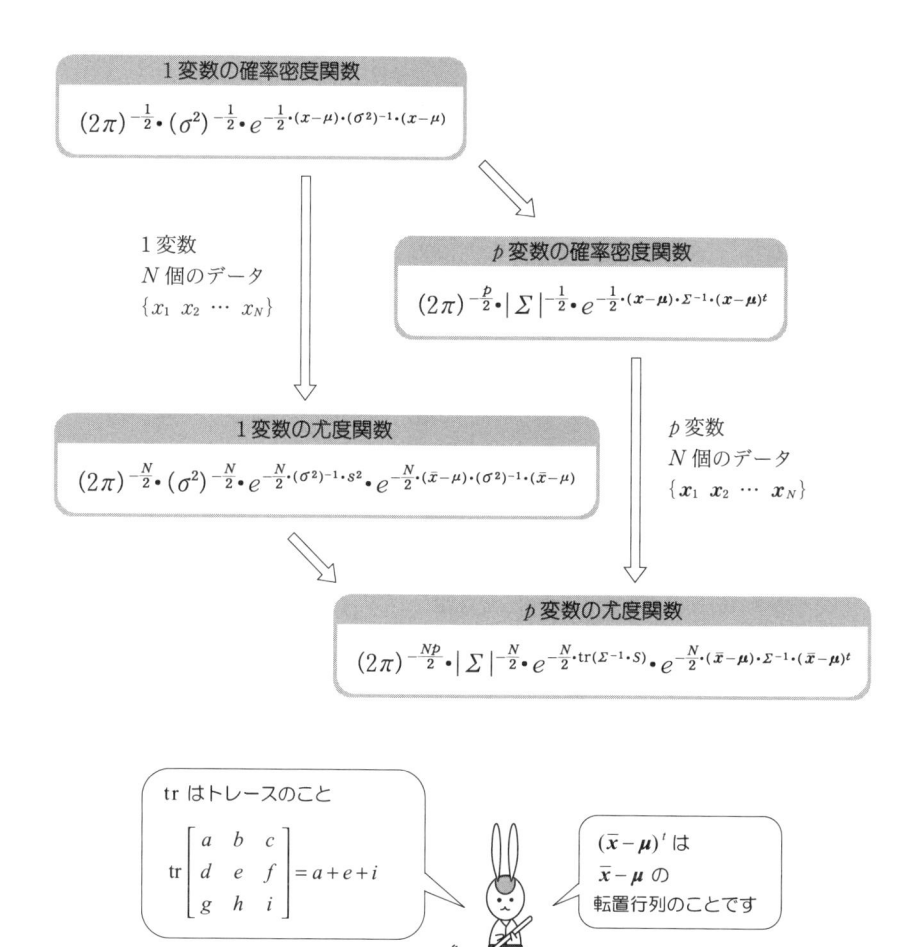

1変数の確率密度関数
$$(2\pi)^{-\frac{1}{2}} \cdot (\sigma^2)^{-\frac{1}{2}} \cdot e^{-\frac{1}{2} \cdot (x-\mu) \cdot (\sigma^2)^{-1} \cdot (x-\mu)}$$

1変数
N個のデータ
$\{x_1\ x_2\ \cdots\ x_N\}$

p変数の確率密度関数
$$(2\pi)^{-\frac{p}{2}} \cdot |\Sigma|^{-\frac{1}{2}} \cdot e^{-\frac{1}{2} \cdot (\boldsymbol{x}-\boldsymbol{\mu}) \cdot \Sigma^{-1} \cdot (\boldsymbol{x}-\boldsymbol{\mu})^t}$$

1変数の尤度関数
$$(2\pi)^{-\frac{N}{2}} \cdot (\sigma^2)^{-\frac{N}{2}} \cdot e^{-\frac{N}{2} \cdot (\sigma^2)^{-1} \cdot s^2} \cdot e^{-\frac{N}{2} \cdot (\bar{x}-\mu) \cdot (\sigma^2)^{-1} \cdot (\bar{x}-\mu)}$$

p変数
N個のデータ
$\{\boldsymbol{x}_1\ \boldsymbol{x}_2\ \cdots\ \boldsymbol{x}_N\}$

p変数の尤度関数
$$(2\pi)^{-\frac{Np}{2}} \cdot |\Sigma|^{-\frac{N}{2}} \cdot e^{-\frac{N}{2} \cdot \mathrm{tr}(\Sigma^{-1} \cdot S)} \cdot e^{-\frac{N}{2} \cdot (\bar{\boldsymbol{x}}-\boldsymbol{\mu}) \cdot \Sigma^{-1} \cdot (\bar{\boldsymbol{x}}-\boldsymbol{\mu})^t}$$

tr はトレースのこと
$$\mathrm{tr}\begin{bmatrix} a & b & c \\ d & e & f \\ g & h & i \end{bmatrix} = a+e+i$$

$(\bar{\boldsymbol{x}}-\boldsymbol{\mu})^t$ は
$\bar{\boldsymbol{x}}-\boldsymbol{\mu}$ の
転置行列のことです

いまひとつ
ピンと来ないけど
まあイイでござる！

次に進もう！

Section 4.9
最尤法による因子負荷の求め方

そこで，求めたい因子負荷行列を

$$\Lambda_f = \begin{bmatrix} a_{11} & a_{12} & \cdots & a_{1m} \\ a_{21} & a_{22} & \cdots & a_{2m} \\ \vdots & \vdots & \ddots & \vdots \\ a_{p1} & a_{p2} & \cdots & a_{pm} \end{bmatrix}$$

とおけば，因子分析のモデル式から，分散共分散行列 Σ は

$$\Sigma = \Lambda_f \cdot \Lambda_f{}^t + D$$

となります．

> 134ページと137ページを見るべし！

ということは……

p 変数の N 個のデータ $\{x_1\ x_2\ \cdots\ x_N\}$ が与えられたとき，p 変数の尤度関数

$$(2\pi)^{-\frac{Np}{2}} \cdot |\Sigma|^{-\frac{N}{2}} \cdot e^{-\frac{N}{2} \cdot \operatorname{tr}(\Sigma^{-1} \cdot S)} \cdot e^{-\frac{N}{2} \cdot (\bar{x}-\mu) \cdot \Sigma^{-1} \cdot (\bar{x}-\mu)^t}$$

つまり，

$$(2\pi)^{-\frac{Np}{2}} \cdot |\Lambda_f \cdot \Lambda_f{}^t + D|^{-\frac{N}{2}} \cdot e^{-\frac{N}{2} \cdot \operatorname{tr}((\Lambda_f \cdot \Lambda_f{}^t + D)^{-1} \cdot S)} \cdot e^{-\frac{N}{2} \cdot (\bar{x}-\mu) \cdot (\Lambda_f \Lambda_f{}^t + D)^{-1} \cdot (\bar{x}-\mu)^t}$$

を最大にする

$$\Lambda_f$$

を求めればいいですね！！

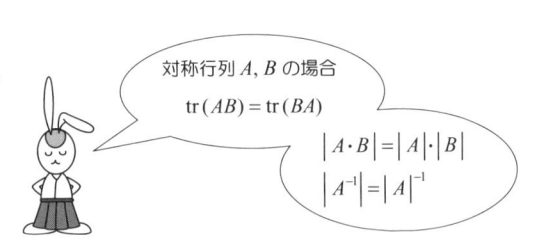

> 対称行列 A, B の場合
> $\operatorname{tr}(AB) = \operatorname{tr}(BA)$
> $|A \cdot B| = |A| \cdot |B|$
> $|A^{-1}| = |A|^{-1}$

参考文献
『よくわかる線型代数』

実際に，因子負荷を計算するときには
"対数尤度関数"
を使いますから，尤度関数の対数

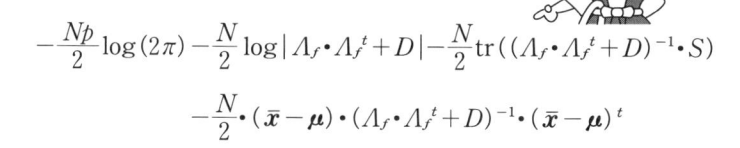

> 記号｜｜は行列の行列式のことじゃよ

$$-\frac{Np}{2}\log(2\pi) - \frac{N}{2}\log|\Lambda_f \cdot \Lambda_f^t + D| - \frac{N}{2}\mathrm{tr}((\Lambda_f \cdot \Lambda_f^t + D)^{-1} \cdot S)$$
$$-\frac{N}{2} \cdot (\bar{x} - \mu) \cdot (\Lambda_f \cdot \Lambda_f^t + D)^{-1} \cdot (\bar{x} - \mu)^t$$

を最大にするパラメータを求めます．

あとの数値計算は，統計解析用ソフト SPSS にまかせましょう*!!*

ところで，SPSS のアルゴリズムでは，次の関数 F
$$F = \mathrm{tr}[(\Lambda \Lambda^t + \Psi^2)^{-1} \mathbf{R}] - \log|(\Lambda \Lambda^t + \Psi^2)^{-1} \mathbf{R}| - p$$
が最小になるように因子負荷行列 Λ を求めています．

ただし，

$$\begin{cases} \Lambda & ：因子負荷行列 \quad\quad p ：変数の個数 \\ \Psi^2 & ：独自分散の対角行列 \quad \mathbf{R} ：相関行列 \end{cases}$$

とします．

> Λ：ラムダ（大文字）
> Ψ：プサイ（大文字）
> と読みます

Key Word　　対数尤度関数：log-likelihood function

Section 4.10
直交モデル・斜交モデルの分散共分散行列

■ 因子が 2 個の直交モデルの分散共分散行列 Σ

直交モデルの分散共分散行列 Σ は，次のようになります．

$$\Sigma = \begin{bmatrix} a_{11} & a_{12} \\ a_{21} & a_{22} \\ a_{31} & a_{32} \end{bmatrix} \cdot \begin{bmatrix} a_{11} & a_{21} & a_{31} \\ a_{12} & a_{22} & a_{32} \end{bmatrix} + \begin{bmatrix} \mathrm{Var}(\varepsilon_1) & 0 & 0 \\ 0 & \mathrm{Var}(\varepsilon_2) & 0 \\ 0 & 0 & \mathrm{Var}(\varepsilon_3) \end{bmatrix}$$

■ 因子が 2 個の斜交モデルの分散共分散行列 Σ

斜交モデルの分散共分散行列 Σ は，

$$\Sigma = \underbrace{\begin{bmatrix} a_{11} & a_{12} \\ a_{21} & a_{22} \\ a_{31} & a_{32} \end{bmatrix}}_{\text{因子パターン行列}} \underbrace{\begin{bmatrix} 1 & \phi_{12} \\ \phi_{21} & 1 \end{bmatrix}}_{\text{因子相関行列}} \begin{bmatrix} a_{11} & a_{21} & a_{31} \\ a_{12} & a_{22} & a_{32} \end{bmatrix} + \begin{bmatrix} \mathrm{Var}(\varepsilon_1) & 0 & 0 \\ 0 & \mathrm{Var}(\varepsilon_2) & 0 \\ 0 & 0 & \mathrm{Var}(\varepsilon_3) \end{bmatrix} \overset{\uparrow}{\text{独自性}}$$

のようになります．

したがって，"因子相関行列＝単位行列" の場合は，

$$\Sigma = \underbrace{\begin{bmatrix} a_{11} & a_{12} \\ a_{21} & a_{22} \\ a_{31} & a_{32} \end{bmatrix}}_{\text{因子パターン行列}} \underbrace{\begin{bmatrix} 1 & 0 \\ 0 & 1 \end{bmatrix}}_{\text{単位行列}} \begin{bmatrix} a_{11} & a_{21} & a_{31} \\ a_{12} & a_{22} & a_{32} \end{bmatrix} + \begin{bmatrix} \mathrm{Var}(\varepsilon_1) & 0 & 0 \\ 0 & \mathrm{Var}(\varepsilon_2) & 0 \\ 0 & 0 & \mathrm{Var}(\varepsilon_3) \end{bmatrix}$$

$$= \begin{bmatrix} a_{11} & a_{12} \\ a_{21} & a_{22} \\ a_{31} & a_{32} \end{bmatrix} \cdot \begin{bmatrix} a_{11} & a_{21} & a_{31} \\ a_{12} & a_{22} & a_{32} \end{bmatrix} + \begin{bmatrix} \mathrm{Var}(\varepsilon_1) & 0 & 0 \\ 0 & \mathrm{Var}(\varepsilon_2) & 0 \\ 0 & 0 & \mathrm{Var}(\varepsilon_3) \end{bmatrix}$$

となって，直交モデルは斜交モデルの特別な場合であることがわかります．

Section 4.11
最尤法とプロマックス回転の例

次の表は，最尤法とプロマックス回転による因子分析の例です．

表 4.11.1

共通性

	初期	因子抽出後
ストレス	.548	.598
運動量	.441	.711
健康	.279	.309
仕事	.797	.904
地域活動	.710	.803
趣味	.448	.406
家庭生活	.520	.487

因子行列

	因子 1	因子 2
ストレス	-.678	-.371
運動量	.382	.752
健康	.261	.490
仕事	.950	-.037
地域活動	.833	-.330
趣味	.634	.070
家庭生活	.691	-.094

因子抽出法: 最尤法

パターン行列

	因子 1	因子 2
ストレス	-.413	-.500
運動量	-.089	.878
健康	-.047	.574
仕事	.909	.089
地域活動	.974	-.249
趣味	.550	.163
家庭生活	.702	-.009

因子抽出法: 最尤法
回転法: Kaiser の正規化を伴うプロマックス法

構造行列

	因子 1	因子 2
ストレス	-.628	-.677
運動量	.287	.839
健康	.199	.554
仕事	.947	.479
地域活動	.867	.169
趣味	.620	.399
家庭生活	.698	.292

因子相関行列

因子	1	2
1	1.000	.429
2	.429	1.000

このとき，分散共分散行列 Σ は，次のように表現できます．

プロマックス回転前

$$\Sigma = \underbrace{\begin{bmatrix} -0.678 & -0.371 \\ 0.382 & 0.752 \\ 0.261 & 0.490 \\ 0.950 & -0.037 \\ 0.833 & -0.330 \\ 0.634 & 0.070 \\ 0.691 & -0.094 \end{bmatrix}}_{\text{因子行列}} \underbrace{\begin{bmatrix} -0.678 & 0.382 & 0.261 & 0.950 & 0.833 & 0.634 & 0.691 \\ -0.371 & 0.752 & 0.490 & -0.037 & -0.330 & 0.070 & -0.094 \end{bmatrix}}_{\text{因子行列の転置行列}} + D$$

$$= \begin{bmatrix} 0.598 & -0.538 & -0.359 & -0.631 & -0.443 & -0.456 & -0.434 \\ -0.538 & 0.711 & 0.468 & 0.336 & 0.070 & 0.295 & 0.194 \\ -0.359 & 0.468 & 0.309 & 0.230 & 0.056 & 0.200 & 0.135 \\ -0.631 & 0.336 & 0.230 & 0.904 & 0.803 & 0.599 & 0.660 \\ -0.443 & 0.070 & 0.056 & 0.803 & 0.803 & 0.505 & 0.607 \\ -0.456 & 0.295 & 0.200 & 0.599 & 0.505 & 0.406 & 0.432 \\ -0.434 & 0.194 & 0.135 & 0.660 & 0.607 & 0.432 & 0.487 \end{bmatrix} + D$$

表 4.11.1 の因子抽出後の共通性をみると，上の行列の対角線のところにその共通性が並んでいることがわかります．

共通性とは因子の中でその変数がもつ情報量のことです

次のページを見るべし！

因子パターン行列と因子相関行列を使うと，分散共分散行列 Σ は，次のように表現できます．

プロマックス回転後

$$\Sigma = \underbrace{\begin{bmatrix} -0.413 & -0.500 \\ -0.089 & 0.878 \\ -0.047 & 0.574 \\ 0.909 & 0.089 \\ 0.974 & -0.249 \\ 0.550 & 0.163 \\ 0.702 & -0.009 \end{bmatrix}}_{\text{因子パターン行列}} \underbrace{\begin{bmatrix} 1 & 0.429 \\ 0.429 & 1 \end{bmatrix}}_{\text{因子相関行列}} \underbrace{\begin{bmatrix} -0.413 & -0.089 & -0.047 & 0.909 & 0.974 & 0.550 & 0.702 \\ -0.500 & 0.878 & 0.574 & 0.089 & -0.249 & 0.163 & -0.009 \end{bmatrix}}_{\text{因子パターン行列の転置行列}} + D$$

$$= \begin{bmatrix} 0.598 & -0.538 & -0.359 & -0.631 & -0.443 & -0.456 & -0.434 \\ -0.538 & 0.711 & 0.468 & 0.336 & 0.070 & 0.295 & 0.194 \\ -0.359 & 0.468 & 0.309 & 0.230 & 0.056 & 0.200 & 0.135 \\ -0.631 & 0.336 & 0.230 & 0.904 & 0.803 & 0.599 & 0.660 \\ -0.443 & 0.070 & 0.056 & 0.803 & 0.803 & 0.505 & 0.607 \\ -0.456 & 0.295 & 0.200 & 0.599 & 0.505 & 0.406 & 0.432 \\ -0.434 & 0.194 & 0.135 & 0.660 & 0.607 & 0.432 & 0.487 \end{bmatrix} + D$$

したがって，プロマックス回転は斜交回転であることがわかりますね．

$$\begin{bmatrix} 分散 & & & \\ & 分散 & & \\ & & \ddots & \\ & & & 分散 \end{bmatrix} = \begin{bmatrix} 共通性 & & & \\ & 共通性 & & \\ & & \ddots & \\ & & & 共通性 \end{bmatrix} + \begin{bmatrix} 独自性 & & & \\ & 独自性 & & \\ & & \ddots & \\ & & & 独自性 \end{bmatrix}$$

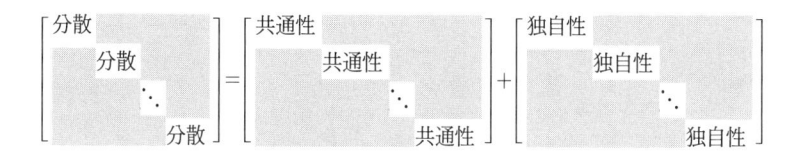

となりますから，各変数において，次の等式が成り立っています．

$$分散 = 共通性 + 独自性$$

5章
はじめての**判別分析**

- Section 5.1　判別分析とは判別するもの?!
- Section 5.2　線型判別関数とは？
- Section 5.3　判別得点とその変動
- Section 5.4　3つの大切な変動——$S_W \cdot S_B \cdot S_T$ の計算
- Section 5.5　線型判別関数の求め方
- Section 5.6　判別得点と境界線の関係
- Section 5.7　1変数のマハラノビスの距離
- Section 5.8　2変数のマハラノビスの距離
- Section 5.9　マハラノビスの距離による境界線
- Section 5.10　正答率と誤判別率

Section 5.1
判別分析とは判別するもの?!

いろいろな多変量解析の中でも，この判別分析だけは
"判別"
という言葉を見ただけで，どのような分析手法なのか，なんとなくわかった気持ちにさせられます．

たとえば，2つのグループ G_1, G_2 があったとします．
そして，1個の新しいデータ S が
どちらのグループに属するのかわからないで困っている
としましょう．
このようなとき
判別分析
を使うと，
この新しいデータ S が G_1, G_2 のどちらのグループに属するのか
"判別してくれそう"
ですね！

図 5.1.1　判別分析の利用法

Key Word　判別分析：discriminant analysis

■ 判別分析の例

前立腺疾患に，前立腺ガンと前立腺肥大症とがあります．

前立腺ガンの被験者7人と前立腺肥大症の被験者8人に対して，前立腺ガンの2種類の腫瘍マーカーA,Bを測定したところ，次のような結果を得ました．

表 5.1.1 前立腺疾患のデータ

(a) 前立腺ガンのグループ G_1

被験者 No.	マーカー A	マーカー B
1	3.4	2.9
2	3.9	2.4
3	2.2	3.8
4	3.5	4.8
5	4.1	3.2
6	3.7	4.1
7	2.8	4.2

(b) 前立腺肥大症のグループ G_2

被験者 No.	マーカー A	マーカー B
1	1.4	3.5
2	2.4	2.6
3	2.8	2.3
4	1.7	2.6
5	2.3	1.6
6	1.9	2.1
7	2.7	3.5
8	1.3	1.9

このとき，16番目の被験者Sさんのデータは

被験者 No.	マーカー A	マーカー B
16	2.7	3.1

となりました．

このSさんは，どちらのグループに属するのでしょうか？

判別をするためには，判別の基準が必要ですね．

よく利用される判別の基準に

$$\begin{cases} 線型判別関数 \\ マハラノビスの距離 \end{cases}$$

の2つがあります．

> ロジスティック回帰分析も判別分析としてよく利用されています

参考文献
『SPSSによる多変量データ解析の手順』

Section 5.2
線型判別関数とは？

■ 散布図によるグラフ表現

とりあえず，表5.1.1をグラフ表現してみましょう．

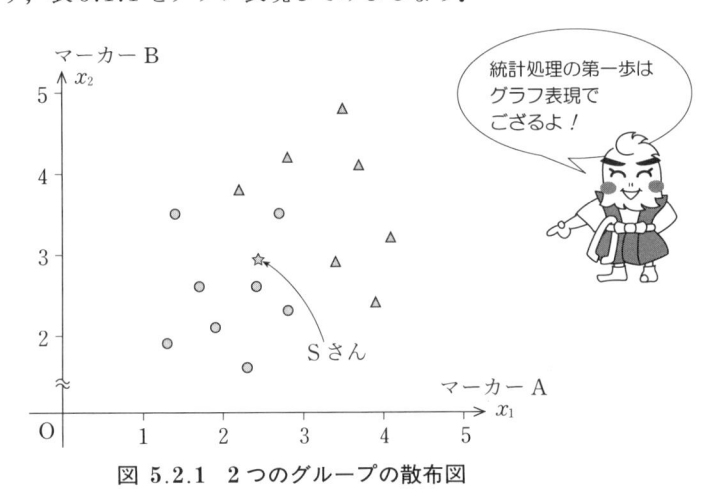

図 5.2.1　2つのグループの散布図

統計処理の第一歩は
グラフ表現で
ござるよ！

2つのグループ G_1, G_2 は，次のように分かれているように見えます．

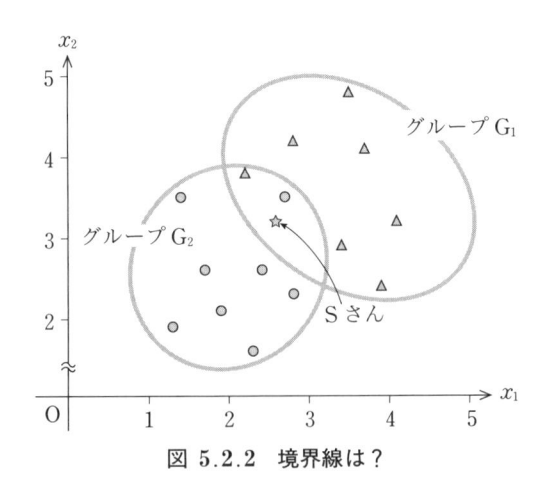

図 5.2.2　境界線は？

でも被験者 S さんはどちらのグループに属しているのでしょうか？

このままでは 2 つのグループの境界線がはっきりしないので，どちらのグループに属するのかわかりませんね．

■ 境界線を引く？

そこで思い切って，次の図のように，2 つのグループを 1 本の直線で分離してみましょう．

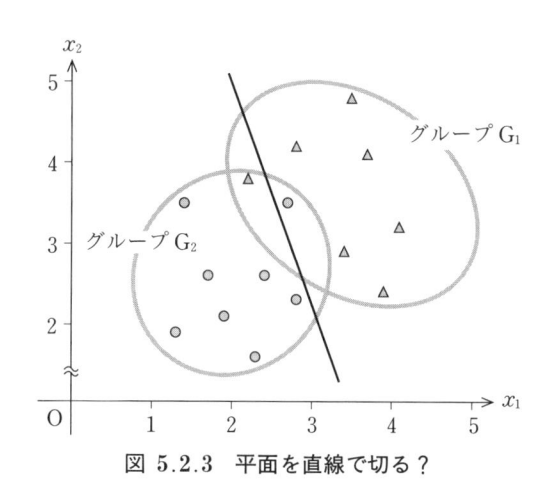

図 5.2.3　平面を直線で切る？

もし，このような 1 本の直線を境界線として引くことができれば

"被験者 S さんは G_1, G_2 のどちらのグループに属するか？"

を判定することができます．ということは，

判別分析 $\iff$ グループ間に境界線を引く

ということですね．

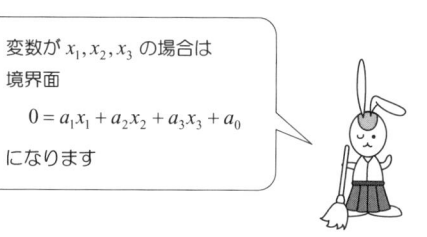

変数が x_1, x_2, x_3 の場合は
境界面
$$0 = a_1 x_1 + a_2 x_2 + a_3 x_3 + a_0$$
になります

■ **最良の境界線は？**

しかしながら，またまた問題にぶつかってしまいます．

というのも，単に直線を引くというのであれば，次の図のように，直線の引き方は何通りもあります．

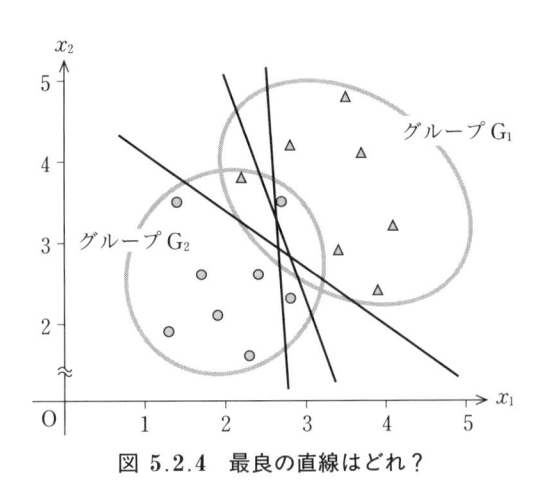

図 5.2.4 最良の直線はどれ？

したがって，1本の直線で2つのグループを分離するためには，その中の

"最良の1本"

をみつけなければなりません．

それでは，いったい何をもって

"最良"

と決めるのでしょうか？　まずは

境界線を表現する

ことから始めることにしましょう．

そのためには，次のような1次関数

$$z = a_1 x_1 + a_2 x_2 + a_0$$

が必要となります．

x_1：マーカーA
x_2：マーカーB
　でござるよ

■ 直線と境界線の関係

ところで，1次関数 $z = a_1 x_1 + a_2 x_2 + a_0$ と境界線との関係は？

実は，2つのグループ G_1, G_2 の境界線とは $z = 0$，つまり

$$0 = a_1 x_1 + a_2 x_2 + a_0$$

という直線のことです．要するに，

    平面上の2つのグループ G_1, G_2 を直線で分離する

ということは，

  1次関数 z の値の正・負によって，平面を2つの領域に分ける

ということですね．

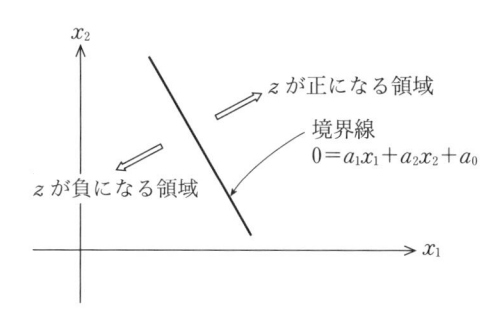

図 5.2.5　境界線と2つの領域

よって，

    "最良の直線をみつける"

ということは，

   "2つのグループ G_1, G_2 を最も良く分離する1次関数 z

    $z = a_1 x_1 + a_2 x_2 + a_0$

   の係数 a_1, a_2 と定数項 a_0 を決定する"

ということになります．

この1次関数 z のことを

    線型判別関数

といいます．

Key Word　線型判別関数：linear discriminant function

Section 5.3
判別得点とその変動

■ 判別得点

そこで，線型判別関数 z

$$z = a_1 x_1 + a_2 x_2 + a_0$$

に，表5.1.1のデータを代入してみましょう．

この値のことを

判別得点

といいます．

表 5.3.1　2つのグループの判別得点

(a)　前立腺ガンのグループ G_1

被験者 No.	グループ G_1 の判別得点
1	$3.4a_1 + 2.9a_2 + a_0$
2	$3.9a_1 + 2.4a_2 + a_0$
3	$2.2a_1 + 3.8a_2 + a_0$
4	$3.5a_1 + 4.8a_2 + a_0$
5	$4.1a_1 + 3.2a_2 + a_0$
6	$3.7a_1 + 4.1a_2 + a_0$
7	$2.8a_1 + 4.2a_2 + a_0$

(b)　前立腺肥大症のグループ G_2

被験者 No.	グループ G_2 の判別得点
1	$1.4a_1 + 3.5a_2 + a_0$
2	$2.4a_1 + 2.6a_2 + a_0$
3	$2.8a_1 + 2.3a_2 + a_0$
4	$1.7a_1 + 2.6a_2 + a_0$
5	$2.3a_1 + 1.6a_2 + a_0$
6	$1.9a_1 + 2.1a_2 + a_0$
7	$2.7a_1 + 3.5a_2 + a_0$
8	$1.3a_1 + 1.9a_2 + a_0$

求めたいものは a_1, a_2, a_0 でござる！

Key Word　判別得点：discriminant score

■ **判別得点の図形的意味**

この判別得点の図形的意味は，各データが境界線
$$0 = a_1 x_1 + a_2 x_2 + a_0$$
から，どの程度離れているのかを示しています．

データ (p, q) とこの境界線との"キョリ"は，ヘッセの標準形

$$\frac{|a_1 p + a_2 q + a_0|}{\sqrt{a_1{}^2 + a_2{}^2}}$$

で求まります．

> ヘッセの標準形は95ページでも登場しました

したがって，判別得点は，この"キョリ"の $\sqrt{a_1{}^2 + a_2{}^2}$ 倍になっているわけですね．

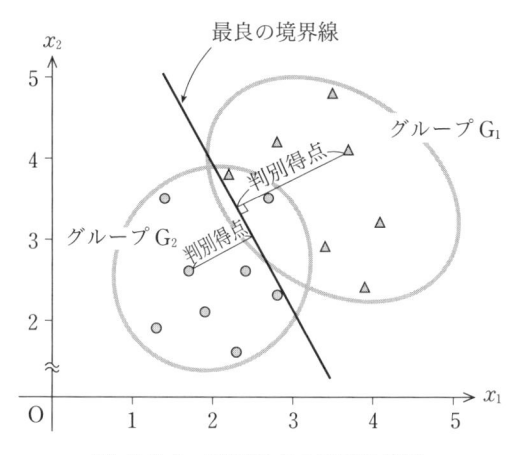

図 5.3.1 判別得点の図形的意味

> 判別得点は境界とのキョリでござる！

■ **判別得点の3つの変動**

そこで，最も良く判別するために
"判別得点の変動"
に注目しましょう．

判別得点の変動とは，
"判別得点と平均との差の2乗和"
のことです．

また，判別得点の変動には

$$\begin{cases} \text{全変動} & S_T \\ \text{グループ間変動} & S_B \\ \text{グループ内変動} & S_W \end{cases}$$

の3つの変動があります．

その変動を表現するために……

次の3つの平均 $\bar{z}^{(1)}, \bar{z}^{(2)}, \bar{z}$ を求めておきます．

(1) グループ G_1 の判別得点の平均 $\bar{z}^{(1)}$

No.	グループ G_1 の判別得点
1	$z_1^{(1)} = 3.4a_1 + 2.9a_2 + a_0$
2	$z_2^{(1)} = 3.9a_1 + 2.4a_2 + a_0$
⋮	⋮
7	$z_7^{(1)} = 2.8a_1 + 4.2a_2 + a_0$
平均	$\bar{z}^{(1)} = 3.371a_1 + 3.629a_2 + a_0$

グループ G_1
マーカーAの平均 = 3.371
マーカーBの平均 = 3.629

(2) グループ G_2 の判別得点の平均 $\bar{z}^{(2)}$

No.	グループ G_2 の判別得点
1	$z_1^{(2)} = 1.4a_1 + 3.5a_2 + a_0$
2	$z_2^{(2)} = 2.4a_1 + 2.6a_2 + a_0$
⋮	⋮
8	$z_8^{(2)} = 1.3a_1 + 1.9a_2 + a_0$
平均	$\bar{z}^{(2)} = 2.063a_1 + 2.513a_2 + a_0$

グループ G_2
マーカーA の平均 = 2.063
マーカーB の平均 = 2.513

(3) 全体の判別得点の平均 $\bar{z}$

No.	全体の判別得点
1	$z_1^{(1)} = 3.4a_1 + 2.9a_2 + a_0$
2	$z_2^{(1)} = 3.9a_1 + 2.4a_2 + a_0$
⋮	⋮
7	$z_7^{(1)} = 2.8a_1 + 4.2a_2 + a_0$
1	$z_1^{(2)} = 1.4a_1 + 3.5a_2 + a_0$
2	$z_2^{(2)} = 2.4a_1 + 2.6a_2 + a_0$
⋮	⋮
8	$z_8^{(2)} = 1.3a_1 + 1.9a_2 + a_0$
平均	$\bar{z} = 2.673a_1 + 3.033a_2 + a_0$

グループ G_1 + グループ G_2
マーカーA の平均 = 2.673
マーカーB の平均 = 3.033

■ **全変動 S_T・グループ間変動 S_B・グループ内変動 S_W**

はじめに，判別得点と全平均 $\bar{z}$ との差の2乗和 S_T を作ります．

$$
\begin{aligned}
S_T = \ & (z_1^{(1)} - \bar{z})^2 \\
& + (z_2^{(1)} - \bar{z})^2 \\
& \ \vdots \\
& + (z_7^{(1)} - \bar{z})^2
\end{aligned} \Biggr\} \text{グループ } G_1
$$

$$
\begin{aligned}
& + (z_1^{(2)} - \bar{z})^2 \\
& + (z_2^{(2)} - \bar{z})^2 \\
& \ \vdots \\
& + (z_8^{(2)} - \bar{z})^2
\end{aligned} \Biggr\} \text{グループ } G_2
$$

S_T は全変動でござるよ

ここで
$$(z_1^{(1)} - \bar{z}) = (z_1^{(1)} - \bar{z}^{(1)}) + (\bar{z}^{(1)} - \bar{z})$$
$$(z_1^{(2)} - \bar{z}) = (z_1^{(2)} - \bar{z}^{(2)}) + (\bar{z}^{(2)} - \bar{z})$$

と変形すれば
$$(z_1^{(1)} - \bar{z})^2$$
$$= (z_1^{(1)} - \bar{z}^{(1)})^2 + (\bar{z}^{(1)} - \bar{z})^2 + 2(z_1^{(1)} - \bar{z}^{(1)})(\bar{z}^{(1)} - \bar{z})$$
$$(z_1^{(2)} - \bar{z})^2$$
$$= (z_1^{(2)} - \bar{z}^{(2)})^2 + (\bar{z}^{(2)} - \bar{z})^2 + 2(z_1^{(2)} - \bar{z}^{(2)})(\bar{z}^{(2)} - \bar{z})$$

となります．

したがって，全変動 S_T は次のようになります．

$$
\begin{aligned}
S_T = \ & (z_1^{(1)} - \bar{z}^{(1)})^2 + (\bar{z}^{(1)} - \bar{z})^2 + 2(z_1^{(1)} - \bar{z}^{(1)})(\bar{z}^{(1)} - \bar{z}) \\
& + (z_2^{(1)} - \bar{z}^{(1)})^2 + (\bar{z}^{(1)} - \bar{z})^2 + 2(z_2^{(1)} - \bar{z}^{(1)})(\bar{z}^{(1)} - \bar{z}) \\
& \ \vdots \\
& + (z_7^{(1)} - \bar{z}^{(1)})^2 + (\bar{z}^{(1)} - \bar{z})^2 + 2(z_7^{(1)} - \bar{z}^{(1)})(\bar{z}^{(1)} - \bar{z})
\end{aligned} \Biggr\} \text{グループ } G_1
$$

$$
\begin{aligned}
& + (z_1^{(2)} - \bar{z}^{(2)})^2 + (\bar{z}^{(2)} - \bar{z})^2 + 2(z_1^{(2)} - \bar{z}^{(2)})(\bar{z}^{(2)} - \bar{z}) \\
& + (z_2^{(2)} - \bar{z}^{(2)})^2 + (\bar{z}^{(2)} - \bar{z})^2 + 2(z_2^{(2)} - \bar{z}^{(2)})(\bar{z}^{(2)} - \bar{z}) \\
& \ \vdots \\
& + (z_8^{(2)} - \bar{z}^{(2)})^2 + (\bar{z}^{(2)} - \bar{z})^2 + 2(z_8^{(2)} - \bar{z}^{(2)})(\bar{z}^{(2)} - \bar{z})
\end{aligned} \Biggr\} \text{グループ } G_2
$$

ところが，グループ G_1 に対して

$$
\left.\begin{array}{l}
2(z_1^{(1)}-\bar{z}^{(1)})(\bar{z}^{(1)}-\bar{z}) \\
+2(z_2^{(1)}-\bar{z}^{(1)})(\bar{z}^{(1)}-\bar{z}) \\
\vdots \\
+2(z_7^{(1)}-\bar{z}^{(1)})(\bar{z}^{(1)}-\bar{z})
\end{array}\right\} \text{グループ } G_1
$$

$$
= 2\{(z_1^{(1)}-\bar{z}^{(1)})+(z_2^{(1)}-\bar{z}^{(1)})+\cdots+(z_7^{(1)}-\bar{z}^{(1)})\}(\bar{z}^{(1)}-\bar{z})
$$
$$
= 2\{z_1^{(1)}+z_2^{(1)}+\cdots+z_7^{(1)}-7\cdot\bar{z}^{(1)}\}(\bar{z}^{(1)}-\bar{z})
$$
$$
= 0
$$

同様に，グループ G_2 に対して

$$
\left.\begin{array}{l}
2(z_1^{(2)}-\bar{z}^{(2)})(\bar{z}^{(2)}-\bar{z}) \\
+2(z_2^{(2)}-\bar{z}^{(2)})(\bar{z}^{(2)}-\bar{z}) \\
\vdots \\
+2(z_8^{(2)}-\bar{z}^{(2)})(\bar{z}^{(2)}-\bar{z})
\end{array}\right\} \text{グループ } G_2
$$

$$
= 2\{(z_1^{(2)}-\bar{z}^{(2)})+(z_2^{(2)}-\bar{z}^{(2)})+\cdots+(z_8^{(2)}-\bar{z}^{(2)})\}(\bar{z}^{(2)}-\bar{z})
$$
$$
= 2\{z_1^{(2)}+z_2^{(2)}+\cdots+z_8^{(2)}-8\cdot\bar{z}^{(2)}\}(\bar{z}^{(2)}-\bar{z})
$$
$$
= 0
$$

ですね！

したがって，全変動 S_T は，次のようになりました．

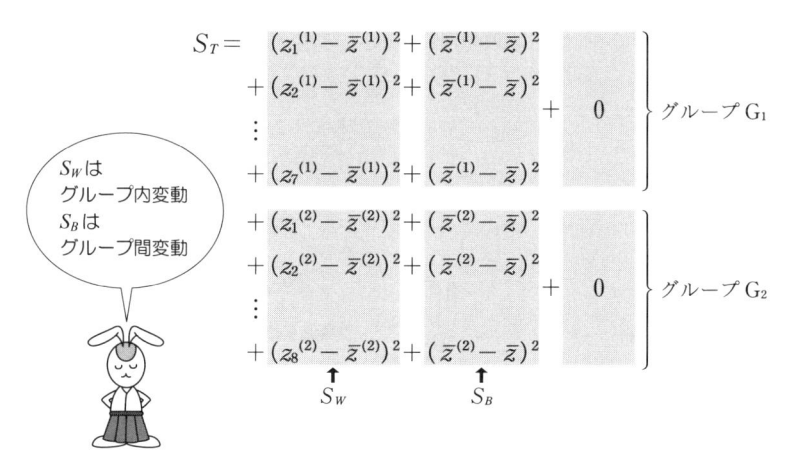

$$
\begin{array}{rl}
S_T = & \left.\begin{array}{l}
(z_1^{(1)}-\bar{z}^{(1)})^2 + (\bar{z}^{(1)}-\bar{z})^2 \\
+(z_2^{(1)}-\bar{z}^{(1)})^2 + (\bar{z}^{(1)}-\bar{z})^2 \\
\vdots \\
+(z_7^{(1)}-\bar{z}^{(1)})^2 + (\bar{z}^{(1)}-\bar{z})^2
\end{array} + 0 \right\} \text{グループ } G_1 \\
& \left.\begin{array}{l}
+(z_1^{(2)}-\bar{z}^{(2)})^2 + (\bar{z}^{(2)}-\bar{z})^2 \\
+(z_2^{(2)}-\bar{z}^{(2)})^2 + (\bar{z}^{(2)}-\bar{z})^2 \\
\vdots \\
+(z_8^{(2)}-\bar{z}^{(2)})^2 + (\bar{z}^{(2)}-\bar{z})^2
\end{array} + 0 \right\} \text{グループ } G_2 \\
& \qquad\quad \uparrow \qquad\qquad \uparrow \\
& \qquad\quad S_W \qquad\qquad S_B
\end{array}
$$

S_W はグループ内変動
S_B はグループ間変動

■ $S_T \cdot S_B \cdot S_W$ の関係

次に，

$$S_B = 7 \cdot (\bar{z}^{(1)} - \bar{z})^2 + 8 \cdot (\bar{z}^{(2)} - \bar{z})^2$$

$$S_W = (z_1^{(1)} - \bar{z}^{(1)})^2 + (z_2^{(1)} - \bar{z}^{(1)})^2 + \cdots + (z_7^{(1)} - \bar{z}^{(1)})^2$$
$$+ (z_1^{(2)} - \bar{z}^{(2)})^2 + (z_2^{(2)} - \bar{z}^{(2)})^2 + \cdots + (z_8^{(2)} - \bar{z}^{(2)})^2$$

とおけば，

$$S_T = S_B + S_W$$

となります．

S_B はグループの平均と全体の平均との差の 2 乗和ですから……

$$S_B = グループ間変動$$

と考えられます．

S_W はデータとグループの平均との差の 2 乗和ですから……

$$S_W = グループ内変動$$

と考えられます．

以上のことから，

$$\underset{S_T}{\boxed{全変動}} = \underset{S_B}{\boxed{グループ間変動}} + \underset{S_W}{\boxed{グループ内変動}}$$

となることがわかりました．

> この3つの関係は
> 名前を変えて
> あちこちで登場します
> 重回帰分析では50ページ
> 主成分分析では111ページ

> ところで
> グループ間変動 S_B は
> さらに
> $= \dfrac{7 \cdot 8}{7+8}(\bar{z}^{(1)} - \bar{z}^{(2)})^2$
> と変形することができます！

■ 最も良い判別とは？

今ここで問題となっているのは，
前立腺ガンのグループ G_1 と前立腺肥大症のグループ G_2 を

"最も良く判別したい"

ということですから

"全変動の中でグループ間変動を最大にする"

と考えればよさそうです．

そこで，

$$\frac{S_B}{S_T} = \frac{\text{グループ間変動}}{\text{全変動}}$$

つまり，

| 最も良い判別関数 $z = a_1 x_1 + a_2 x_2 + a_0$ | $\iff$ | $\dfrac{S_B}{S_T}$ が最大となる a_1, a_2 |

ということですね！

> なるほど！
> これが眼目でござったか!!

それでは，データを使って実際に3つの変動

$$S_W, \quad S_B, \quad S_T$$

を計算してみましょう．

Section 5.4
3つの大切な変動──$S_W \cdot S_B \cdot S_T$の計算

■ グループ内変動 S_W の計算

グループ内変動 S_W を計算するときは

　　　　　グループ G_1 内の変動
　　　　　グループ G_2 内の変動

をそれぞれ求めてから，合計します．

　　　　　$S_W =$ グループ G_1 内の変動 + グループ G_2 内の変動

1.　グループ G_1 内の変動

① 186ページの式を代入して

$$(z_1^{(1)} - \bar{z}^{(1)})^2 + (z_2^{(1)} - \bar{z}^{(1)})^2 + \cdots + (z_7^{(1)} - \bar{z}^{(1)})^2$$

$$= \{(3.4a_1 + 2.9a_2 + a_0) - (3.371a_1 + 3.629a_2 + a_0)\}^2$$
$$+ \{(3.9a_1 + 2.4a_2 + a_0) - (3.371a_1 + 3.629a_2 + a_0)\}^2$$
$$\vdots$$
$$+ \{(2.8a_1 + 4.2a_2 + a_0) - (3.371a_1 + 3.629a_2 + a_0)\}^2$$

② 定数項 a_0 が消去されて…

$$= \{(3.4 - 3.371)a_1 + (2.9 - 3.629)a_2\}^2$$
$$+ \{(3.9 - 3.371)a_1 + (2.4 - 3.629)a_2\}^2$$
$$\vdots$$
$$+ \{(2.8 - 3.371)a_1 + (4.2 - 3.629)a_2\}^2$$

$$= 0.029^2 a_1^2 + (-0.729)^2 a_2^2 + 2 \cdot 0.029 \times (-0.729) a_1 a_2$$
$$+ 0.529^2 a_1^2 + (-1.229)^2 a_2^2 + 2 \cdot 0.529 \times (-1.229) a_1 a_2$$
$$\vdots$$
$$+ (-0.571)^2 a_1^2 + (0.571)^2 a_2^2 + 2 \cdot (-0.571) \times 0.571 a_1 a_2$$

$$= 2.6343 a_1^2 + 4.1743 a_2^2 + 2 \cdot (-1.2043) a_1 a_2$$

③ 平方和，積和を求めるときは195ページ

2. グループ G_2 内の変動

$(z_1^{(2)} - \bar{z}^{(2)})^2 + (z_2^{(2)} - \bar{z}^{(2)})^2 + \cdots + (z_8^{(2)} - \bar{z}^{(2)})^2$

$= \{(1.4a_1 + 3.5a_2 + a_0) - (2.063a_1 + 2.513a_2 + a_0)\}^2$
$\quad + \{(2.4a_1 + 2.6a_2 + a_0) - (2.063a_1 + 2.513a_2 + a_0)\}^2$
$\quad \vdots$
$\quad + \{(1.3a_1 + 1.9a_2 + a_0) - (2.063a_1 + 2.513a_2 + a_0)\}^2$

$= \{(1.4 - 2.063)a_1 + (3.5 - 2.513)a_2\}^2$
$\quad + \{(2.4 - 2.063)a_1 + (2.6 - 2.513)a_2\}^2$
$\quad \vdots$
$\quad + \{(1.3 - 2.063)a_1 + (1.9 - 2.513)a_2\}^2$

> 195 ページを見てくだされ

$= (-0.663)^2 a_1^2 + 0.987^2 a_2^2 + 2 \cdot (-0.663) \times 0.987\, a_1 a_2$
$\quad + 0.337^2 a_1^2 + 0.087^2 a_2^2 + 2 \cdot 0.337 \times 0.087\, a_1 a_2$
$\quad \vdots$
$\quad + (-0.763)^2 a_1^2 + (-0.613)^2 a_2^2 + 2 \cdot (-0.763) \times (-0.613)\, a_1 a_2$

$= 2.2988 a_1^2 + 3.3888 a_2^2 + 2 \cdot (0.1338) a_1 a_2$

したがって，2つのグループ内変動を合計すると

$S_W = (2.6343 + 2.2988) a_1^2 + (4.1743 + 3.3888) a_2^2 + 2 \times (-1.2043 + 0.1338) a_1 a_2$
$\quad = 4.9331 a_1^2 + 7.5631 a_2^2 + 2 \times (-1.0705) a_1 a_2$

となりました．

> 前のページと同じように計算すればいいのでござる！

■ **グループ間変動 S_B の計算**

$$\begin{aligned}
S_B =\ & 7 \times (\bar{z}^{(1)} - \bar{z})^2 + 8 \times (\bar{z}^{(2)} - \bar{z})^2 \\
=\ & 7 \times \{(3.371a_1 + 3.629a_2 + a_0) - (2.673a_1 + 3.033a_2 + a_0)\}^2 \\
& + 8 \times \{(2.063a_1 + 2.513a_2 + a_0) - (2.673a_1 + 3.033a_2 + a_0)\}^2 \\
=\ & 7 \times \{(3.371 - 2.673)a_1 + (3.629 - 3.033)a_2\}^2 \\
& + 8 \times \{(2.063 - 2.673)a_1 + (2.513 - 3.033)a_2\}^2 \\
=\ & 7 \times (0.4872a_1^2 + 0.3552a_2^2 + 2 \times 0.4160 a_1 a_2) \\
& + 8 \times (0.3721a_1^2 + 0.2704a_2^2 + 2 \times 0.3172 a_1 a_2) \\
=\ & 6.3872a_1^2 + 4.6496a_2^2 + 2 \times 5.4496 a_1 a_2
\end{aligned}$$

> グループ G_1 は 7 個
> グループ G_2 は 8 個

■ **全変動 S_T の計算**

全変動 S_T は,これまでに計算したグループ内変動 S_W とグループ間変動 S_B を合計して求めます.

$$\begin{aligned}
S_T =\ & S_W + S_B \\
=\ & 4.9331a_1^2 + 7.5631a_2^2 + 2 \times (-1.0705) a_1 a_2 \\
& + 6.3872a_1^2 + 4.6496a_2^2 + 2 \times (5.4496) a_1 a_2 \\
=\ & 11.3203a_1^2 + 12.2127a_2^2 + 2 \times 4.3791 a_1 a_2
\end{aligned}$$

> いよいよ
> $$\frac{S_B}{S_T} = \frac{\text{ここは長～い式でござる}}{\text{ここも長～い式でござる}}$$
> が最大になる a_1, a_2 を求める旅に **出発！**

> C = A − 平均
> D = B − 平均

1) 次のように，平方和・積和を用意しておくと便利ですね．

表 5.4.1 グループ G_1 内の変動

A−平均	B−平均	C	D	C^2	D^2	CD
3.4−3.371	2.9−3.629	0.029	−0.729	0.00084	0.53144	−0.02114
3.9−3.371	2.4−3.629	0.529	−1.229	0.27984	1.51044	−0.65014
2.2−3.371	3.8−3.629	−1.171	0.171	1.37124	0.02924	−0.20024
3.5−3.371	4.8−3.629	0.129	1.171	0.01664	1.37124	0.15106
4.1−3.371	3.2−3.629	0.729	−0.429	0.53144	0.18404	−0.31274
3.7−3.371	4.1−3.629	0.329	0.471	0.10824	0.22184	0.15496
2.8−3.371	4.2−3.629	−0.571	0.571	0.32604	0.32604	−0.32604
			合　計	2.63429	4.17429	−1.20429
				↑平方和	↑平方和	↑積和

2) 次のように，平方和，積和を用意しておくと便利ですね．

表 5.4.2 グループ G_2 内の変動

A−平均	B−平均	C	D	C^2	D^2	CD
1.4−2.063	3.5−2.513	−0.663	0.987	0.43957	0.97417	−0.65438
2.4−2.063	2.6−2.513	0.337	0.087	0.11357	0.00757	0.02932
2.8−2.063	2.3−2.513	0.737	−0.213	0.54317	0.04537	−0.15698
1.7−2.063	2.6−2.513	−0.363	0.087	0.13177	0.00757	−0.03158
2.3−2.063	1.6−2.513	0.237	−0.913	0.05617	0.83357	−0.21638
1.9−2.063	2.1−2.513	−0.163	−0.413	0.02657	0.17057	0.06732
2.7−2.063	3.5−2.513	0.637	0.987	0.40577	0.97417	0.62872
1.3−2.063	1.9−2.513	−0.763	−0.613	0.58217	0.37577	0.46772
			合　計	2.29875	3.38875	0.13375
				↑平方和	↑平方和	↑積和

Section 5.5
線型判別関数の求め方

グループ間変動 S_B
$$S_B = 6.3872 a_1^2 + 4.6496 a_2^2 + 2 \times 5.4496 a_1 a_2$$

全変動 S_T
$$S_T = 11.3203 a_1^2 + 12.2127 a_2^2 + 2 \times 4.3791 a_1 a_2$$

が求まったので,
この変動の比を
$$F(a_1, a_2) = \frac{S_B}{S_T} = \frac{6.3872 a_1^2 + 4.6496 a_2^2 + 2 \times 5.4496 a_1 a_2}{11.3203 a_1^2 + 12.2127 a_2^2 + 2 \times 4.3791 a_1 a_2}$$

とおきます.

そこで

| 最も良い判別関数 $z = a_1 x_1 + a_2 x_2 + a_0$ | $\iff$ | $\dfrac{S_B}{S_T}$ が最大となる a_1, a_2 |

ですから, $F(a_1, a_2)$ が最大となる a_1, a_2 を求めるためには, $F(a_1, a_2)$ をそれぞれ a_1, a_2 で偏微分して, 0 とおけばいいですね!

つまり, 連立方程式

$$\begin{cases} \dfrac{\partial F(a_1, a_2)}{\partial a_1} = \boxed{} = 0 \\ \dfrac{\partial F(a_1, a_2)}{\partial a_2} = \boxed{} = 0 \end{cases}$$

の解を求めることになります.

商の微分公式
$$\left(\frac{f}{g}\right)' = \frac{f' \cdot g - f \cdot g'}{g^2}$$
$$= \frac{f'}{g} - \frac{f \cdot g'}{g^2}$$
を思い出してください

1) $F(a_1, a_2)$ を a_1 で偏微分すると……

$$\frac{\partial F(a_1, a_2)}{\partial a_1}$$

$$=\frac{12.7744a_1+2\times 5.4496a_2}{11.3203a_1{}^2+12.2127a_2{}^2+2\times 4.3791a_1a_2}$$

$$-\frac{(22.6406a_1+2\times 4.3791a_2)(6.3872a_1{}^2+4.6496a_2{}^2+2\times 5.4496a_1a_2)}{(11.3203a_1{}^2+12.2127a_2{}^2+2\times 4.3791a_1a_2)^2}$$

$$=\frac{a_2(-67.4418a_1{}^2+92.3865a_2{}^2+50.7402a_1a_2)}{(11.3203a_1{}^2+12.2127a_2{}^2+2\times 4.3791a_1a_2)^2}$$

したがって，分子に注目すれば，次の式となります．

$$\boxed{-67.4418a_1{}^2+92.3865a_2{}^2+50.7402a_1a_2}=0$$

2) $F(a_1, a_2)$ を a_2 で偏微分すると……

$$\frac{\partial F(a_1, a_2)}{\partial a_2}$$

$$=\frac{2\times 5.4496a_1+9.2992a_2}{11.3203a_1{}^2+12.2127a_2{}^2+2\times 4.3791a_1a_2}$$

$$-\frac{(2\times 4.3791a_1+24.4254a_2)(6.3872a_1{}^2+4.6496a_2{}^2+2\times 5.4496a_1a_2)}{(11.3203a_1{}^2+12.2127a_2{}^2+2\times 4.3791a_1a_2)^2}$$

$$=\frac{a_1(67.4418a_1{}^2-92.3865a_2{}^2-50.7402a_1a_2)}{(11.3203a_1{}^2+12.2127a_2{}^2+2\times 4.3791a_1a_2)^2}$$

したがって，分子に注目して，次の式を得ます．

$$\boxed{67.4418a_1{}^2-92.3865a_2{}^2-50.7402a_1a_2}=0$$

Section 5.5 線型判別関数の求め方

ということは???

連立方程式は

$$\begin{cases} -67.4418a_1^2 + 92.3865a_2^2 + 50.7402a_1a_2 = 0 \\ 67.4418a_1^2 - 92.3865a_2^2 - 50.7402a_1a_2 = 0 \end{cases}$$

となって，このままでは a_1, a_2 を求めることができません．

ところが，a_1, a_2 は境界線

$$0 = a_1x_1 + a_2x_2 + a_0$$

の係数ですから，$a_1 : a_2$ がわかれば十分ですね．

したがって，

$$-67.4418\left(\frac{a_1}{a_2}\right)^2 + 50.7402\left(\frac{a_1}{a_2}\right) + 92.3865 = 0$$

を解いて，

$$\frac{a_1}{a_2} = 1.6056 \qquad \frac{a_1}{a_2} = -0.8532$$

を得ます．

よって，求める解は

$$\frac{a_1}{a_2} = 1.6056$$

となりました．

境界線　$0 = a_1x_1 + a_2x_2 + a_0$

を変形して

$$x_2 = -\frac{a_1}{a_2}x_1 - \frac{a_0}{a_2}$$

としておくと

$$x_2 = -1.6056 x_1 - \frac{a_0}{a_2}$$

となります．

$\frac{a_1}{a_2} = -0.8532$ の方は？

$\frac{a_1}{a_2} = -0.8532$ のときは $F(a_1, a_2) = 0$ です！

つまり，境界線は次の図のように，傾きが-1.6056の直線となりますが，その平行な直線群のうちどの1本を選べばいいのでしょうか？

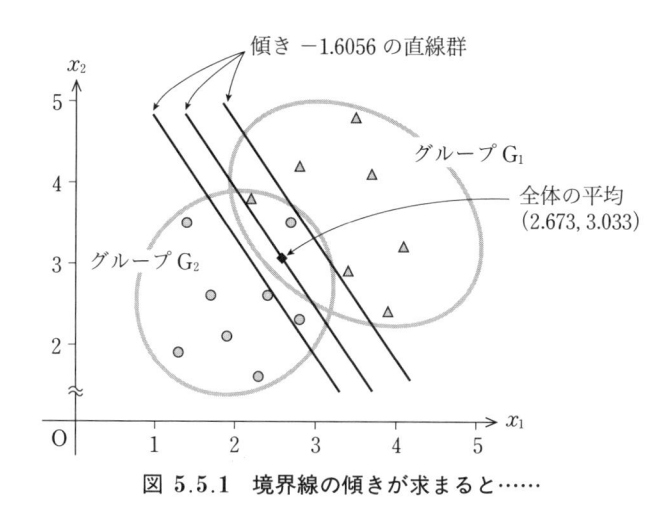

図 5.5.1　境界線の傾きが求まると……

そこで，2つのグループG_1, G_2の全部の平均

$$(2.673, 3.033)$$

を通る直線としましょう．続いて，

$$x_1 = 2.673, \quad x_2 = 3.033$$

を代入して

$$3.033 = -1.6056 \times 2.673 - \frac{a_0}{a_2}$$

よって，

$$\frac{a_0}{a_2} = -7.3248$$

となりました．

以上のことから，最良の境界線は

$$0 = 1.6056 x_1 + x_2 - 7.3248$$

となり，線型判別関数zは

$$z = 1.6056 x_1 + x_2 - 7.3248$$

であることがわかりました．

Section 5.5　線型判別関数の求め方

■ 線型判別関数の求め方の公式

表 5.5.1

(a)　グループ G_1

No.	x_1	x_2
1	$x_{11}^{(1)}$	$x_{21}^{(1)}$
2	$x_{12}^{(1)}$	$x_{22}^{(1)}$
⋮	⋮	⋮
N_1	$x_{1N_1}^{(1)}$	$x_{2N_1}^{(1)}$
平均	$\bar{x}_1^{(1)}$	$\bar{x}_2^{(1)}$

(b)　グループ G_2

No.	x_1	x_2
1	$x_{11}^{(2)}$	$x_{21}^{(2)}$
2	$x_{12}^{(2)}$	$x_{22}^{(2)}$
⋮	⋮	⋮
N_2	$x_{1N_2}^{(2)}$	$x_{2N_2}^{(2)}$
平均	$\bar{x}_1^{(2)}$	$\bar{x}_2^{(2)}$

グループ G_1 の分散共分散行列

$$\begin{bmatrix} s_{11}^{(1)} & s_{12}^{(1)} \\ s_{12}^{(1)} & s_{22}^{(1)} \end{bmatrix}$$

グループ G_2 の分散共分散行列

$$\begin{bmatrix} s_{11}^{(2)} & s_{12}^{(2)} \\ s_{12}^{(2)} & s_{22}^{(2)} \end{bmatrix}$$

プールされた分散共分散行列

$$\begin{bmatrix} s_{11} & s_{12} \\ s_{12} & s_{22} \end{bmatrix} = \begin{bmatrix} \dfrac{(N_1-1)s_{11}^{(1)} + (N_2-1)s_{11}^{(2)}}{N_1+N_2-2} & \dfrac{(N_1-1)s_{12}^{(1)} + (N_2-1)s_{12}^{(2)}}{N_1+N_2-2} \\ \dfrac{(N_1-1)s_{12}^{(1)} + (N_2-1)s_{12}^{(2)}}{N_1+N_2-2} & \dfrac{(N_1-1)s_{22}^{(1)} + (N_2-1)s_{22}^{(2)}}{N_1+N_2-2} \end{bmatrix}$$

このとき，線型判別関数の係数 a_1, a_2，定数 a_0 は次のようになります．

$$\begin{cases} s_{11}a_1 + s_{12}a_2 = \bar{x}_1^{(1)} - \bar{x}_1^{(2)} \\ s_{12}a_1 + s_{22}a_2 = \bar{x}_2^{(1)} - \bar{x}_2^{(2)} \end{cases}$$

$$a_0 = -\left(a_1 \frac{N_1 \bar{x}_1^{(1)} + N_2 \bar{x}_1^{(2)}}{N_1+N_2} + a_2 \frac{N_1 \bar{x}_2^{(1)} + N_2 \bar{x}_2^{(2)}}{N_1+N_2} \right)$$

$z = 3.9890 x_1 + 2.4852 x_2 - 18.2023$
$ = 2.4852(1.605 x_1 + x_2 - 7.324)$

表5.1.1のデータで確認しましょう．

表 5.5.2

(a) グループ G_1

No.	x_1	x_2
1	3.4	2.9
2	3.9	2.4
⋮	⋮	⋮
7	2.8	4.2
平　均	3.3714	3.6286

(b) グループ G_2

No.	x_1	x_2
1	1.4	3.5
2	2.4	2.6
⋮	⋮	⋮
8	1.3	1.9
平　均	2.0625	2.5125

グループ G_1 の分散共分散行列

$$\begin{bmatrix} 0.4390 & -0.2007 \\ -0.2007 & 0.6957 \end{bmatrix}$$

グループ G_2 の分散共分散行列

$$\begin{bmatrix} 0.3284 & 0.0191 \\ 0.0191 & 0.4841 \end{bmatrix}$$

プールされた分散共分散行列

$$\begin{bmatrix} \dfrac{(7-1)\times 0.4390 + (8-1)\times 0.3284}{7+8-2} & \dfrac{(7-1)\times(-0.2007)+(8-1)\times(0.0191)}{7+8-2} \\ \dfrac{(7-1)\times(-0.2007)+(8-1)\times 0.0191}{7+8-2} & \dfrac{(7-1)\times 0.6957 + (8-1)\times(0.4841)}{7+8-2} \end{bmatrix}$$

$$=\begin{bmatrix} 0.3794 & -0.0823 \\ -0.0823 & 0.5818 \end{bmatrix}$$

そこで，連立1次方程式

$$\begin{cases} 0.3794 a_1 - 0.0823 a_2 = 3.3714 - 2.0625 \\ -0.0823 a_2 + 0.5818 a_2 = 3.6286 - 2.5125 \end{cases}$$

を解くと，次のようになります．

$a_1 = 3.9890 \quad a_2 = 2.4852$

$$a_0 = -\left(3.9890 \times \frac{7\times 3.3714 + 8\times 2.0625}{7+8} + 2.4852 \times \frac{7\times 3.6286 + 8\times 2.5125}{7+8}\right)$$

$\quad = -18.2023$

Section 5.6
判別得点と境界線の関係

線型判別関数 $z = 1.606x_1 + x_2 - 7.325$ に各被験者のデータを代入すると，各被験者の判別得点は，次の表のようになります．

表 5.6.1 グループ G_1 の判別得点

被験者 No.	判別得点
1	1.035
2	1.338
3	0.008
4	3.096
5	2.460
6	2.717
7	1.372

表 5.6.2 グループ G_2 の判別得点

被験者 No.	判別得点
1	−1.577
2	−0.871
3	−0.528
4	−1.995
5	−2.031
6	−2.174
7	0.511
8	−3.337

線型判別関数による境界線を図示すると，次のようになります．

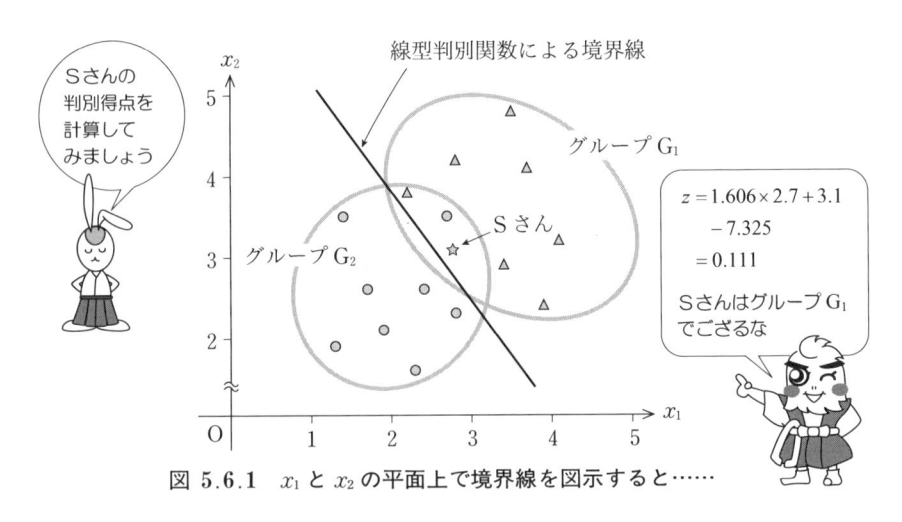

図 5.6.1 x_1 と x_2 の平面上で境界線を図示すると……

■ 線型判別関数のグラフと境界線を図示すると……

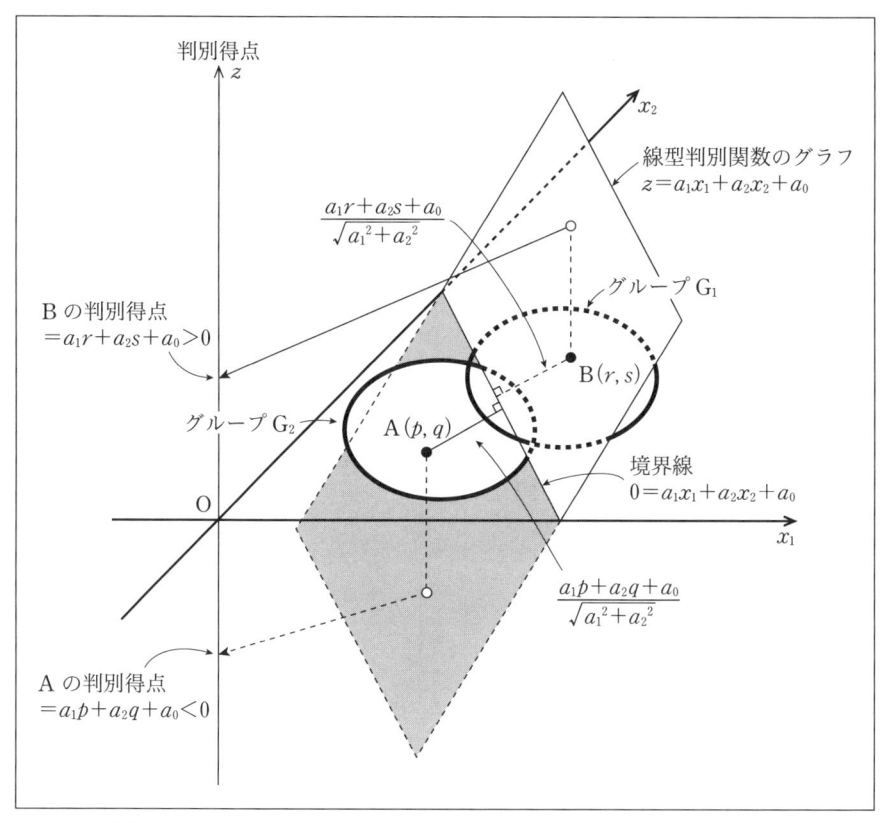

図 5.6.2 x_1 と x_2 と z の 3 次元空間上で境界線を図示すると……

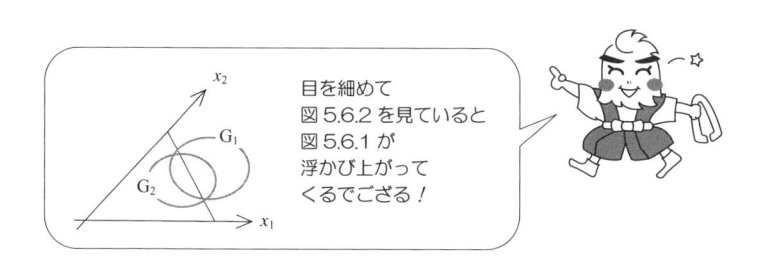

> 目を細めて図 5.6.2 を見ていると図 5.6.1 が浮かび上がってくるでござる！

Section 5.7
1変数のマハラノビスの距離

次のデータは，標準体型 G_1 と肥満体型 G_2 に対しておこなったメタボリックシンドロームの検査結果です．

表 5.7.1　メタボリックシンドロームの検査結果

(a)　グループ G_1

被験者 No.	標準体型
1	22
2	20
3	23
4	23
5	17
6	24
7	23
8	18
9	22
10	19

(b)　グループ G_2

被験者 No.	肥満体型
1	40
2	35
3	27
4	22
5	25
6	26
7	19
8	31
9	30
10	36

R さんがこの検査を受けたとき，25 という検査結果が出ました．このとき，R さんは標準体型 G_1 に属するのでしょうか？それとも，肥満体型 G_2 に属するのでしょうか？

表 5.7.1 のデータを見やすくするために，数直線上に描いてみましょう．

○……標準体型のグループ G_1
△……肥満体型のグループ G_2

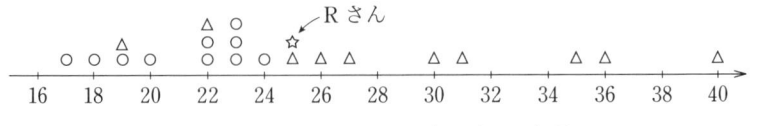

図 5.7.1　2 つのグループのグラフ表現

この図 5.7.1 からでは，25 という検査結果が出た R さんはどちらのグループに属するのか，なんともいえません．

そこで，グループ G_1, G_2 の平均を計算してみましょう．

グループ G_1 の平均 $= 21.1$

グループ G_2 の平均 $= 29.1$

次に，R さんの検査結果とグループの平均との差を計算してみると……

グループ G_1 の平均との差 $= 25 - 21.1 = 3.9$

グループ G_2 の平均との差 $= 29.1 - 25 = 4.1$

この 2 つの平均との差を比較すると，R さんは標準体型 G_1 に近いと思われます．

しかしながら，図 5.7.1 を見てもわかるように，標準体型 G_1 に対して，肥満体型 G_2 のデータのバラツキがかなり大きいので，それぞれのグループの標準偏差を計算してみましょう．

グループ G_1 の標準偏差 $= 2.42$

グループ G_2 の標準偏差 $= 6.57$

やはり，グループ G_2 の散らばりの方がかなり大きくなっています．

この 2 つのグループの分布を描いてみると，次のようになります．

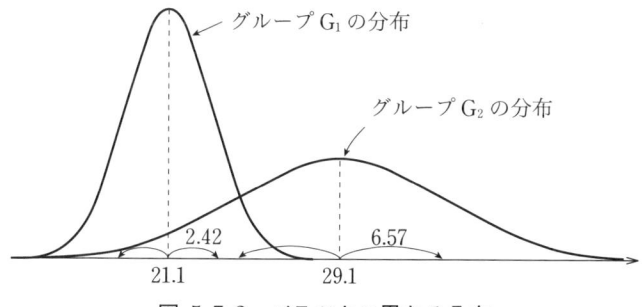

図 5.7.2 バラツキの異なる分布

Rさんが，G_1, G_2 のどちらのグループに属するかを考えたとき，
平均
だけを取り上げて判別したのは，少し問題がありそうですね．

　そこで，
平均　と　標準偏差
の両方を取り上げてみることにしましょう．

　平均と標準偏差とくれば，もちろんデータの標準化
$$\text{データ} \longmapsto \frac{\text{データ}-\text{平均}}{\text{標準偏差}}$$
ですね！

　データの標準化という変換をしたとき，
それぞれのグループの平均から"等キョリ"にあるデータは
$$\frac{x-29.1}{6.57}=\frac{21.1-x}{2.42}$$
となりますから，
$$x=23.3$$
となります．

　つまり，検査の結果が

　　　　　23.3 より小さければ，標準体型グループ G_1

　　　　　23.3 より大きければ，肥満体型グループ G_2

に入ると判別できます．

標準化は役に立つでござるよ！

Rさんの検査結果は $x=25$ なので，肥満体型 G_2 に属すると判別されました．

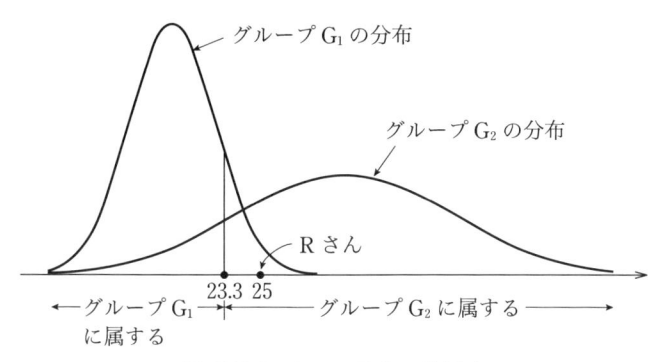

```
        グループ G₁ の分布
              ↓
           (山の絵)
                      グループ G₂ の分布
                            ↓
                         (山の絵)
                              Rさん
                               ↓
                    23.3  25
    ←―グループ G₁―→|←――グループ G₂ に属する――→
      に属する
```

図 5.7.3　2 つの分布の境界点

　以上のことから，次のようなものさしを導入しましょう．

$$D_1 = \frac{|25-21.1|}{2.42} = 1.61, \qquad D_2 = \frac{|25-29.1|}{6.57} = 0.62$$

このものさしのことを

マハラノビスの距離

といいます．

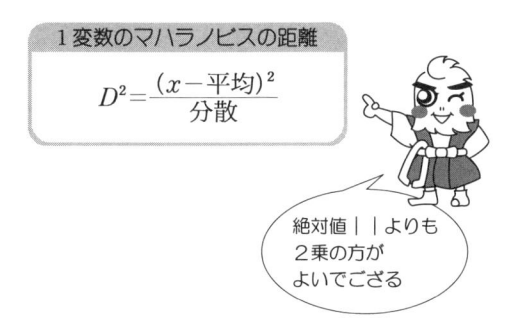

1 変数のマハラノビスの距離

$$D^2 = \frac{(x-\text{平均})^2}{\text{分散}}$$

絶対値｜　｜よりも
2 乗の方が
よいでござる

Key Word　マハラノビスの距離：Mahalanobis generalized distance

Section 5.8
2 変数のマハラノビスの距離

この 1 変数のマハラノビスの距離を 2 変数に拡張しましょう．

| 1 変数
x
の場合 | x の平均 $\bar{x}$
x の分散 s^2 | $\Longrightarrow$ | マハラノビスの距離
$D^2 = \dfrac{(x-\bar{x})^2}{s^2}$ |

| 2 変数
x_1, x_2
の場合 | x_1, x_2 の平均 $\quad (\bar{x}_1, \bar{x}_2)$
x_1, x_2 の
分散共分散行列 $\begin{bmatrix} s_{11} & s_{12} \\ s_{12} & s_{22} \end{bmatrix}$ | $\Longrightarrow$ | マハラノビスの距離
$D^2 = \mathbf{?}$ |

そこで，2 変数の場合のマハラノビスの距離を定義するために，次のように D の平方 D^2 をうまく変形します．

$$D^2 = (x-\bar{x}) \cdot \dfrac{1}{s^2} \cdot (x-\bar{x})$$
$$= \underline{(x-\bar{x})} \cdot \underline{(s^2)^{-1}} \cdot \underline{(x-\bar{x})}$$

ここを
ベクトルに　　ここを
分散共分散行列に　　ここを
ベクトルに

したがって，2 変数の場合は次のようになります．

2 変数のマハラノビスの距離

$$D^2 = \begin{bmatrix} x_1-\bar{x}_1 & x_2-\bar{x}_2 \end{bmatrix} \begin{bmatrix} s_{11} & s_{12} \\ s_{12} & s_{22} \end{bmatrix}^{-1} \begin{bmatrix} x_1-\bar{x}_1 \\ x_2-\bar{x}_2 \end{bmatrix}$$

表5.1.1のデータについて，具体的に計算してみましょう．

その1． グループ G_1 のマハラノビスの距離 $D_1{}^2$

$$[\bar{x}_1{}^{(1)} \quad \bar{x}_2{}^{(1)}] = [3.371 \quad 3.629]$$

$$\begin{bmatrix} s_{11}{}^{(1)} & s_{12}{}^{(1)} \\ s_{12}{}^{(1)} & s_{22}{}^{(1)} \end{bmatrix} = \begin{bmatrix} 0.439 & -0.201 \\ -0.201 & 0.696 \end{bmatrix}$$

したがって，
グループ G_1 のマハラノビスの距離は

$$D_1{}^2 = [x_1 - 3.371 \quad x_2 - 3.629] \begin{bmatrix} 0.439 & -0.201 \\ -0.201 & 0.696 \end{bmatrix}^{-1} \begin{bmatrix} x_1 - 3.371 \\ x_2 - 3.629 \end{bmatrix}$$

となります．

ここで，逆行列

$$\begin{bmatrix} 0.439 & -0.201 \\ -0.201 & 0.696 \end{bmatrix}^{-1} = \begin{bmatrix} 2.625 & 0.758 \\ 0.758 & 1.656 \end{bmatrix}$$

を代入すると，

$$D_1{}^2 = [x_1 - 3.371 \quad x_2 - 3.629] \begin{bmatrix} 2.625 & 0.758 \\ 0.758 & 1.656 \end{bmatrix} \begin{bmatrix} x_1 - 3.371 \\ x_2 - 3.629 \end{bmatrix}$$

$$= 2.625 x_1{}^2 + 1.656 x_2{}^2 + 2 \times 0.758 x_1 x_2$$

$$- 23.200 x_1 - 17.128 x_2 + 70.182$$

となります．

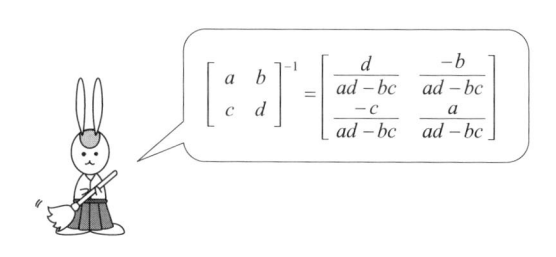

$$\begin{bmatrix} a & b \\ c & d \end{bmatrix}^{-1} = \begin{bmatrix} \dfrac{d}{ad-bc} & \dfrac{-b}{ad-bc} \\ \dfrac{-c}{ad-bc} & \dfrac{a}{ad-bc} \end{bmatrix}$$

その 2． グループ G_2 のマハラノビスの距離 $D_2{}^2$

$$[\bar{x}_1{}^{(2)} \quad \bar{x}_2{}^{(2)}] = [2.063 \quad 2.513]$$

$$\begin{bmatrix} s_{11}{}^{(2)} & s_{12}{}^{(2)} \\ s_{12}{}^{(2)} & s_{22}{}^{(2)} \end{bmatrix} = \begin{bmatrix} 0.328 & 0.019 \\ 0.019 & 0.484 \end{bmatrix}$$

したがって，
グループ G_2 のマハラノビスの距離は

$$D_2{}^2 = [x_1 - 2.063 \quad x_2 - 2.513] \begin{bmatrix} 0.328 & 0.019 \\ 0.019 & 0.484 \end{bmatrix}^{-1} \begin{bmatrix} x_1 - 2.063 \\ x_2 - 2.513 \end{bmatrix}$$

となります．

ここで，逆行列

$$\begin{bmatrix} 0.328 & 0.019 \\ 0.019 & 0.484 \end{bmatrix}^{-1} = \begin{bmatrix} 3.056 & -0.120 \\ -0.120 & 2.071 \end{bmatrix}$$

を代入すると，

$$D_2{}^2 = [x_1 - 2.063 \quad x_2 - 2.513] \begin{bmatrix} 3.056 & -0.120 \\ -0.120 & 2.071 \end{bmatrix} \begin{bmatrix} x_1 - 2.063 \\ x_2 - 2.513 \end{bmatrix}$$

$$= 3.056 x_1{}^2 + 2.071 x_2{}^2 + 2 \times (-0.120) x_1 x_2$$

$$- 12.005 x_1 - 9.913 x_2 + 24.839$$

となります．

> S さんの
> マハラノビスの距離の
> 計算でござるよ
>
> $$D_1{}^2 = [2.7 - 3.371 \quad 3.1 - 3.629] \begin{bmatrix} 0.439 & -0.201 \\ -0.201 & 0.696 \end{bmatrix}^{-1} \begin{bmatrix} 2.7 - 3.371 \\ 3.1 - 3.629 \end{bmatrix}$$
>
> $$= [2.7 - 3.371 \quad 3.1 - 3.629] \begin{bmatrix} 2.625 & 0.758 \\ 0.758 & 1.656 \end{bmatrix} \begin{bmatrix} 2.7 - 3.371 \\ 3.1 - 3.629 \end{bmatrix}$$
>
> $$= 2.185$$

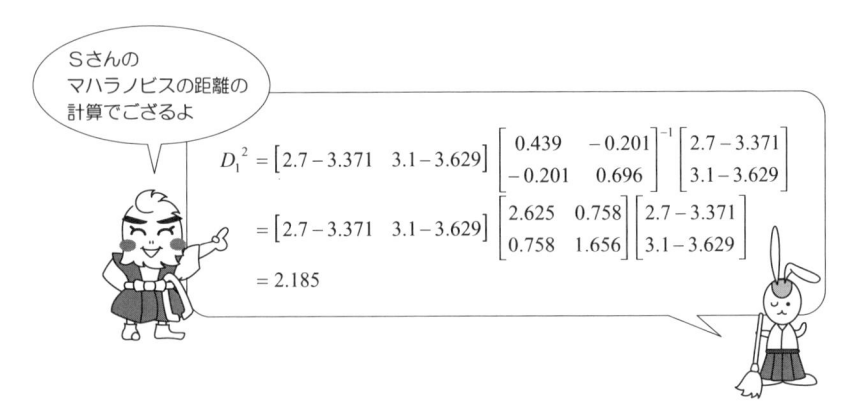

各被験者のマハラノビスの距離を計算しましょう．

表 5.8.1　グループ G_1 のマハラノビスの距離

被験者 No.	A	B	D_1^2	D_2^2
1	3.4	2.9	0.851	5.652
2	3.9	2.4	2.249	10.393
3	2.2	3.8	3.347	3.448
4	3.5	4.8	2.547	16.359
5	4.1	3.2	1.226	13.327
6	3.7	4.1	0.889	12.787
7	2.8	4.2	0.904	7.259

表 5.8.2　グループ G_2 のマハラノビスの距離

被験者 No.	A	B	D_1^2	D_2^2
1	1.4	3.5	10.613	3.520
2	2.4	2.6	5.744	0.358
3	2.8	2.3	4.931	1.794
4	1.7	2.6	11.691	0.428
5	2.3	1.6	13.122	1.952
6	1.9	2.1	12.961	0.420
7	2.7	3.5	1.342	3.110
8	1.3	1.9	21.638	2.446

$$D_2^2 = \begin{bmatrix} 2.7-2.063 & 3.1-2.513 \end{bmatrix} \begin{bmatrix} 0.328 & 0.019 \\ 0.019 & 0.484 \end{bmatrix}^{-1} \begin{bmatrix} 2.7-2.063 \\ 3.1-2.513 \end{bmatrix}$$
$$= \begin{bmatrix} 2.7-2.063 & 3.1-2.513 \end{bmatrix} \begin{bmatrix} 3.056 & -0.120 \\ -0.120 & 2.071 \end{bmatrix} \begin{bmatrix} 2.7-2.063 \\ 3.1-2.513 \end{bmatrix}$$
$$= 1.867$$

よってSさんはグループ G_2 に属します

Section 5.9
マハラノビスの距離による境界線

ところで，線型判別関数による判別分析の場合，
(x_1, x_2) 平面を1本の直線
$$0 = 1.6056 x_1 + x_2 - 7.3248$$
で2つの領域に分けました．

では，マハラノビスの距離の場合はどうなるのでしょうか？

そこで，
2つのグループ G_1, G_2 のマハラノビスの距離の差
をとってみましょう．

マハラノビスの距離の場合の境界線は
$$0 = D_1^2 - D_2^2$$
ですね！

$$\begin{aligned}
D_1^2 - D_2^2 =& \{2.625 x_1^2 + 1.656 x_2^2 + 2 \times 0.758 x_1 x_2 \\
& - 23.200 x_1 - 17.128 x_2 + 70.182\} \\
& - \{3.056 x_1^2 + 2.071 x_2^2 + 2 \times (-0.120) x_1 x_2 \\
& - 12.005 x_1 - 9.913 x_2 + 24.839\} \\
=& -0.431 x_1^2 - 0.415 x_2^2 + 2 \times (0.878) x_1 x_2 \\
& - 11.195 x_1 - 7.215 x_2 + 45.344
\end{aligned}$$

したがって，マハラノビスの距離による判別分析の境界線は
$$0 = -0.431 x_1^2 - 0.415 x_2^2 + 1.756 x_1 x_2 - 11.195 x_1 - 7.215 x_2 + 45.344$$
となります．

この境界線を図示すると，次のような 2 次曲線になります．

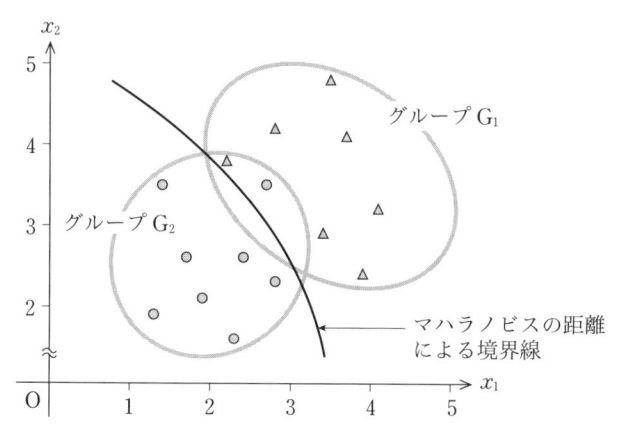

"Sさんが入るのは？"

図 5.9.1 マハラノビスの距離による境界線

"Sさんはここにいるでござる！"

Section 5.10
正答率と誤判別率

判別分析は，線型判別関数やマハラノビスの距離を利用して判別します．

　　　線型判別関数　　　⟷　直線で2つの領域に分ける
　　　マハラノビスの距離　⟷　2次曲線で2つの領域に分ける

マハラノビスの距離による境界線と，線型判別関数による境界線を同一平面上に図示すると，次のようになります．

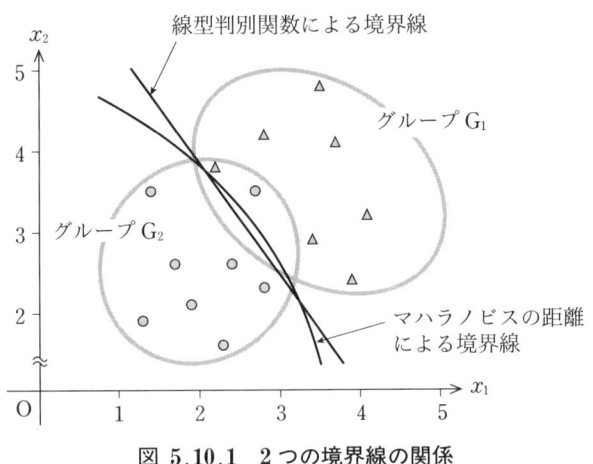

図 5.10.1　2つの境界線の関係

この図を見てもわかるように，どうしても何個かのデータに対して誤った判別が生じてしまいます．つまり，

　　　グループ G_1 に属しているのにグループ G_2 と誤って判別

されたり，逆に，

　　　グループ G_2 に属しているのにグループ G_1 と誤って判別

されたりします．

そこで，正答率と誤判別率は次のようになります．

■ 線型判別分析の正答率と誤判別率

表 5.10.1　グループ G_1

No.	判別得点	
1	1.035	正
2	1.338	正
3	0.008	正
4	3.096	正
5	2.460	正
6	2.717	正
7	1.372	正

グループ G_1

正答率　$= \dfrac{7}{7} = 1$

誤判別率 $= \dfrac{0}{7} = 0$

表 5.10.2　グループ G_2

No.	判別得点	
1	-1.577	正
2	-0.871	正
3	-0.528	正
4	-1.995	正
5	-2.031	正
6	-2.174	正
7	0.511	誤
8	-3.337	正

グループ G_2

正答率　$= \dfrac{7}{8} = 0.875$

誤判別率 $= \dfrac{1}{8} = 0.125$

マハラノビスの距離の場合，正答率と誤判別率は次のようになります．

グループ G_1

正答率　$= \dfrac{7}{7} = 1.000$

誤判別率 $= \dfrac{0}{7} = 0.000$

グループ G_2

正答率　$= \dfrac{7}{8} = 0.875$

誤判別率 $= \dfrac{1}{8} = 0.125$

6章 はじめてのクラスター分析

Section 6.1　似ている！　似ていない？
Section 6.2　クラスタ間の距離の決め方
Section 6.3　クラスター分析の手順は？
Section 6.4　デンドログラムの使い方

Section 6.1
似ている！ 似ていない？

クラスタとは"群れ"とか"集団"の意味です．

したがって，**クラスター分析**とは

与えられたデータを

"似たものどうしの群れに分ける方法"

のことですね．

図 6.1.1　似たものどうし

Key Word　クラスター分析：cluster analysis

■ **似ている？!**

似たものどうしに分けるためには
"似ている"
ということを定義しておく必要があります．

すぐ気がつくことは
"似ている"＝距離が近い
ではないでしょうか．

しかし，似ているかどうかを決めるのは距離だけではありません．

たとえば
"似ている"＝相関係数が大きい
と考えることもできるし，データによっては
"似ている"＝同じような反応をする
だってよいかもしれません．

このような"似ている程度"を測る方法として

- ユークリッド距離
- ユークリッド距離の2乗
- マハラノビスの距離
- 相関係数

などが考え出されています．

このような方法は，距離の概念の一般化と考えられるので，これらの方法を広い意味で**距離**と呼ぶことにしましょう．

ところで，クラスター分析ではデータのことを**個体**と呼びます．

したがって，個体と個体が集まって，クラスタを構成することになります．

> つまり
> 類似度です

> こういうことでござる！
> クラスタ
> 個体 個体
> 個体 個体

Key Word　距離：distance　　類似度：similarity measure

Section 6.1 似ている／似ていない？

■ クラスタ間の距離？

さて，"似たもの"を測る方法が決まったら，似たものどうしを集めることにしましょう．

このとき問題となるのは

"2つのクラスタ間の距離 D をどのように決めるか"

ということです．

そこで，次の2つのケースが考えられます．

その1　クラスタの成分が1個だけからなる場合

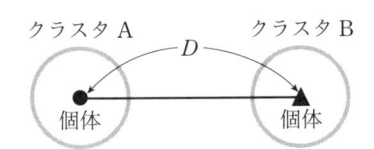

クラスタA　　クラスタB
　　　D
個体　　　　　個体

図 6.1.2　このクラスタ間の距離は個体と個体の距離！

この場合は

　　　個体と個体との距離＝クラスタ間の距離 D

とすればよいので，問題はありません．

その1はカンタンじゃが……

その2はクラスタ内のどの点とどの点を測ればいいのか……

問題はそこじゃ！

その 2　クラスタの成分が 2 個以上からなる場合

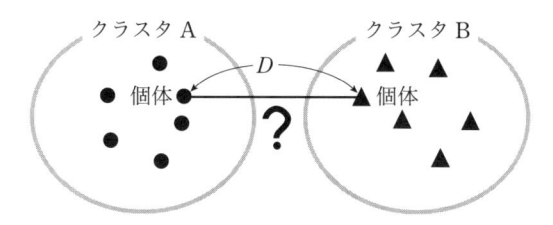

図 6.1.3　クラスタとクラスタの距離は？

クラスタ A のどの個体とクラスタ B のどの個体の間を測ればよいでしょうか？

この"2 つのクラスタ間の距離 D の決め方"には，実に多くの方法が知られています．

主なものとしては，次のとおりです．

1. 最短距離法
2. 最長距離法
3. 群平均法
4. メディアン法
5. 重心法
6. ウォード法

> 最短距離法は最近隣法
> 最長距離法は最遠隣法
> ともいうでござる

Key Word　最短距離法・最近隣法：nearest-neighbor method
最長距離法・最遠隣法：furthest-neighbor method
群平均法：group average method　　メディアン法：median method
重心法：centroid method　　ウォード法：Ward method

Section 6.2
クラスタ間の距離の決め方

■ 最短距離法

最短距離法による2つのクラスタ間の距離の定義

クラスタ A の個体とクラスタ B の個体とのすべての組合せについて距離を求め，その中で

  最も短い距離＝2つのクラスタ A, B 間の距離 D

と定義する．

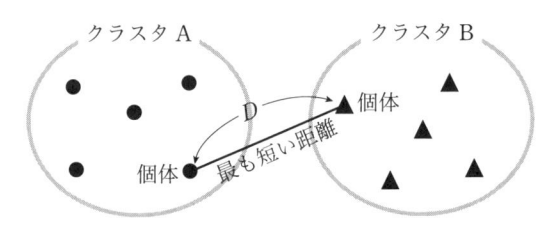

図 6.2.1　最短距離法

クラスタのまとめ方

クラスタを構成するたびに，クラスタの個数は1個減ることになります．

図 6.2.2　4個のクラスタが3個のクラスタに！

■ 最長距離法

最長距離法による 2 つのクラスタ間の距離の定義

クラスタ A の個体とクラスタ B の個体とのすべての組合せについて距離を求め，その中で，

　　　最も長い距離＝2 つのクラスタ A,B 間の距離 D

と定義する．

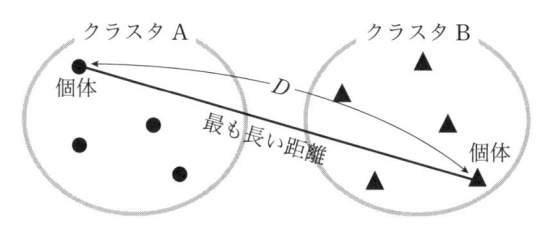

図 6.2.3　最長距離法

■ 群平均法

群平均法による 2 つのクラスタ間の距離の定義

クラスタ A の個体とクラスタ B の個体とのすべての組合せについて距離を求め，

　　　その距離の平均値＝2 つのクラスタ A,B 間の距離 D

と定義する．

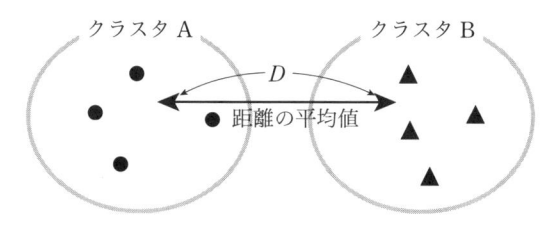

図 6.2.4　群平均法

■ メディアン法

> **メディアン法による 2 つのクラスタ間の距離の定義**
>
> クラスタ A の個体とクラスタ B の個体とのすべての組合せについて距離を求め,
> 　　　　その距離を順番に並べたときの中央値
> 　　　　　　＝2 つのクラスタ A, B 間の距離 D
> と定義する.

メディアン法ではユークリッド距離しか使えないでござる

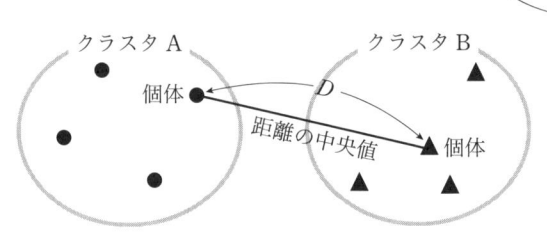

図 6.2.5　メディアン法

■ 重心法

> **重心法による 2 つのクラスタ間の距離の定義**
>
> クラスタ A の重心とクラスタ B の重心との距離を
> 　　　　2 つのクラスタ A, B 間の距離 D
> と定義する.

重心とはつまり平均のこと

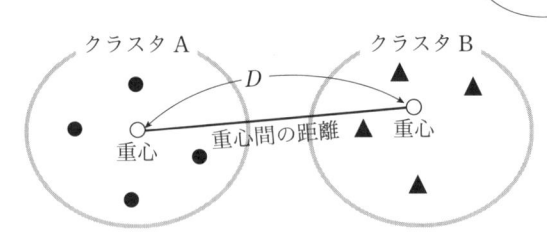

図 6.2.6　重心法

■ ウォード法

　シャムネコとペルシャネコをまとめてネコ達と呼んでしまうと，もともとどんなネコがいたのかわからなくなってしまいますね．

　このように，異なっているものを1つにまとめると，どうしても元の情報が少し失われてしまいます．これをクラスタの情報損失量と呼ぶことにしましょう．

ウォード法による2つのクラスタ間の距離の定義

2つのクラスタ A, B を1つのクラスタにまとめたとき，
　　　その情報損失量＝2つのクラスタ A, B 間の距離 D
と定義する．

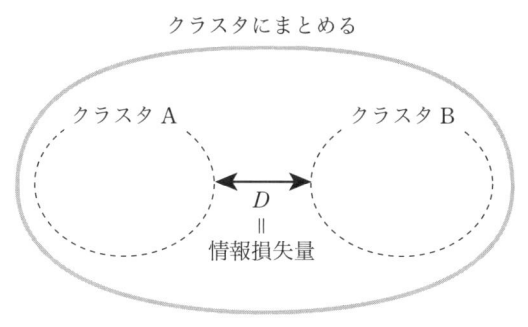

クラスタにまとめる

クラスタ A　　　　クラスタ B

D
＝
情報損失量

図 6.2.7　ウォード法

このウォード法はよく利用されているでござるよ

さあ
次に進もう！

Section 6.3
クラスター分析の手順は？

クラスター分析を理解する唯一の近道は，実際にデータを
コンピュータに入力してみることです．
　というのも，すべての組合せについて"似たものどうし"を
探さなければならないので，これはコンピュータにまかせる
しか方法はありません．

■ クラスター分析の例
次のデータを使って，具体的にクラスター分析をしてみましょう．

表 6.3.1　エイズ患者数と新聞の発行部数

国名	エイズ患者	新聞の発行部数
A	6.6	35.8
B	8.4	22.1
C	24.2	19.1
D	10.0	34.4
E	14.5	9.9
F	12.2	31.1
G	4.8	53.0
H	19.8	7.5
I	6.1	53.4
J	26.8	50.0
K	7.4	42.1

SPSS にあるクラスター分析でござる
- two step クラスター分析
- 大規模ファイルのクラスター分析
- 階層クラスター分析

11カ国の位置関係を見るために散布図を描くと，次のようになります．

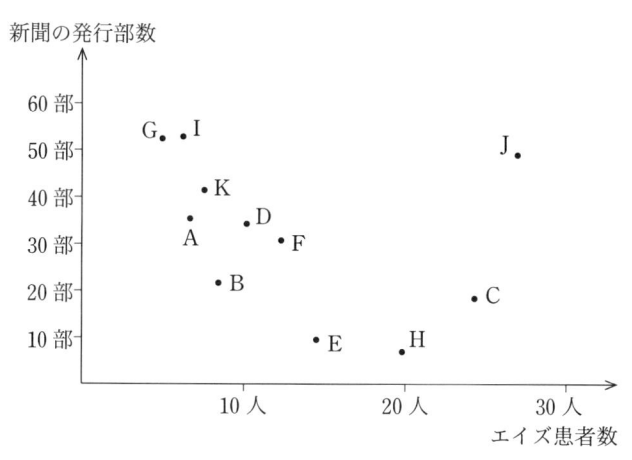

図 6.3.1　エイズ患者数と新聞の発行部数

上の散布図を見ると
　　　　　{G,I}
　　　　　{A,B,D,F,K}
　　　　　{C,E,H}
　　　　　{J}
のような4つのクラスタができそうですね．

クラスター分析は，次ページのような感じで，手順1から手順10へと進んでゆきます．

そして，次々にまとまってゆくクラスタを**デンドログラム**（樹形図）というグラフで表現します．

Key Word　デンドログラム（樹形図）：dendrogram

手順 1 はじめに，すべての組合せにおける"距離"を計算します．

	B	C	D	E	F	G	H	I	J	K
A	190.9	588.7	13.5	733.2	53.5	299.1	975.1	310.0	609.7	40.3
B		258.6	153.9	186.1	95.4	967.8	343.1	985.0	1117.0	401.0
C			435.7	178.7	288.0	1525.6	153.9	1504.1	961.6	811.2
D				620.5	15.7	373.0	819.7	376.2	525.6	66.1
E					454.7	1951.7	33.9	1962.8	1759.3	1087.3
F						534.4	614.7	534.5	570.4	144.0
G							2295.3	1.9	493.0	125.6
H								2294.5	1855.3	1350.9
I									440.1	129.4
J										438.8

この組合せの中で"距離"が最小なのは 1.9 なので，
G と I が最初のクラスタ

$$\{G, I\}$$

を構成します．

G と I が 1 つのクラスタにまとまったことを，デンドログラムに描くと，次のようになります．

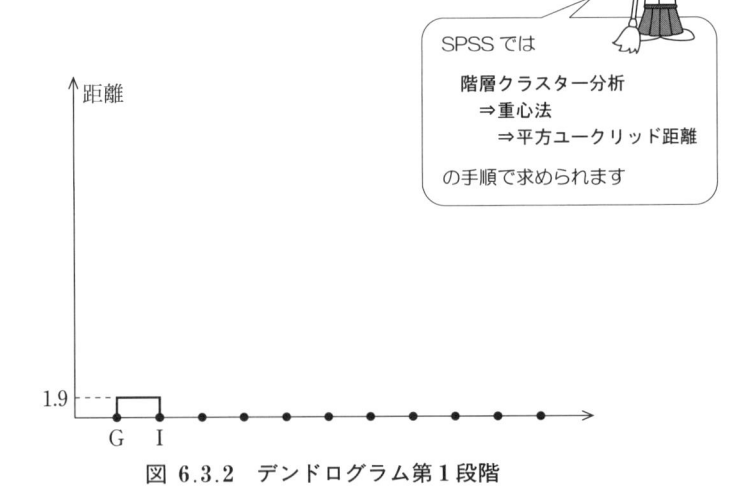

$(4.8 - 6.1)^2 + (53.0 - 53.4)^2 = 1.85$

SPSS では
階層クラスター分析
⇒ 重心法
⇒ 平方ユークリッド距離
の手順で求められます

図 6.3.2 デンドログラム第 1 段階

手順2 GとIが1つのクラスタになったので，
次のような組合せについて"距離"を計算すると……

	B	C	D	E	F	G・I	H	J	K
A	190.9	588.7	13.5	733.2	53.5	304.1	975.1	609.7	40.3
B		258.6	153.9	186.1	95.4	975.9	343.1	1117.0	401.0
C			435.7	178.7	288.0	1514.4	153.9	961.6	811.2
D				620.5	15.7	374.1	819.7	525.6	66.1
E					454.7	1956.8	33.9	1759.3	1087.3
F						534.0	614.7	570.4	144.0
G・I							2294.4	466.1	127.0
H								1855.3	1350.9
J									438.8

この組合せの中で，13.5が最小の"距離"なので，
AとDが2つ目のクラスタ

$$\{A, D\}$$

を構成します．

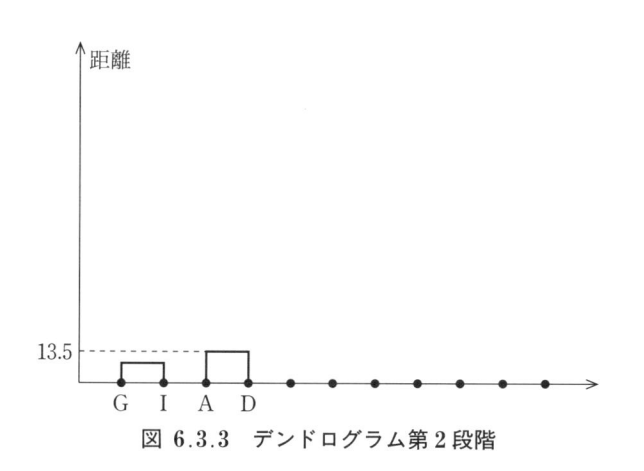

$(10.0 - 6.6)^2 + (34.4 - 35.8)^2 = 13.52$

デンドログラムに描くと……

図 6.3.3 デンドログラム第2段階

手順3 AとDが2つ目のクラスタになったので，

次のような組合せについて"距離"を計算すると……

	B	C	E	F	G・I	H	J	K
A・D	169.0	508.8	673.5	31.2	335.7	894.0	564.3	49.8
B		258.6	186.1	95.4	975.9	343.1	1117.0	401.0
C			178.7	288.0	1514.4	153.9	961.6	811.2
E				454.7	1956.8	33.9	1759.3	1087.3
F					534.0	614.7	570.4	144.0
G・I						2294.4	466.1	127.0
H							1855.3	1350.9
J								438.8

この組合せの中で，最小の"距離"は31.2なので，
A・DとFが3番目のクラスタ

$$\{A, D, F\}$$

を構成します．

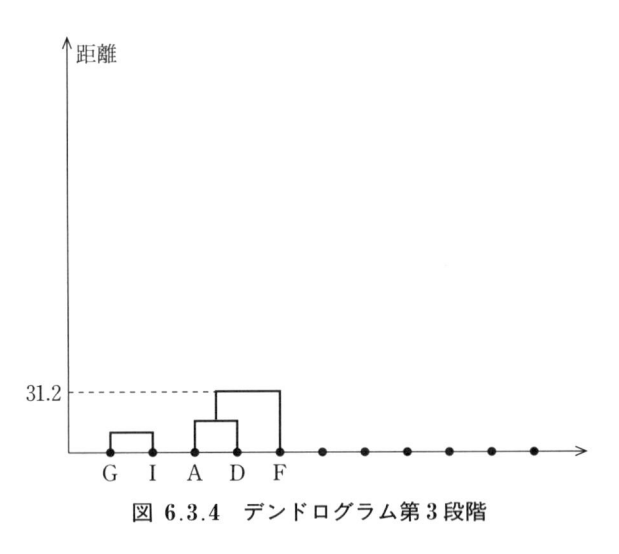

デンドログラムに描くと……

図 6.3.4　デンドログラム第3段階

手順4 A・DとFが3つ目のクラスタを構成したので，次の組合せについて距離を計算すると……

	B	C	E	G・I	H	J	K
A・D・F	137.6	428.3	593.6	394.9	794.0	559.4	74.3
B		258.6	186.1	975.9	343.1	1117.0	401.0
C			178.7	1514.4	153.9	961.6	811.2
E				1956.8	33.9	1759.3	1087.3
G・I					2294.4	466.1	127.0
H						1855.3	1350.9
J							438.8

この組合せの中で最小の"距離"は33.9なので，

　　　{E,H}

というクラスタができ上がります．

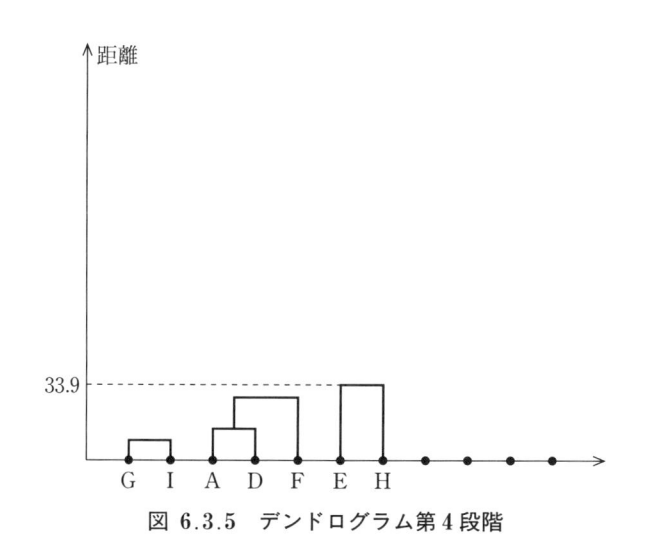

デンドログラムに描くと……

図 6.3.5　デンドログラム第4段階

Section 6.3　クラスター分析の手順は？

手順 5 E・H が 1 つのクラスタになったので，
次の組合せについて"距離"を計算すると……

	B	C	E・H	G・I	J	K
A・D・F	137.6	428.3	685.3	394.9	559.4	74.3
B		258.6	256.1	975.9	1117.0	401.0
C			157.9	1514.4	961.6	811.2
E・H				2117.1	1798.8	1210.6
G・I					466.1	127.0
J						438.8

この組合せの中で，最小の"距離"は 74.3 なので，
K が {A,D,F} のクラスタに含まれて，

$$\{A,D,F,K\}$$

となりました．

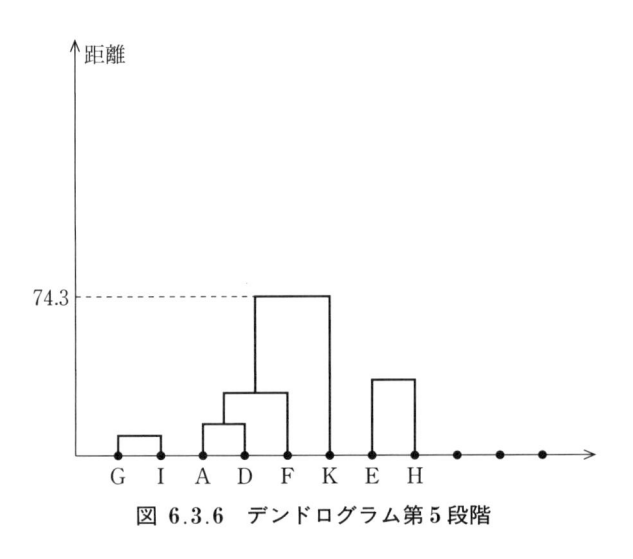

デンドログラムに描くと……

図 6.3.6 デンドログラム第 5 段階

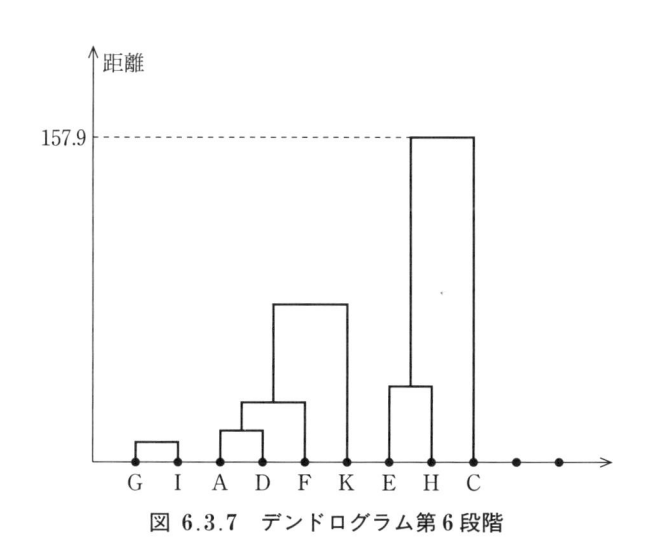

手順6 A・D・F・Kが1つのクラスタを構成しているので，次の組合せについて"距離"を計算すると……

	B	C	E・H	G・I	J
A・D・F・K	189.5	510.1	802.7	314.0	515.3
B		258.6	256.1	975.9	1117.0
C			157.9	1514.4	961.6
E・H				2117.1	1798.8
G・I					466.1

この組合せの中で，最小の"距離"は157.9になっています．
したがって，Cが{E,H}のクラスタに含まれて
　　　{C,E,H}
となります．

デンドログラムに描くと……

図 6.3.7　デンドログラム第6段階

手順7 C・E・Hが1つのクラスタを構成したので，次の組合せについて"距離"を計算します．

	B	C・E・H	G・I	J
A・D・F・K	189.5	670.1	314.0	515.3
B		221.9	975.9	1117.0
C・E・H			1881.1	1484.7
G・I				466.1

すべての組合せの中で，最小の"距離"は189.5なので，Bが{A,D,F,K}のクラスタに含まれて，

$$\{A,B,D,F,K\}$$

となります．

デンドログラムは次のようになります．

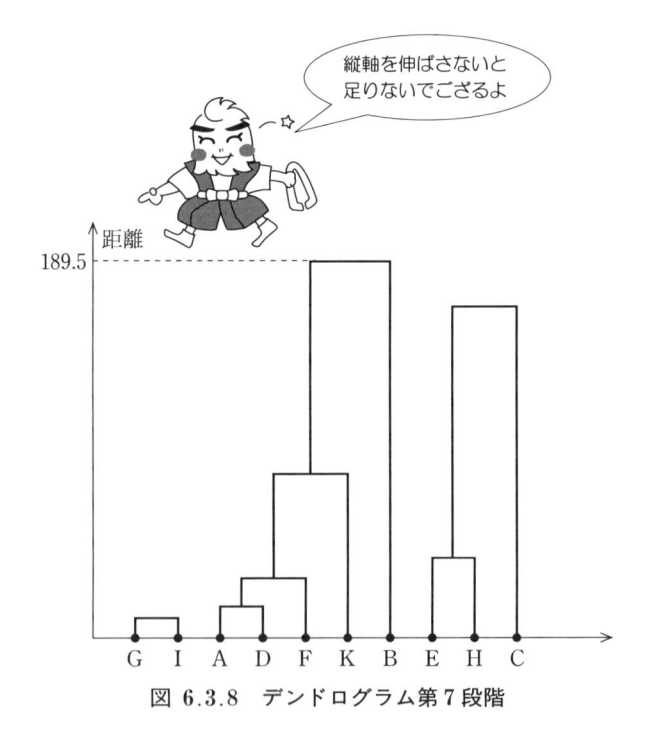

縦軸を伸ばさないと足りないでござるよ

図 6.3.8 デンドログラム第7段階

手順8 {A,B,D,F,K} と {G,I} が，クラスタ
{A,B,D,F,G,I,K}
を構成します．

手順9 {A,B,D,F,G,I,K} と {J} が，クラスタ
{A,B,D,F,G,I,J,K}
を構成します．

手順10 {A,B,D,F,G,I,J,K} と {C,E,H} で
最後のクラスタが構成されて終了です．

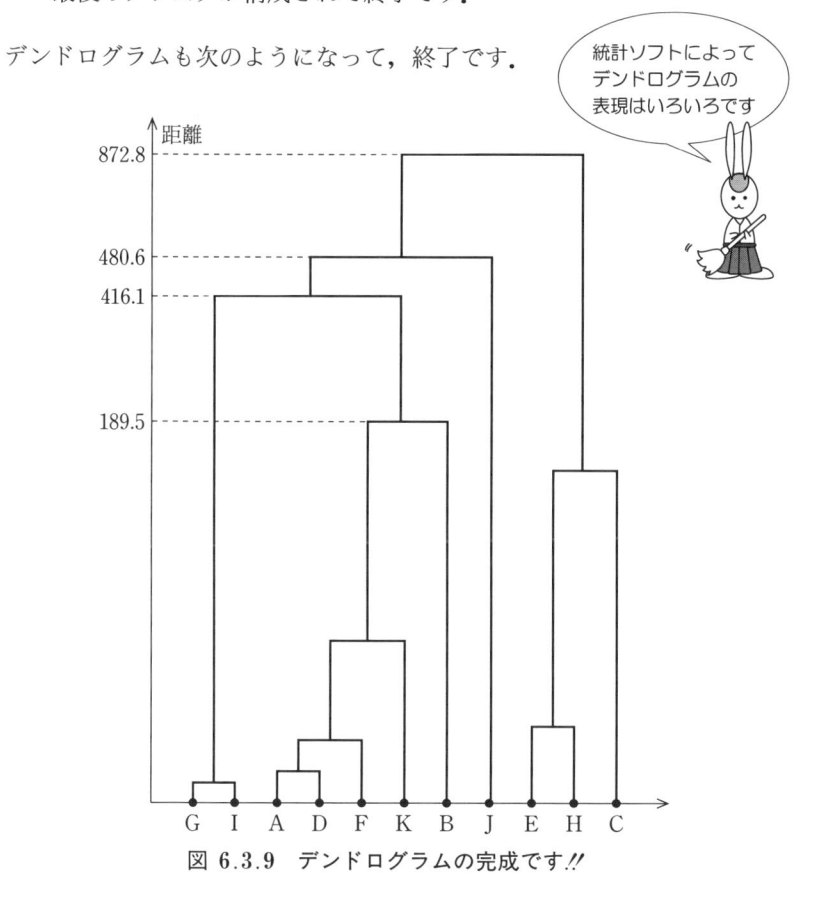

デンドログラムも次のようになって，終了です．

> 統計ソフトによって
> デンドログラムの
> 表現はいろいろです

図 6.3.9 デンドログラムの完成です*!!*

Section 6.3 クラスター分析の手順は？

Section 6.4
デンドログラムの使い方

図 6.3.9 のようなデンドログラムは，クラスター分析にはなくてはならないグラフ表現です．

このデンドログラムの見方は簡単です*!!*

縦軸が類似度を表す"距離"なので，横軸に平行に切って，デンドログラムの縦線とぶつかった個数がクラスタの個数になります．

たとえば，クラスタの個数を 4 個にしたいときは，図 6.4.1 のように横軸に平行にハサミを入れて，切ってゆきましょう．

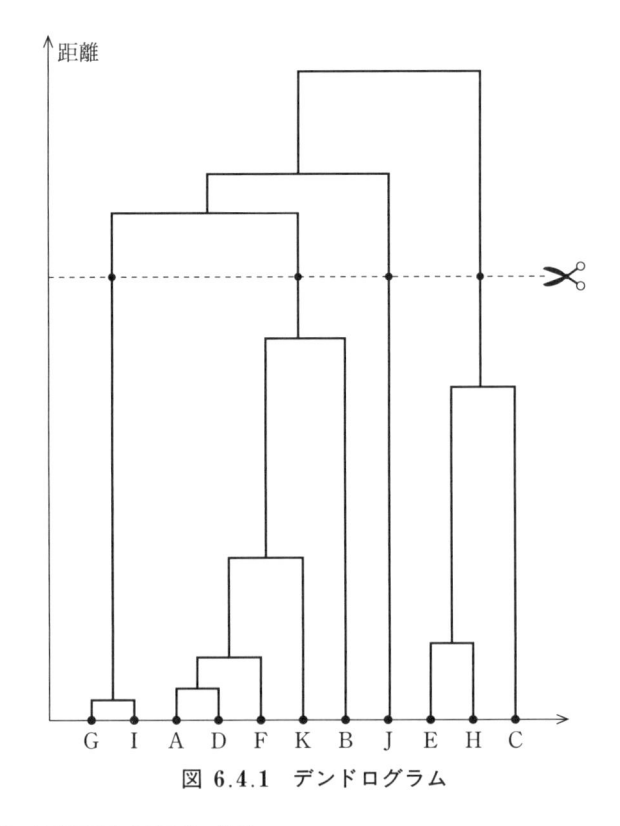

図 6.4.1 デンドログラム

この4つのクラスタを散布図で描くと，次のようになります．

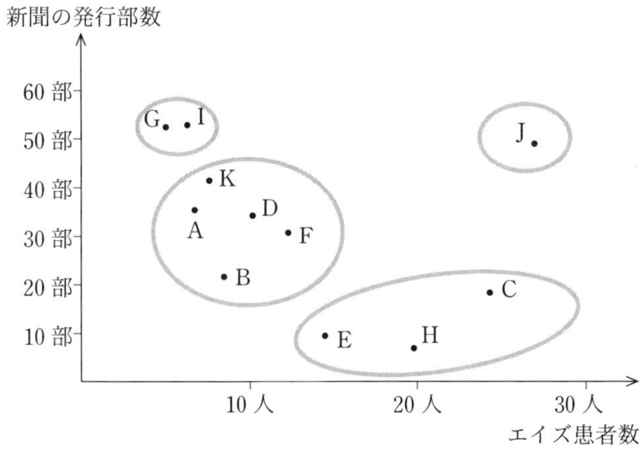
新聞の発行部数
60部
50部
40部
30部
20部
10部
10人
20人
30人
エイズ患者数
G
I
J
K
A
D
F
B
C
E
H

図 6.4.2　散布図と4つのクラスタ

このクラスター分析には大切な問題が1つ残されています．それは

“最適のクラスタの個数は何個か”

ということですね．

実は，はっきりした基準はありません．

最適のクラスタの個数がはじめからわかっていれば，
デンドログラムを見ながら，そのクラスタの個数のところで
区切ってしまえばよいのですが……

したがって，何個のクラスタに分類するかは，

そのデータを研究している人にまかされている

ということになりますね．

どこで区切れば
よいのでござる？

7章
はじめての**数量化Ⅰ類**

- Section 7.1　数量化理論とは？
- Section 7.2　予測に役立つ数量化Ⅰ類
- Section 7.3　数量化Ⅰ類の予測式の求め方
- Section 7.4　カテゴリ数量の基準化
- Section 7.5　数量化Ⅰ類で美女のサイズをあてよう

Section 7.1
数量化理論とは？

数量化理論とは，
程度，状態　または　はい/いいえ
といった質的データに数量を与え，
重回帰分析・主成分分析・判別分析と同じような
多変量データ解析をおこなう手法のことです．

> 質的データのことを
> カテゴリカルデータと
> いうでござる

次の表は歯科疾患についてのアンケートです．

表 7.1.1　アンケート調査票

```
項目1  歯ぐきから出血がありますか．
        1  よくある    2  ときどきある    3  ほとんどない
項目2  水を飲むと歯にしみることがありますか．
        1  よくある    2  ときどきある    3  ほとんどない
項目3  歯が痛むことがありますか．
        1  よくある    2  ときどきある    3  ほとんどない
項目4  一日に何回歯をみがきますか．
        1  3回以上    2  1〜2回    3  あまりみがかない
項目5  甘いものが好きですか．
        1  はい    2  いいえ
```

　このようなアンケート調査の結果から，歯槽膿漏や歯肉炎を判別しようとするとき，データが量的な形で与えられないので，第5章で述べた判別分析は使えません．
　そこで，このアンケート調査の回答のような質的データに対しても，最適な数量や評点を与えて分析しようというのが，数量化理論です．

Key Word　　**数量化理論**：quantification method

数量化理論には，数量化Ⅰ類，Ⅱ類，Ⅲ類があります．
形式的な対応を考えるならば

$$\begin{cases} 重回帰分析 &\longleftrightarrow 数量化Ⅰ類 \\ 判別分析 &\longleftrightarrow 数量化Ⅱ類 \\ 主成分分析 &\longleftrightarrow 数量化Ⅲ類 \end{cases}$$

となります．

> 数量化理論はⅠ類からⅣ類までありますがⅣ類はあまり使われていません

数量化理論では，外的基準，アイテム，カテゴリという用語を用います．

慣れないと，どうしてもピンとこないのですが，
外的基準とは特性値のことで，重回帰分析での従属変数や判別分析の各群にあたるものです．

よって，数量化理論は

$$\begin{cases} 外的基準のある場合 &\cdots\cdots 数量化Ⅰ類・Ⅱ類 \\ 外的基準のない場合 &\cdots\cdots 数量化Ⅲ類 \end{cases}$$

の2つに分けられます．

アイテムとは，アンケートでいう質問項目のことで，
カテゴリとは，その回答のことと思えばいいですね．

表 7.1.2

被験者 No.	項目1			項目2			項目3			項目4			項目5		歯科疾患
	1	2	3	1	2	3	1	2	3	1	2	3	1	2	
1	✓					✓	✓					✓	✓		歯槽膿漏
2			✓	✓				✓				✓	✓		歯肉炎
3		✓		✓					✓	✓				✓	歯肉炎
⋮	⋮			⋮			⋮			⋮			⋮		⋮
N	✓				✓		✓				✓			✓	歯槽膿漏

（上部注記：アイテム／カテゴリ／外的基準）

> アンケートの答えに反応したところに✓印をつけるのじゃ

Section 7.2
予測に役立つ数量化 I 類

数量化 I 類は，質的データから量的に測定される外的基準を予測したり，説明したりするための手法です．

具体例で考えましょう．

■ 数量化 I 類の例

T 大学の女子学生 6 人に対して，次のようなアンケート調査をおこないました．

表 7.2.1 小さなアンケート調査票

```
項目 1  あなたは野菜が好きですか．
        1  はい    2  いいえ
項目 2  あなたはタンパク質が好きですか．
        1  はい    2  いいえ
項目 3  あなたの体重は何 kg ですか．
        _____ kg
```

研究目的は，このアンケート調査から，

"野菜とタンパク質の好き嫌いと女子大生の体重との関係を調べる"

というものです．よって，

　　　　　　　アイテム……野菜，タンパク質
　　　　　　　外的基準……女子大生の体重

となります．

実際のアンケート調査票では，アイテムの数も，被験者の数も多くなりますが，ここではわかりやすくするために項目数を少なくしています．

> アンケート調査票の作り方は……
>
> 参考文献　『Excel でやさしく学ぶアンケート処理』

このアンケート調査の結果は，表7.2.2のようになりました．

各質問項目に対して，反応のあったカテゴリのところに"✓"印がついています．

表 7.2.2　アンケート調査の結果

被験者No.	外的基準	野菜		タンパク質	
		1	2	1	2
1	57	✓			✓
2	65	✓		✓	
3	51		✓	✓	
4	54	✓		✓	
5	45		✓	✓	
6	67	✓			✓

質的データから，量的に測定される外的基準の予測や関係を調べるということは，表7.2.2のデータの場合，

"野菜やタンパク質の「好き/嫌い」から，
　　　　女子学生の体重を予測する"
"野菜とタンパク質のうち，どちらのアイテムが
　　　　より体重に影響をおよぼしているかを調べる"

ということになります．

そのためには

アイテム1	アイテム2		外的基準
野菜が好き	＋ タンパク質も好き	→	○○ kg
野菜が好き	＋ タンパク質が嫌い	→	○× kg
野菜が嫌い	＋ タンパク質が好き	→	×○ kg
野菜が嫌い	＋ タンパク質も嫌い	→	×× kg

という関係をみつければいいですね！

そこで，……

Section 7.3
数量化Ⅰ類の予測式の求め方

■ 予測式とカテゴリ数量

アイテムと外的基準との関係を，1次式で表現することにしましょう．
ここで**ダミー変数**を導入します．

ダミー変数 x_{ij} とは
$$x_{ij} = \begin{cases} 1 & \cdots\cdots \text{アイテム}\ i\ \text{のカテゴリ}\ j\ \text{に反応したとき} \\ 0 & \cdots\cdots \text{その他} \end{cases}$$

というものです．すると，
アンケート調査票に対して

アイテム1　野菜		アイテム2　タンパク質	
カテゴリ1 はい	カテゴリ2 いいえ	カテゴリ1 はい	カテゴリ2 いいえ
↑ x_{11}	↑ x_{12}	↑ x_{21}	↑ x_{22}

となりますから，各データは
$$Y = b_{11}x_{11} + b_{12}x_{12} + b_{21}x_{21} + b_{22}x_{22} + b_0$$
という1次式で表現できます．

この Y を**予測式**，b_{ij} を**カテゴリ数量**といいます．

たとえば，野菜が好きでタンパク質も好きな女子学生は
$$x_{11} = 1, \quad x_{12} = 0, \quad x_{21} = 1, \quad x_{22} = 0$$
となるので，予測式に代入すると，
$$\text{予測値}\ Y = b_{11} \cdot 1 + b_{12} \cdot 0 + b_{21} \cdot 1 + b_{22} \cdot 0 + b_0$$
$$= b_{11} + b_{21} + b_0$$
となります．

■ カテゴリ数量の求め方

それでは，カテゴリ数量 b_{ij} と定数項 b_0 は，どのように決定すればよいのでしょうか？

外的基準 y をもっとも良く予測したいので，各被験者における外的基準 y と予測値 Y との差をできるだけ小さくしましょう．

よって，重回帰分析のときと同じように，次の2次式

$$Q = (外的基準\ y - 予測値\ Y) の 2 乗和$$

を最小にするような b_{ij} を求めればいいですね！

そこで，表7.2.2から次の表7.3.1を得るので……

表 7.3.1 外的基準と予測値

被験者 No.	外的基準 y	アイテム1		アイテム2		予測値 Y
		x_{11}	x_{12}	x_{21}	x_{22}	
1	57	1	0	0	1	$b_{11}+b_{22}+b_0$
2	65	1	0	1	0	$b_{11}+b_{21}+b_0$
3	51	0	1	1	0	$b_{12}+b_{21}+b_0$
4	54	1	0	1	0	$b_{11}+b_{21}+b_0$
5	45	0	1	1	0	$b_{12}+b_{21}+b_0$
6	67	1	0	0	1	$b_{11}+b_{22}+b_0$

2次式 Q は，次のようになります．

$$\begin{aligned}
Q &= \sum (外的基準\ y - 予測値\ Y)^2 \\
&= (57-(b_{11}+b_{22}+b_0))^2 + (65-(b_{11}+b_{21}+b_0))^2 \\
&\quad + (51-(b_{12}+b_{21}+b_0))^2 + (54-(b_{11}+b_{21}+b_0))^2 \\
&\quad + (45-(b_{12}+b_{21}+b_0))^2 + (67-(b_{11}+b_{22}+b_0))^2
\end{aligned}$$

この Q を偏微分してカテゴリ数量 b_{11} b_{12} b_{21} b_{22} を求めます

つまり最小2乗法でござるな

ここで最小2乗法を思い出しましょう．

Q の最小値を与えるカテゴリ数量

$$\{b_{11}, \ b_{12}, \ b_{21}, \ b_{22}\}$$

は，次の連立1次方程式の解になります．

$$\begin{cases} \dfrac{\partial Q}{\partial b_{11}} = -2(57-(b_{11}+b_{22}+b_0))-2(65-(b_{11}+b_{21}+b_0)) \\ \qquad\qquad -2(54-(b_{11}+b_{21}+b_0))-2(67-(b_{11}+b_{22}+b_0))=0 \\[4pt] \dfrac{\partial Q}{\partial b_{12}} = -2(51-(b_{12}+b_{21}+b_0))-2(45-(b_{12}+b_{21}+b_0))=0 \\[4pt] \dfrac{\partial Q}{\partial b_{21}} = -2(65-(b_{11}+b_{21}+b_0))-2(51-(b_{12}+b_{21}+b_0)) \\ \qquad\qquad -2(54-(b_{11}+b_{21}+b_0))-2(45-(b_{12}+b_{21}+b_0))=0 \\[4pt] \dfrac{\partial Q}{\partial b_{22}} = -2(57-(b_{11}+b_{22}+b_0))-2(67-(b_{11}+b_{22}+b_0))=0 \end{cases}$$

上の式をまとめると，次の連立1次方程式になります．

$$\begin{cases} 243-(4b_{11} \qquad\quad +2b_{21}+2b_{22}+4b_0)=0 & (1) \\ 96-(\qquad 2b_{12}+2b_{21} \qquad\quad +2b_0)=0 & (2) \\ 215-(2b_{11}+2b_{12}+4b_{21} \qquad\quad +4b_0)=0 & (3) \\ 124-(2b_{11} \qquad\qquad +2b_{22}+2b_0)=0 & (4) \end{cases}$$

ところが，この連立1次方程式は解くことができません．

> 野菜が好きでタンパク質が嫌いな女子学生は
> $Y = b_{11} \cdot 1 + b_{12} \cdot 0 + b_{21} \cdot 0 + b_{22} \cdot 1 + b_0$
> $= b_{11} + b_{22} + b_0$
> 野菜が嫌いでタンパク質の好きな女子学生は
> $Y = b_{11} \cdot 0 + b_{12} \cdot 1 + b_{21} \cdot 1 + b_{22} \cdot 0 + b_0$
> $= b_{12} + b_{21} + b_0$

というのも，ダミー変数の間で常に
$$x_{11}+x_{12}=1$$
$$x_{21}+x_{22}=1$$
が成り立っています．

> 共線性でござるよ

そこで数量化Ⅰ類では
$$b_{11}=0, \quad b_{21}=0$$
とおいて，次の連立1次方程式を解きます．

$$\begin{cases} 243-(2b_{22}+4b_0)=0 \\ 96-(2b_{12}+2b_0)=0 \\ 215-(2b_{12}+4b_0)=0 \\ 124-(2b_{22}+2b_0)=0 \end{cases}$$

この連立1次方程式を解くと，カテゴリ数量 b_{ij} は
$$b_{11}=0, \quad b_{12}=-11.5,$$
$$b_{21}=0, \quad b_{22}=2.5,$$
$$b_0=59.5$$
となります．

以上のことから予測式 Y は

$$Y=b_{11}x_{11}+b_{12}x_{12}+b_{21}x_{21}+b_{22}x_{22}+b_0$$
$$=0 \cdot x_{11}-11.5x_{12}+0 \cdot x_{21}+2.5x_{22}+59.5$$
$$=-11.5x_{12}+2.5x_{22}+59.5$$

となりました．

> 野菜が嫌いでタンパク質も嫌いな女子学生は
> $Y=b_{11} \cdot 0+b_{12} \cdot 1+b_{21} \cdot 0+b_{22} \cdot 1+b_0$
> $=b_{12}+b_{22}+b_0$

Section 7.4
カテゴリ数量の基準化

■ カテゴリ数量の基準化

求めた予測式 Y

$$Y = b_{11}x_{11} + b_{12}x_{12} + b_{21}x_{21} + b_{22}x_{22} + b_0$$
$$= 0 \cdot x_{11} - 11.5 x_{12} + 0 \cdot x_{21} + 2.5 x_{22} + b_0$$

のカテゴリ数量 b_{11}, b_{12}, b_{21}, b_{22} を基準化しましょう.

カテゴリ数量の基準化とは,各アイテム内のカテゴリ数量の平均が 0 となるように,カテゴリ数量を変換することです.

野菜のアイテムにおいて,カテゴリ数量の平均を求めると

$$\frac{0 \times 4 - 11.5 \times 2}{6} = -3.833$$

タンパク質のアイテムについては

$$\frac{0 \times 4 + 2.5 \times 2}{6} = 0.833$$

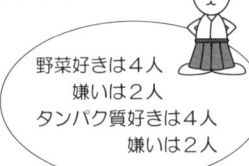

> 野菜好きは4人
> 嫌いは2人
> タンパク質好きは4人
> 嫌いは2人

となります.そこでカテゴリ数量の平均を 0 とするために,各アイテムのカテゴリ数量から,上で求めた平均を引きます.

よって,基準化されたカテゴリ数量 $b_{ij}{}^*$ は

$$\begin{cases} b_{11}{}^* = 0 - (-3.833) = 3.833 \\ b_{12}{}^* = -11.5 - (-3.833) = -7.667 \\ b_{21}{}^* = 0 - 0.833 = -0.833 \\ b_{22}{}^* = 2.5 - 0.833 = 1.667 \end{cases}$$

となりました.

外的基準の平均は

$$\frac{(57+65+51+54+45+67)}{6} = 56.5$$

なので,予測式 Y は次のようになります.

$$Y = 3.833 x_{11} - 7.667 x_{12} - 0.833 x_{21} + 1.667 x_{22} + 56.5$$

■ 基準化されたカテゴリ数量を読む

この基準化されたカテゴリ数量 $b_{ij}{}^*$ を用いて，外的基準に対する各アイテムの影響の大きさを知ることができます．

各アイテムにおいて，

（最大カテゴリ数量）−（最小カテゴリ数量）

を**範囲**と呼ぶことにします．

すると，範囲の大きいアイテムほど予測値に大きい影響を与えることになりますから，

範囲の大きいアイテムは外的基準におよぼす影響も大きい

と考えられます．

表 7.2.2 の場合，

野菜のアイテムの範囲
$$= 3.833 - (-7.667) = 11.5$$
タンパク質のアイテムの範囲
$$= 1.667 - (-0.833) = 2.5$$

となります．この範囲から，

女子学生の体重におよぼす影響は，

タンパク質よりも野菜の方が大きい

と考えられます．

・・・

数量化 I 類の予測式
$$Y = 3.833 x_{11} - 7.667 x_{12} - 0.833 x_{21} + 1.667 x_{22} + 56.5$$

をみてもわかるように，

数量化 I 類 $\iff$ 重回帰分析

という対応になっています．

数量化 I 類でも重回帰分析のときと同じように

重相関係数 R，　決定係数 R^2

を定義することができるので，これらの数値を用いて，外的基準と予測値との当てはまりの良さを評価することができます．

・・・

Section 7.5
数量化Ⅰ類で美女のサイズをあてよう

女性の魅力のひとつはなんといってもそのプロポーションである．
とはいっても，女性に向かって，
　　　　「あなたのバスト・ウエスト・ヒップは何センチ？」
とたずねるわけにはゆかない．

そこで，さりげない質問のなかから，女性のサイズを
知る方法を考えてみよう．

それにうってつけの方法が数量化Ⅰ類である．

質問項目としては
　　　　　出身地，　スポーツ，　野菜，　タンパク質，　牛乳
を取り上げることにしよう．

つまり，これらの質問に対する答えから，その女性のサイズを
予測しようというわけである．そのためには，データが必要なので
アンケート調査をおこなってみる．

せっしゃには
聞けないで
ござるよ〜っ！

表 7.5.1　アンケート調査票

```
項目1　あなたの出身地は大都市ですか．
　　　　1　はい　　2　いいえ
項目2　何かスポーツをしていますか．
　　　　1　よくしている　　2　時々する　　3　あまりしない
項目3　野菜は好きですか．
　　　　1　はい　　2　いいえ
項目4　タンパク質は好きですか．
　　　　1　はい　　2　いいえ
項目5　牛乳をよく飲みますか．
　　　　1　よく飲む　　2　時々飲む　　3　あまり飲まない
項目6　あなたのサイズは．
　　　　_____cm
```

このアンケート調査の結果は，次のようになった．

表 7.5.2　アンケート調査の結果

被験者 No.	外的基準	出身地		スポーツ			野菜		タンパク質		牛　乳		
		1	2	1	2	3	1	2	1	2	1	2	3
1	79	✓				✓	✓		✓		✓		
2	82	✓				✓	✓			✓		✓	
3	86		✓		✓		✓		✓			✓	
4	78		✓	✓				✓		✓		✓	
5	90	✓			✓		✓			✓			✓
6	83		✓		✓		✓		✓			✓	
7	75	✓				✓	✓		✓			✓	
8	81	✓		✓				✓		✓		✓	
9	73	✓				✓	✓		✓		✓		
10	82		✓	✓			✓		✓			✓	
11	80	✓				✓	✓		✓			✓	
12	88	✓			✓		✓		✓			✓	
13	81	✓			✓		✓		✓			✓	
14	85		✓			✓	✓			✓	✓		
15	78	✓		✓				✓	✓		✓		
16	82	✓			✓		✓			✓		✓	
17	84		✓	✓			✓		✓			✓	
18	82	✓			✓		✓		✓			✓	
19	80	✓		✓			✓		✓		✓		

このデータをコンピュータに入力して，数量化Ⅰ類をおこなうと……

実践になると文体も変わるでござるよ

実は重回帰分析をおこなっても予測値は同じ結果になります

プリンタには，次のような出力結果が打ち出された．

> 1.468
> = 0.927 − (−0.541)

表 7.5.3

各カテゴリに反応した被験者数 → 度数
基準化されたカテゴリ数量 → カテゴリ数量

アイテム	カテゴリ	度　数	カテゴリ数量	範　囲
出身地	1	12	−0.541	1.468
	2	7	0.927	
スポーツ	1	7	0.516	4.595
	2	6	1.997	
	3	6	−2.598	
野　菜	1	16	0.385	2.441
	2	3	−2.055	
タンパク質	1	15	−0.661	3.142
	2	4	2.480	
牛　乳	1	5	−0.790	4.943
	2	13	−0.015	
	3	1	4.152	
定数項			81.526	

重相関係数	0.8021
決定係数	0.6433

予測式 Y は

$$Y = -0.541x_{11} + 0.927x_{12} + 0.516x_{21} + 1.997x_{22}$$
$$-2.598x_{23} + 0.385x_{31} - 2.055x_{32} - 0.661x_{41} + 2.480x_{42}$$
$$-0.790x_{51} - 0.015x_{52} + 4.152x_{53} + 81.526$$

となる．

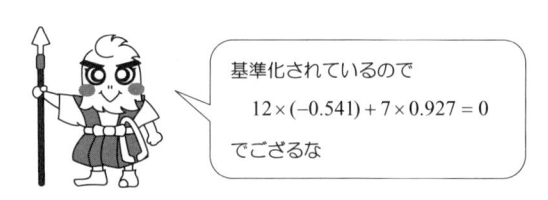

> 基準化されているので
> $12 \times (-0.541) + 7 \times 0.927 = 0$
> でござるな

そこで，その女性のサイズを知りたいときには，彼女との会話のなかに，項目1から項目5までの質問をさりげなく含ませておく．

たとえば……

「ねえ，出身はどこ？」
「東京よ」 $\implies$ $x_{11}=1, \ x_{12}=0$

「何かスポーツしてる？」
「ときどきね」 $\implies$ $x_{21}=0, \ x_{22}=1, \ x_{23}=0$

「ところで，野菜は好き？」
「好きよ」 $\implies$ $x_{31}=1, \ x_{32}=0$

「焼き肉でも行かない？」
「お肉は嫌いなの」 $\implies$ $x_{41}=0, \ x_{42}=1$

「牛乳をよく飲む？」
「毎日いただくわ」 $\implies$ $x_{51}=1, \ x_{52}=0, \ x_{53}=0$

そこで，この対応から，その女性のサイズは
$$Y = -0.541 + 1.997 + 0.385 + 2.480 - 0.790 + 81.526$$
$$= 85.057$$
と予測されるわけである．

さて，この結果をある女性に示したところ，

「こんなのデタラメに決まっているわ．だから男って嫌いよ！」

とたいそうな剣幕であった．

予測式がデタラメかどうかは，重相関係数 R を見てみよう．この場合，
$$R = 0.8021$$
と1に近い値なので，なかなかよく当てはまっていると思われるのだが……

怒るのは
当たり前じゃよ〜

8章 はじめての**数量化Ⅱ類**

- Section 8.1 　判別に役立つ数量化Ⅱ類
- Section 8.2 　数量化Ⅱ類の判別式の求め方
- Section 8.3 　数量化Ⅱ類の判別式の利用法
- Section 8.4 　カテゴリ数量の基準化
- Section 8.5 　数量化Ⅱ類で血液型をあてよう

Section 8.1
判別に役立つ数量化Ⅱ類

　数量化Ⅱ類は，質的データから質的な形で与えられる外的基準を判別したり，予測したりするための手法です．具体例で考えましょう．

■ 数量化Ⅱ類の例

　血液型と性格の間には何らかの関係があるのではないか，という話題はいつも興味をそそられます．

　たとえば，B型の人はある意味で個性が強いなどと思われています．また，血液型と性格に関する出版物も多く，そのような本には，

　　　　　　「○○の性格の人の血液型は××型である」

などとまことしやかに書かれていますが，はたして本当にそうなのでしょうか？

　ここでは数量化Ⅱ類をわかりやすく説明するために，特に，A型・B型の2種類の血液型と性格について調べてみましょう．

　さて，血液型がA型またはB型であるT大学の女子学生7人に対して，次のようなアンケート調査をおこないました．

> 4種類の血液型と性格との本格的な関係は266ページを見るでござる

> すぐに結果を知りたがるA型の人は解説をとばして応用を先に読んでもOK！

表 8.1.1　小さなアンケート調査票

項目1　あなたは楽天家ですか． 　　　　　1　はい　　2　いいえ 項目2　あなたは堅実派だと思いますか． 　　　　　1　はい　　2　いいえ 項目3　あなたの血液型は． 　　　　　1　A型　　2　B型

研究目的はこのアンケート調査から，

　　　　　"性格によるA型・B型の判別をしたい"

というものです．

よって，外的基準は血液型となります．

表 8.1.2　アンケート調査の結果

血液型	被験者No.	楽天家		堅実派	
		1	2	1	2
A型	1		✓	✓	
	2		✓		✓
	3		✓	✓	
	4	✓			✓
B型	1	✓			✓
	2	✓		✓	
	3	✓			✓

←アイテム
←カテゴリ

反応のあったカテゴリのところに✓印が付いています

そこで，

　　　各アイテムのカテゴリの反応から，外的基準の判別をする

ために，判別分析のときと同様，判別式を作ることにしましょう．

そのために，ダミー変数 x_{ij} を用います．

アイテム1　楽天家		アイテム2　堅実派	
カテゴリ1 はい	カテゴリ2 いいえ	カテゴリ1 はい	カテゴリ2 いいえ
↑	↑	↑	↑
x_{11}	x_{12}	x_{21}	x_{22}

この例では，2つのアイテムに2つのカテゴリがあるので，判別式 Y は，次のようになります．

$$Y = a_{11}x_{11} + a_{12}x_{12} + a_{21}x_{21} + a_{22}x_{22} + a_0$$

判別式 Y の係数 a_{ij} のことをカテゴリ数量といいます．

Section 8.2
数量化Ⅱ類の判別式の求め方

■ 判別式と判別スコア

判別式 Y にデータを代入した値を**判別スコア**といいます．

表 8.1.2 のデータの場合，判別スコアは次のようになります．

表 8.2.1 判別スコアと平均

外的基準	被験者 No.	アイテム1		アイテム2		判別スコア Y	平均
		x_{11}	x_{12}	x_{21}	x_{22}		
グループ1	1	0	1	1	0	$Y_1^{(1)} = a_{12} + a_{21} + a_0$	
	2	0	1	0	1	$Y_2^{(1)} = a_{12} + a_{22} + a_0$	$\bar{Y}^{(1)}$
	3	0	1	1	0	$Y_3^{(1)} = a_{12} + a_{21} + a_0$	
	4	1	0	0	1	$Y_4^{(1)} = a_{11} + a_{22} + a_0$	
グループ2	1	1	0	0	1	$Y_1^{(2)} = a_{11} + a_{22} + a_0$	
	2	1	0	1	0	$Y_2^{(2)} = a_{11} + a_{21} + a_0$	$\bar{Y}^{(2)}$
	3	1	0	0	1	$Y_3^{(2)} = a_{11} + a_{22} + a_0$	
						全平均	$\bar{Y}$

外的基準をもっともよく判別したいので，判別分析のときのように

　　　グループ間変動を最大にするように，カテゴリ数量 a_{ij} を決定

すればいいですね．

ところで，上の表のように

$$\begin{cases} 判別スコアの全平均 = \bar{Y} \\ グループ1における判別スコアの平均 = \bar{Y}^{(1)} \\ グループ2における判別スコアの平均 = \bar{Y}^{(2)} \end{cases}$$

とすると，全変動は次のように分解されます．

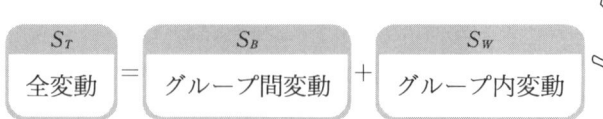

> つまり判別スコアの変動じゃな

$$\underbrace{S_T}_{\text{全変動}} = \underbrace{S_B}_{\text{グループ間変動}} + \underbrace{S_W}_{\text{グループ内変動}}$$

■ カテゴリ数量の求め方

$$\underbrace{\left[\sum_{i=1}^{4}(Y_i^{(1)}-\bar{Y})^2+\sum_{i=1}^{3}(Y_i^{(2)}-\bar{Y})^2\right]}_{\text{全変動 } S_T}$$

$$=\underbrace{[4(\bar{Y}^{(1)}-\bar{Y})^2+3(\bar{Y}^{(2)}-\bar{Y})^2]}_{\text{グループ間変動 } S_B}+\underbrace{\left[\sum_{i=1}^{4}(Y_i^{(1)}-\bar{Y}^{(1)})^2+\sum_{i=1}^{3}(Y_i^{(2)}-\bar{Y}^{(2)})^2\right]}_{\text{グループ内変動 } S_W}$$

そこで，グループ間変動 S_B と全変動 S_T の相関比 η^2

$$\eta^2=\frac{S_B}{S_T}=\frac{4(\bar{Y}^{(1)}-\bar{Y})^2+3(\bar{Y}^{(2)}-\bar{Y})^2}{\sum_{i=1}^{4}(Y_i^{(1)}-\bar{Y})^2+\sum_{i=1}^{3}(Y_i^{(2)}-\bar{Y})^2}$$

を最大にするようなカテゴリ数量 a_{ij} を求めます．

しかしながら，ダミー変数 $x_{11}, x_{12}, x_{21}, x_{22}$ の間には

$$x_{11}+x_{12}=1, \quad x_{21}+x_{22}=1$$

という関係式がいつも成り立っています．

そこで，数量化II類では

$$a_{11}=0, \quad a_{21}=0$$

とおきます．この約束のもとで表8.1.2の全変動 S_T，グループ間変動 S_B を計算すると

$$S_T=\sum_{i=1}^{4}(Y_i^{(1)}-\bar{Y})^2+\sum_{i=1}^{3}(Y_i^{(2)}-\bar{Y})^2$$

$$=\frac{2(6a_{12}^2-5a_{12}a_{22}+6a_{22}^2)}{7}$$

$$S_B=4(\bar{Y}^{(1)}-\bar{Y})^2+3(\bar{Y}^{(2)}-\bar{Y})^2$$

$$=\frac{(9a_{12}-2a_{22})^2}{84}$$

となり，相関比 η^2 は

$$\eta^2=\frac{S_B}{S_T}=\frac{(9a_{12}-2a_{22})^2}{24(6a_{12}^2-5a_{12}a_{22}+6a_{22}^2)}$$

となります．

η : イータ と読むのじゃ

グループ間変動を最大にします

この相関比 η^2 の最大値を与える a_{12}, a_{22} を求めるために，η^2 を a_{12}, a_{22} で偏微分して，0 とおきます．

$$\begin{cases} \dfrac{\partial \eta^2}{\partial a_{12}} = \dfrac{18(9a_{12}-2a_{22}) - \eta^2 24(12a_{12}-5a_{22})}{24(6a_{12}^2-5a_{12}a_{22}+6a_{22}^2)} = 0 \\ \dfrac{\partial \eta^2}{\partial a_{22}} = \dfrac{-4(9a_{12}-2a_{22}) - \eta^2 24(-5a_{12}+12a_{22})}{24(6a_{12}^2-5a_{12}a_{22}+6a_{22}^2)} = 0 \end{cases}$$

η^2 をうまく利用するべし

この式をまとめると，次の連立方程式を得ます．

$$\begin{cases} 3(9a_{12}-2a_{22}) - 4\eta^2(12a_{12}-5a_{22}) = 0 & (1) \\ -(9a_{12}-2a_{22}) - 6\eta^2(-5a_{12}+12a_{22}) = 0 & (2) \end{cases}$$

さらに，この連立方程式を a_{12}, a_{22} について書き変えると……

$$\begin{cases} (27-48\eta^2)a_{12} + (-6+20\eta^2)a_{22} = 0 & (3) \\ (-9+30\eta^2)a_{12} + (2-72\eta^2)a_{22} = 0 & (4) \end{cases}$$

さらに，行列で表現すれば，次のようになります．

$$\begin{bmatrix} 27-48\eta^2 & -6+20\eta^2 \\ -9+30\eta^2 & 2-72\eta^2 \end{bmatrix} \begin{bmatrix} a_{12} \\ a_{22} \end{bmatrix} = \begin{bmatrix} 0 \\ 0 \end{bmatrix}$$

結局，相関比 η^2 の最大値を与える a_{12}, a_{22} を求めるためには，この固有値問題を解きさえすればよいということになりました．

カテゴリ数量 a_{12}, a_{22} が解をもつためには，上で得た行列の行列式が

$$\begin{vmatrix} 27-48\eta^2 & -6+20\eta^2 \\ -9+30\eta^2 & 2-72\eta^2 \end{vmatrix} = 0$$

ですね．

よって，この固有値 η^2 を計算すると

$$\eta^2 = 0.5882, \qquad \eta^2 = 0$$

となります．

このことから相関比の最大値は $\eta^2 = 0.5882$ であることがわかります

(3), (4) の式に, $\eta^2=0.5882$ を代入すると
$$\begin{cases} -1.2353a_{12}+5.7647a_{22}=0 \\ 8.6471a_{12}-40.3529a_{22}=0 \end{cases}$$
となります.

この連立 1 次方程式を解くために
$$a_{12}{}^2+a_{22}{}^2=1$$
という条件を付ければ
$$a_{12}=0.9778, \quad a_{22}=0.2095$$
を得ます.

以上のことから, 判別式 Y は
$$\begin{aligned} Y &= a_{11}x_{11}+a_{12}x_{12}+a_{21}x_{21}+a_{22}x_{22}+a_0 \\ &= 0 \cdot x_{11}+0.9778x_{12}+0 \cdot x_{21}+0.2095x_{22}+a_0 \\ &= 0.9778x_{12}+0.2095x_{22}+a_0 \end{aligned}$$
となりました.

よって, 平均値を原点にとれば
$$\begin{aligned} Y &= 0.9778(x_{12}-0.4191)+0.2095(x_{22}-0.1197) \\ &= 0.9778x_{12}+0.2095x_{22}-0.4349 \end{aligned}$$
となります.

$Y>0$ …… A型
$Y<0$ …… B型

$$\frac{0.9778+0.9778+0.9778+0+0+0+0}{7}=0.4191$$

$$\frac{0+0.2095+0+0.2095+0.2095+0+0.2095}{7}=0.1197$$

Section 8.3
数量化Ⅱ類の判別式の利用法

■ 判別式による判別

さっそく，表 8.1.2 のデータに当てはめて各被験者の判別スコアを求めてみると，表 8.3.1 のようになります．

表 8.3.1 判別スコアと平均

血液型	被験者 No.	楽天家 1	楽天家 2	堅実派 1	堅実派 2	判別スコア	平　均
A 型	1	0	1	1	0	0.5429	0.4032
	2	0	1	0	1	0.7524	
	3	0	1	1	0	0.5429	
	4	1	0	0	1	−0.2254	
B 型	1	1	0	0	1	−0.2254	−0.2952
	2	1	0	1	0	−0.4349	
	3	1	0	0	1	−0.2254	

たとえば，父親の血液型が AB 型，母親の血液型が O 型である女子学生 K さんのアンケート調査の結果は，次のようになりました．

表 8.3.2 女子学生 K さんの回答

被験者	楽天家 1	楽天家 2	堅実派 1	堅実派 2
K さん		✓	✓	

この K さんの血液型を判別してみましょう．

そこで，ダミー変数に
$$x_{12}=1, \quad x_{22}=0$$
を代入して，判別スコアを計算すると……
$$Y=0.9778\times1+0.2095\times0-0.4349$$
$$=0.5429$$
判別スコアがプラスの場合，血液型は A 型なので
K さんの血液型は A 型と思われます．

■ 判別の程度

ところで，外的基準はこの判別式の値によって，うまく 2 つのグループに分けられているのでしょうか？

数量化 II 類の手法により，外的基準がどの程度判別されているかを知るためには，相関比の最大値を利用します．

全変動 S_T とグループ間変動 S_B の間には
$$S_T=S_B+S_W$$
という関係があったので，
$$\eta^2=\frac{S_B}{S_T} \text{ の値は常に } 0\leq\eta^2\leq1$$
の間にあります．つまり，

"η^2 の値が 1 に近いほど，グループ間変動 S_B が大きいので，
2 つの群がよく判別されている"

ということになりますね．この例では，$\eta^2=0.5882$ なので外的基準の判別の程度は悪くないと考えられます．

表 8.3.1 を図で表現してみれば，判別のぐあいがより明確となります．

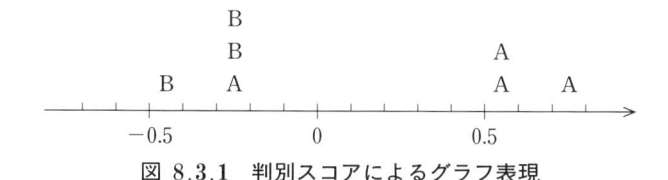

```
              B
              B                  A
        B     A            A     A     A
  ←────┼─────┼─────┼─────┼─────┼─────→
      -0.5         0           0.5
```

図 8.3.1　判別スコアによるグラフ表現

Section 8.4
カテゴリ数量の基準化

■ カテゴリ数量の基準化

ここで,カテゴリ数量

$$a_{11}=0, \quad a_{12}=0.9778, \quad a_{21}=0, \quad a_{22}=0.2095$$

を基準化しましょう.

カテゴリ数量の平均を 0 とすればよいので,

$$\begin{cases} a_{11}{}^* = a_{11} - \dfrac{1}{7}(4 \cdot a_{11} + 3 \cdot a_{12}) \\ a_{12}{}^* = a_{12} - \dfrac{1}{7}(4 \cdot a_{11} + 3 \cdot a_{12}) \\ a_{21}{}^* = a_{21} - \dfrac{1}{7}(3 \cdot a_{21} + 4 \cdot a_{22}) \\ a_{22}{}^* = a_{22} - \dfrac{1}{7}(3 \cdot a_{21} + 4 \cdot a_{22}) \end{cases}$$

> 数量化 I 類
> のときと
> 同じでござる

を求めればいいですね.したがって

$$a_{11}{}^* = -0.4191, \quad a_{12}{}^* = 0.5587$$
$$a_{21}{}^* = -0.1197, \quad a_{22}{}^* = 0.0898$$

となり,基準化された判別式 Y は

$$Y = -0.4191 x_{11} + 0.5587 x_{12} - 0.1197 x_{21} + 0.0898 x_{22}$$

と表されました.

表 8.4.1 基準化されたカテゴリ数量と範囲

アイテム	カテゴリ	カテゴリ数量	範囲
楽天家	1	-0.4191	0.9778
	2	0.5587	
堅実派	1	-0.1197	0.2095
	2	0.0898	
相関比		0.5882	

■ 基準化されたカテゴリ数量を読む

　表8.4.1の範囲とは，各アイテム内でのカテゴリ数量の最大値から，最小値を引いたものです．よって

　　　　"範囲の大きいアイテムほど判別式の値に変化をもたらす"

ので，範囲の値の大小により，

　　　　"各アイテムの外的基準におよぼす影響の度合"

を知ることができます．

　表8.4.1をみると，

　　　"楽天家の範囲の方が，堅実派の範囲より大きいので，

　　　　　　血液型におよぼす影響は楽天家の性格の方が大きい"

と考えられます．

■ 基準化された判別スコア

　この基準化された判別式 Y を使って，各被験者の判別スコアを求めると，表8.4.2のようになります．

表 8.4.2　基準化された判別スコアと平均

外的基準	被験者 No.	判別スコア	平均
A 型	1 2 3 4	0.4390 0.6485 0.4390 −0.3293	0.2993
B 型	1 2 3	−0.3293 −0.5388 −0.3293	−0.3991

Section 8.5
数量化Ⅱ類で血液型をあてよう

「三つ子の魂百まで」と言われるように，持って生まれた性格は
一生変わらないものである．
　かたや，血液型も天寿をまっとうするまで変わることがない．
　ひとりの人間の中に，
　　　　　　　"性格と血液型という2つの変わらないモノ"
が存在するのであるならば，そこには何らかの関係があるに違いない．
そしてこの関係は，われわれに格好な話題を提供してくれる．

　そこで，
　　　　　　"性格からその人の血液型を当てることができるか？"
を考えてみることにしよう．

　このようなとき，数量化Ⅱ類が役に立つ．

　この場合，血液型を当てようというのだから，
外的基準は血液型であり，アイテムは性格である．

　データを集めるために，T大学の40人の女子学生に対し，
次のようなアンケート調査をおこなった．

表 8.5.1　アンケート調査票

項目1　あなたは合理的ですか．
　　　　1　はい　　2　いいえ
項目2　あなたは気分屋ですか．
　　　　1　はい　　2　いいえ
項目3　あなたは他人を意識する方ですか．
　　　　1　はい　　2　いいえ
項目4　あなたは型にはまりやすいですか．
　　　　1　はい　　2　いいえ
項目5　あなたはクールですか．
　　　　1　はい　　2　いいえ
項目6　あなたは個性的ですか．
　　　　1　はい　　2　いいえ
項目7　あなたは現実派ですか．
　　　　1　はい　　2　いいえ
項目8　あなたは保守的ですか．
　　　　1　はい　　2　いいえ
項目9　あなたはロマンチストですか．
　　　　1　はい　　2　いいえ
項目10　あなたは楽天家ですか．
　　　　1　はい　　2　いいえ
項目11　あなたは堅実派ですか．
　　　　1　はい　　2　いいえ
項目12　あなたは仲間意識が強いですか．
　　　　1　はい　　2　いいえ
項目13　あなたの血液型は？
　　　　A型　　B型　　AB型　　O型

血液型と性格
についての
科学的根拠は？

このアンケート調査の結果は，次のようになった．

表 8.5.2 性格と血液型のデータ

血液型	被験者No.	合理		気分		他人		型		クール		個性		現実		保守		ロマン		楽天		堅実		仲間	
		1	2	1	2	1	2	1	2	1	2	1	2	1	2	1	2	1	2	1	2	1	2	1	2
A型	1		✓		✓	✓		✓			✓		✓		✓		✓		✓		✓		✓	✓	
	2	✓		✓			✓	✓			✓	✓			✓		✓	✓		✓			✓	✓	
	3		✓	✓		✓			✓		✓		✓		✓	✓			✓		✓	✓			
	4		✓		✓	✓																			✓
	5		✓	✓					✓	✓			✓						✓						✓
	6	✓		✓				✓			✓	✓			✓										✓
	7		✓	✓											✓	✓			✓			✓		✓	
	8									✓		✓			✓		✓		✓				✓		
	9		✓		✓		✓						✓								✓				✓
	10		✓		✓			✓					✓							✓					✓
	11	✓			✓			✓			✓	✓			✓				✓						
	12		✓	✓																					✓
	13	✓							✓				✓				✓						✓		
	14																								
	15																								
	16	✓					✓			✓			✓		✓		✓								✓
B型	1		✓		✓		✓	✓			✓						✓				✓		✓		
	2		✓		✓																				
	3			✓		✓																			
	4			✓			✓		✓								✓						✓		
	5								✓				✓	✓			✓						✓		
	6		✓			✓		✓											✓		✓				✓
	7	✓						✓							✓										✓
	8	✓			✓		✓						✓		✓										✓
O型	1				✓	✓		✓					✓	✓			✓						✓	✓	
	2		✓		✓	✓		✓																	
	3		✓	✓		✓									✓						✓				
	4		✓	✓			✓	✓																	
	5		✓	✓		✓							✓	✓							✓			✓	
	6		✓		✓	✓		✓					✓	✓											✓
	7	✓		✓				✓					✓			✓					✓				✓
	8	✓			✓			✓			✓					✓				✓					✓
	9		✓	✓		✓		✓					✓				✓								✓
	10		✓	✓			✓	✓					✓								✓				✓
	11		✓	✓					✓	✓					✓										✓
	12	✓			✓	✓							✓										✓		✓
AB型	1		✓	✓		✓		✓						✓		✓			✓		✓				✓
	2	✓			✓	✓			✓							✓		✓			✓				
	3	✓		✓		✓									✓		✓					✓			
	4	✓			✓	✓			✓						✓				✓			✓			✓

しばらくすると，次のような出力結果がプリンタに打ち出された．

表 8.5.3 基準化されたカテゴリ数量と範囲

アイテム	カテゴリ	度数	軸1		軸2	
			カテゴリ数量	範囲	カテゴリ数量	範囲
合 理	1	14	−0.208	0.319	−1.009	1.552
	2	26	0.112		0.543	
気 分	1	27	−0.282	0.866	0.062	0.191
	2	13	0.585		−0.129	
他 人	1	35	0.009	0.069	−0.146	1.168
	2	5	−0.060		1.022	
型	1	22	−0.320	0.710	0.330	0.734
	2	18	0.391		−0.404	
クール	1	14	−0.073	0.112	−0.620	0.954
	2	26	0.039		0.334	
個 性	1	18	0.244	0.444	0.121	0.221
	2	22	−0.200		−0.099	
現 実	1	23	0.676	1.591	0.377	0.886
	2	17	−0.915		−0.509	
保 守	1	18	0.051	0.093	0.108	0.197
	2	22	−0.042		−0.089	
ロマン	1	30	−0.002	0.007	0.023	0.094
	2	10	0.005		−0.070	
楽 天	1	25	−0.001	0.003	−0.126	0.337
	2	15	0.002		0.210	
堅 実	1	16	−0.205	0.342	0.665	1.108
	2	24	0.137		−0.443	
仲 間	1	18	−0.113	0.205	−0.110	0.199
	2	22	0.092		0.090	

↑相関比 0.3649　　　↑相関比 0.2513

それぞれの判別スコアを計算すると，次のようになる．

表 8.5.4 判別スコア

被験者No.	血液型	軸1 判別スコア	軸2 判別スコア	被験者No.	血液型	軸1 判別スコア	軸2 判別スコア
1	A	−1.16	−0.27	25	O	1.53	0.89
2	A	−0.27	0.38	26	O	0.97	−0.29
3	A	−1.11	0.68	27	O	0.32	1.39
4	A	−0.41	−0.02	28	O	0.87	1.20
5	A	−0.83	0.63	29	O	−0.67	0.56
6	A	−0.12	−1.45	30	O	0.74	1.77
7	A	−0.93	0.11	31	O	0.72	0.14
8	A	1.32	0.69	32	O	1.47	−0.39
9	A	−0.57	−0.23	33	O	0.00	−0.19
10	A	−0.14	1.54	34	O	1.25	1.18
11	A	−0.20	0.77	35	O	1.26	−0.27
12	A	−0.24	1.96	36	O	1.10	−1.62
13	A	−1.19	−1.80	37	AB	−1.04	−0.43
14	A	−1.71	1.08	38	AB	1.47	−1.34
15	A	−0.22	−0.54	39	AB	−0.21	−0.70
16	A	−2.01	1.23	40	AB	1.47	−1.25
17	B	−0.53	−1.70				
18	B	−0.33	−0.55				
19	B	−1.80	−1.25				
20	B	−0.42	−0.74				
21	B	1.26	−0.27				
22	B	0.64	0.72				
23	B	−1.01	−0.61				
24	B	0.71	−0.99				

この判別スコアを (x, y) 平面上にグラフ表現してみよう！

そこで，A型，B型，O型，AB型の点の分布を見ながら，だいたいのところで曲線を描いてみる．

図8.5.1を見ると，

A型，B型，O型の領域はなんとなくうまく分類されている

ことがわかる．

AB型の領域はA型B型の各領域と交わっているが，これはサンプル数が少なかったからかもしれない．

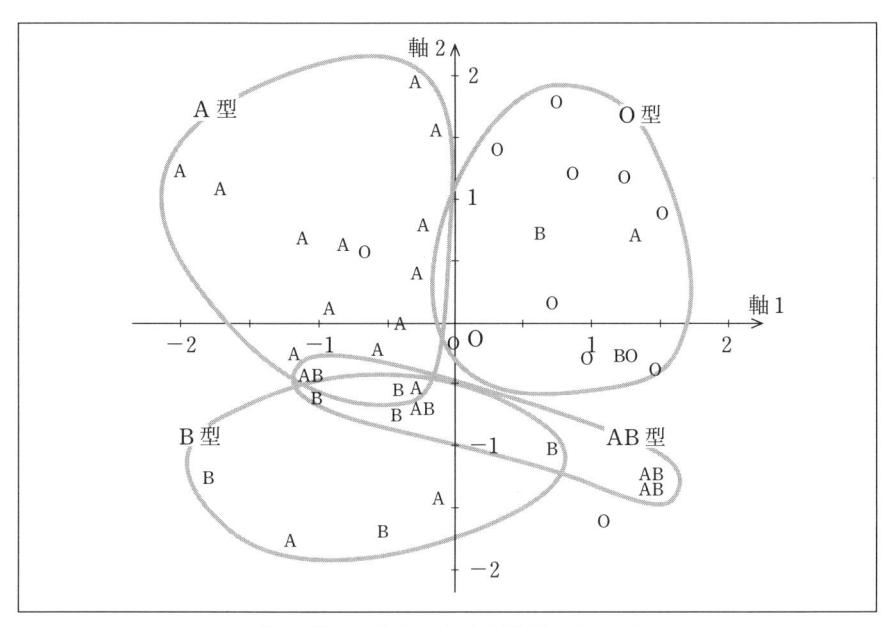

図 8.5.1 性格による血液型の散布図

さて，判別式 Y と図8.5.1の散布図とから，性格による血液型を予測しよう．

上で求めた基準化されたカテゴリ数量から，判別式 Y_1, Y_2 は次のページのようになる．

Section 8.5 数量化II類で血液型をあてよう

判別式 Y_1, Y_2 は……

$$Y_1 = -0.208x_{11} + 0.112x_{12} - 0.282x_{21} + 0.585x_{22}$$
$$+ 0.009x_{31} - 0.060x_{32} - 0.320x_{41} + 0.391x_{42}$$
$$- 0.073x_{51} + 0.039x_{52} + 0.244x_{61} - 0.200x_{62}$$
$$+ 0.676x_{71} - 0.915x_{72} + 0.051x_{81} - 0.042x_{82}$$
$$- 0.002x_{91} + 0.005x_{92} - 0.001x_{10\ 1} + 0.002x_{10\ 2}$$
$$- 0.205x_{11\ 1} + 0.137x_{11\ 2} - 0.113x_{12\ 1} + 0.092x_{12\ 2}$$

$$Y_2 = -1.009x_{11} + 0.543x_{12} + 0.062x_{21} - 0.129x_{22}$$
$$- 0.146x_{31} + 1.022x_{32} + 0.330x_{41} - 0.404x_{42}$$
$$- 0.620x_{51} + 0.334x_{52} + 0.121x_{61} - 0.099x_{62}$$
$$+ 0.377x_{71} - 0.509x_{72} + 0.108x_{81} - 0.089x_{82}$$
$$+ 0.023x_{91} - 0.070x_{92} - 0.126x_{10\ 1} + 0.210x_{10\ 2}$$
$$+ 0.665x_{11\ 1} - 0.443x_{11\ 2} - 0.110x_{12\ 1} + 0.090x_{12\ 2}$$

大学生 I さんのアンケート調査の回答は，次のようになった．

表 8.5.5　大学生 I さんの回答

1. 合理		2. 気分		3. 他人		4. 型		5. クール		6. 個性	
1	2	1	2	1	2	1	2	1	2	1	2
✓		✓			✓		✓		✓	✓	
x_{11}	x_{12}	x_{21}	x_{22}	x_{31}	x_{32}	x_{41}	x_{42}	x_{51}	x_{52}	x_{61}	x_{62}
1	0	1	0	0	1	0	1	0	1	1	0

7. 現実		8. 保守		9. ロマン		10. 楽天		11. 堅実		12. 仲間	
1	2	1	2	1	2	1	2	1	2	1	2
	✓		✓	✓		✓			✓	✓	
x_{71}	x_{72}	x_{81}	x_{82}	x_{91}	x_{92}	$x_{10\ 1}$	$x_{10\ 2}$	$x_{11\ 1}$	$x_{11\ 2}$	$x_{12\ 1}$	$x_{12\ 2}$
0	1	0	1	1	0	1	0	0	1	1	0

表 8.5.5 の値を判別式 Y_1, Y_2 に代入すると，I さんの判別スコアは
$$(Y_1, Y_2) = (-0.81, -1.13)$$
となる．

図 8.5.1 の散布図にこの判別スコアの点をとると，図 8.5.2 のように B 型の領域に入るので，I さんの血液型は B 型と予測できる．

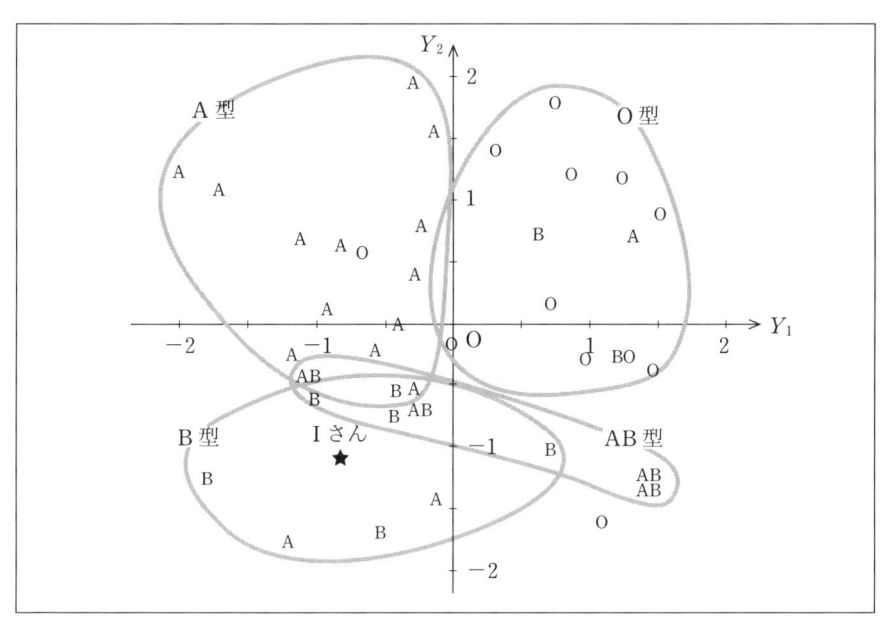

図 8.5.2　I さんの血液型は……？

　　　　　　　ところで，散布図の横軸，縦軸に何か "意味づけ" はできないでしょうか？

表 8.5.3 の範囲を見ると

　　　　　横軸 …… 気分屋，型にはまりやすい，現実派

などの性格的要素が強く

　　　　　縦軸 …… 合理的，他人を意識する，クール，堅実派

といった性格的要素を表していると考えられます．

9章 はじめての数量化Ⅲ類

Section 9.1　分類や特性を知る数量化Ⅲ類
Section 9.2　カテゴリ数量・サンプルスコアの求め方
Section 9.3　カテゴリ数量・サンプルスコアを読む
Section 9.4　数量化Ⅲ類でわかる女子学生のお酒の好み
Section 9.5　数量化Ⅲ類でわかる血液型の特性

Section 9.1
分類や特性を知る数量化III類

数量化III類は，次のような反応パターンが与えられることから始まります．

表 9.1.1 反応パターン

被験者No. \ カテゴリ	1	2	3	…	j	…	m
1		✓					
2	✓		✓				
3			✓				✓
⋮	⋮	⋮	⋮	⋱	⋮	⋱	⋮
i					✓		
⋮	⋮	⋮	⋮	⋱	⋮	⋱	⋮
n		✓	✓				✓

このような反応パターンが得られたとき，

$$\text{被験者に } a_i \quad \text{カテゴリに } b_j$$

という数量を与え，反応の似た被験者やカテゴリを分類したり，特性を調べたりします．

a_i を**サンプルスコア**，b_j を**カテゴリ数量**といいます．

> 被験者 i が
> カテゴリ j に反応すると
> そこに ✓ 印が
> 付きます

表 9.1.2 サンプルスコアとカテゴリ数量

被験者No. \ カテゴリ		1	2	3	…	j	…	m
		b_1	b_2	b_3	…	b_j	…	b_m
1	a_1		(a_1, b_2)					
2	a_2	(a_2, b_1)		(a_2, b_3)				
3	a_3			(a_3, b_3)				(a_3, b_m)
⋮	⋮	⋮	⋮	⋮	⋱	⋮	⋱	⋮
i	a_i					(a_i, b_j)		
⋮	⋮	⋮	⋮	⋮	⋱	⋮	⋱	⋮
n	a_n		(a_n, b_2)	(a_n, b_3)				(a_n, b_m)

数量 a_i, b_j の決め方は，
　　　被験者 i がカテゴリ j に反応したとき (a_i, b_j) という組を作り，
　　　この組 $\{(a_i, b_j)\}$ によって求まる相関係数が最大になる
ようにします．

数量化III類は，主成分分析と同様わかりにくい手法なので，
具体例で考えましょう．

■ 数量化III類の例

T大学の女子学生3人に，次のようなアンケート調査をおこないました．

表 9.1.3　小さなアンケート調査票

項目1　あなたはチューハイが好きですか． 　　　　1　はい　　2　いいえ 項目2　あなたは日本酒が好きですか． 　　　　1　はい　　2　いいえ 項目3　あなたはビールが好きですか． 　　　　1　はい　　2　いいえ

「はい」と反応したときに✓印を付けるでござる

研究目的は，このアンケート調査から，
　　　　"現代女子学生のお酒に対する好みを知りたい"
というわけです．

もちろん，実際のアンケート調査ではお酒の種類も，
女子学生の数も多くなりますが，その例はあとで取り上げることとし，
とりあえず，小さな例で数量化III類について考えましょう．

Section 9.2
カテゴリ数量・サンプルスコアの求め方

アンケート調査の結果を表すと，次の表のようになりました．

表 9.2.1　女子学生のお酒の好み

被験者 No. ＼ カテゴリ	チューハイ	日　本　酒	ビ　ー　ル
1		✓	✓
2	✓		✓
3	✓		

この表から，被験者に a_1, a_2, a_3，カテゴリに b_1, b_2, b_3 という数量を与えると，表9.2.2を得ます．

表 9.2.2

被験者 No. ＼ カテゴリ		チューハイ b_1	日　本　酒 b_2	ビ　ー　ル b_3
1	a_1		(a_1, b_2)	(a_1, b_3)
2	a_2	(a_2, b_1)		(a_2, b_3)
3	a_3	(a_3, b_1)		

■ カテゴリ数量とサンプルスコアの求め方

手順1　相関係数はデータの標準化をしても変わらないので

平均 ……　$\dfrac{2a_1+2a_2+a_3}{5}=0$,　　$\dfrac{2b_1+b_2+2b_3}{5}=0$

分散 ……　$\dfrac{2a_1^2+2a_2^2+a_3^2}{5}=1$,　　$\dfrac{2b_1^2+b_2^2+2b_3^2}{5}=1$

とします．

このとき，相関係数 r は

$$r = \frac{\dfrac{a_1b_2 + a_1b_3 + a_2b_1 + a_2b_3 + a_3b_1}{5}}{\sqrt{\dfrac{2a_1^2 + 2a_2^2 + a_3^2}{5}} \sqrt{\dfrac{2b_1^2 + b_2^2 + 2b_3^2}{5}}}$$

$$= \frac{a_1b_2 + a_1b_3 + a_2b_1 + a_2b_3 + a_3b_1}{5}$$

となります．

つまり，数量化III類は

$$\frac{2a_1^2 + 2a_2^2 + a_3^2}{5} = 1, \quad \frac{2b_1^2 + b_2^2 + 2b_3^2}{5} = 1$$

という条件のもとで

$$r = \frac{a_1b_2 + a_1b_3 + a_2b_1 + a_2b_3 + a_3b_1}{5}$$

の最大値を与える a_i, b_j を求めるという条件付極値問題となります．

手順2 ここで，ラグランジュの乗数法を使います．

条件が2つあるので，

$$F = \frac{a_1b_2 + a_1b_3 + a_2b_1 + a_2b_3 + a_3b_1}{5}$$
$$- \frac{\lambda_1}{2}\left(\frac{2a_1^2 + 2a_2^2 + a_3^2}{5} - 1\right) - \frac{\lambda_2}{2}\left(\frac{(2b_1^2 + b_2^2 + 2b_3^2)}{5} - 1\right)$$

とおき，F を a_i, b_j で偏微分して，0とおきます．

> ラグランジュの乗数法？
> 偏微分？

> 3章に
> 出てきました

したがって，

$$\frac{\partial F}{\partial a_1} = \frac{b_2 + b_3 - 2\lambda_1 a_1}{5} = 0 \tag{1}$$

$$\frac{\partial F}{\partial a_2} = \frac{b_1 + b_3 - 2\lambda_1 a_2}{5} = 0 \tag{2}$$

$$\frac{\partial F}{\partial a_3} = \frac{b_1 - \lambda_1 a_3}{5} = 0 \tag{3}$$

$$\frac{\partial F}{\partial b_1} = \frac{a_2 + a_3 - 2\lambda_2 b_1}{5} = 0 \tag{4}$$

$$\frac{\partial F}{\partial b_2} = \frac{a_1 - \lambda_2 b_2}{5} = 0 \tag{5}$$

$$\frac{\partial F}{\partial b_3} = \frac{a_1 + a_2 - 2\lambda_2 b_3}{5} = 0 \tag{6}$$

となります．

(1) 式 $\times a_1 +$ (2) 式 $\times a_2 +$ (3) 式 $\times a_3$ より……

$$\frac{(a_1 b_2 + a_1 b_3 - 2\lambda_1 a_1^2)}{5} + \frac{(a_2 b_1 + a_2 b_3 - 2\lambda_1 a_2^2)}{5} + \frac{(a_3 b_1 - \lambda_1 a_3^2)}{5} = 0$$

よって，この式を λ_1 でまとめて

$$\frac{a_1 b_2 + a_1 b_3 + a_2 b_1 + a_2 b_3 + a_3 b_1}{5} - \frac{(2a_1^2 + 2a_2^2 + a_3^2)\lambda_1}{5} = 0 \tag{7}$$

となります．

(4) 式 $\times b_1 +$ (5) 式 $\times b_2 +$ (6) 式 $\times b_3$ より……

$$\frac{a_2 b_1 + a_3 b_1 - 2\lambda_2 b_1^2}{5} + \frac{a_1 b_2 - \lambda_2 b_2^2}{5} + \frac{a_1 b_3 + a_2 b_3 - 2\lambda_2 b_3^2}{5} = 0$$

よって，この式を λ_2 でまとめて

$$\frac{a_1 b_2 + a_1 b_3 + a_2 b_1 + a_2 b_3 + a_3 b_1}{5} - \frac{(2b_1^2 + b_2^2 + 2b_3^2)\lambda_2}{5} = 0 \tag{8}$$

となります．

(7)，(8) の式と，はじめに与えた 2 つの条件

$$\frac{2a_1^2+2a_2^2+a_3^2}{5}=1, \quad \frac{2b_1^2+b_2^2+2b_3^2}{5}=1$$

より，

$$\lambda_1=\frac{a_1b_2+a_1b_3+a_2b_1+a_2b_3+a_3b_1}{5}=\lambda_2$$

となりました．そこで，次のようにおきます．

$$\lambda=\lambda_1=\lambda_2$$

> この λ は相関係数 r の最大値となることに注目！

手順 3 次に，a_1, a_2, a_3 を消去します．

そのためには，(1)，(2)，(3) の式より

$$a_1=\frac{b_2+b_3}{2\lambda} \tag{9}$$

$$a_2=\frac{b_1+b_3}{2\lambda} \tag{10}$$

$$a_3=\frac{b_1}{\lambda} \tag{11}$$

とし，(4)，(5)，(6) の式に代入すると……

$$\begin{cases} \dfrac{3b_1}{2}+\dfrac{b_3}{2}-2\lambda^2 b_1=0 \\ \dfrac{b_2}{2}+\dfrac{b_3}{2}-\lambda^2 b_2=0 \\ \dfrac{b_1}{2}+\dfrac{b_2}{2}+b_3-2\lambda^2 b_3=0 \end{cases}$$

手順 4 さらに，次のようにうまく変形をすると，固有値問題に帰着されます．

$$\begin{cases} \dfrac{3}{4}(\sqrt{2}\,b_1)+\dfrac{1}{4}(\sqrt{2}\,b_3)-\lambda^2(\sqrt{2}\,b_1)=0 \\ \dfrac{1}{2}(b_2)+\dfrac{1}{2\sqrt{2}}(\sqrt{2}\,b_3)-\lambda^2(b_2)=0 \\ \dfrac{1}{4}(\sqrt{2}\,b_1)+\dfrac{1}{2\sqrt{2}}(b_2)+\dfrac{1}{2}(\sqrt{2}\,b_3)-\lambda^2(\sqrt{2}\,b_3)=0 \end{cases}$$

Section 9.2　カテゴリ数量・サンプルスコアの求め方

手順 5 見やすくするために行列になおしてみると

$$\begin{bmatrix} \frac{3}{4}-\lambda^2 & 0 & \frac{1}{4} \\ 0 & \frac{1}{2}-\lambda^2 & \frac{1}{2\sqrt{2}} \\ \frac{1}{4} & \frac{1}{2\sqrt{2}} & \frac{1}{2}-\lambda^2 \end{bmatrix} \begin{bmatrix} \sqrt{2}\,b_1 \\ b_2 \\ \sqrt{2}\,b_3 \end{bmatrix} = \begin{bmatrix} 0 \\ 0 \\ 0 \end{bmatrix}$$

となります．

あとは，この固有値問題を解きさえすればいいですね！

この固有値 λ^2 は

$$\lambda^2 = 1, \quad \lambda^2 = 0.6545, \quad \lambda^2 = 0.0955$$

となります．

> 固有値を求めるのは難しいでござるよ

手順 6 $\lambda^2 = 1$ の固有ベクトル $(\sqrt{2}\,b_1, b_2, \sqrt{2}\,b_3)$ は，意味のない結果となるので，$\lambda^2 = 1$ は除きます．

よって，2 番目に大きい固有値 $\lambda^2 = 0.6545$ が求めるものです．

この固有値に属する固有ベクトルは，

$$\sqrt{2}\,b_1 = 1.6182, \quad b_2 = -1.4142, \quad \sqrt{2}\,b_3 = -0.618$$

となるので，それぞれのカテゴリ数量 b_1, b_2, b_3 は，

$$b_1 = 1.1441, \quad b_2 = -1.4142, \quad b_3 = -0.437$$

となることがわかりました．

サンプルスコア a_1, a_2, a_3 は，(9)，(10)，(11) の式より

$$a_1 = -1.1441, \quad a_2 = 0.437, \quad a_3 = 1.4142$$

と求まります．

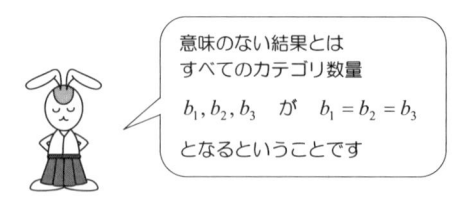

> 意味のない結果とはすべてのカテゴリ数量 b_1, b_2, b_3 が $b_1 = b_2 = b_3$ となるということです

固有値 $\lambda^2=0.0955$ についても，固有ベクトルを求めておきましょう．以上の結果をまとめると，表9.2.3のようになります．

表 9.2.3　相関係数・カテゴリ数量・サンプルスコア

		1番目	2番目
固有値		0.6545	0.0955
相関係数		0.8090	0.3090

カテゴリ		カテゴリ数量 1番目	カテゴリ数量 2番目
チューハイ	b_1	1.1441	0.4369
日　本　酒	b_2	-1.4142	1.4141
ビ　ー　ル	b_3	-0.4370	-1.1442

被験者		サンプルスコア 1番目	サンプルスコア 2番目
1	a_1	-1.1441	0.4368
2	a_2	0.4370	-1.1444
3	a_3	1.4142	1.4140

こっちが
サンプルスコア

ところで，279ページで注意したように，b_j がはじめの条件

$$\frac{(2b_1^2+b_2^2+2b_3^2)}{5}=1$$

をみたすとき，(8)の式より

$$\lambda=\frac{a_1b_2+a_1b_3+a_2b_1+a_2b_3+a_3b_1}{2b_1^2+b_2^2+2b_3^2}=\frac{a_1b_2+a_1b_3+a_2b_1+a_2b_3+a_3b_1}{5}=r$$

となるので，$\{(a_i, b_j)\}$ の最大相関係数 r は次のようになります．

$$r=\sqrt{0.6545}=0.809$$

Section 9.3
カテゴリ数量・サンプルスコアを読む

■ カテゴリ数量からわかること

表 9.2.3 を見ると，1 番目の相関係数が 0.8090 と 1 に近い値なので，カテゴリ数量 b_1, b_2, b_3 は女子学生のお酒の好みをよく説明していると考えられます．詳しくみてみましょう．

さて，女子学生のお酒の好みは，カテゴリ数量 b_j の大小関係から

$$日本酒 < ビール < チューハイ$$

の順であることがわかります．このことは，女子学生はチューハイがいちばん好きで日本酒が最も嫌いということではなく，

"チューハイに対する好みと日本酒に対する好みが最も離れている"

ことを示しています．

また，ビールのカテゴリ数量 b_3 は，チューハイよりも日本酒に近いので，

"ビールに対する好みと日本酒に対する好みが似ている"

ことがわかります．

■ サンプルスコアからわかること

また，サンプルスコアからは，

$$No.1 < No.2 < No.3$$

となり，このことは，

"No.3 の女子学生と No.1 の女子学生の好みは最も離れていて，
No.2 の女子学生の好みは，No.3 の女子学生の好みに近い"

ことを示しています．

表 9.2.1 と併せて考えるならば，

No.3 の女子学生はチューハイ一本やりの酒豪
No.1 の女子学生はおしとやかに日本酒をたしなんでいる

と思われます．

■ カテゴリ数量とサンプルスコアの関係

以上の意味づけはカテゴリ数量とサンプルスコアの順位に注意して，表 9.2.1 を表 9.3.1 のように書き並べてみるとわかりやすくなります．

表 9.3.1　カテゴリ数量とサンプルスコアによる並べ替え

サンプルスコア \ カテゴリ数量	日本酒 b_2	ビール b_3	チューハイ b_1
3 　 a_3			✓
2 　 a_2		✓	✓
1 　 a_1	✓	✓	

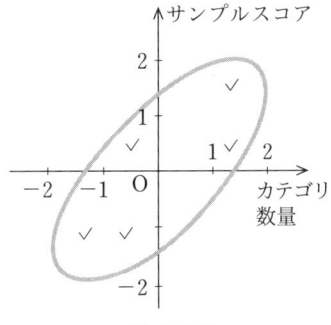

図 9.3.1

つまり，数量化Ⅲ類とは，表 9.3.1 のように

　　　　反応の似たサンプルスコアとカテゴリ数量の最もよい並べ替え

のことですね．

　　　　　　　　　　　"相関係数を最大にする"

ということも，表 9.3.1 のグラフ表現である図 9.3.1 を見れば，なんとなく納得できます．

1 番目の固有値の値が小さく，似たものの分類や説明がうまくつかないときは，2 番目の固有値・固有ベクトルも利用しましょう．

また，グラフ表現も有効な手段です．

表 9.2.3 の場合，1 番目の固有値のみを考えるならば，次の図 9.3.2 のように直線上に表現することになります．

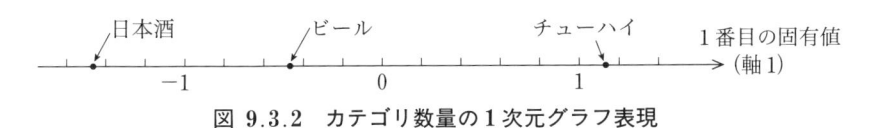

> 主成分のときと同じでござる

図 9.3.2　カテゴリ数量の 1 次元グラフ表現

Section 9.4
数量化Ⅲ類でわかる女子学生のお酒の好み

　消費者の好みの動向を調べるのは，経営戦略の第一歩なのだが，最近の若者たちのお酒の好みには，どのような傾向があるのだろうか？
　　　南フランス風レストランで赤ワイン？
　　　それとも，癒し系の温泉でのんびり日本酒？
　そこで，T大学の女子学生20人に対して，次のアンケート調査をおこなった．

＊実践になると文体も変わります

表 9.4.1　アンケート調査票

項目1　あなたはウィスキーが好きですか．
　　　　1　はい　　2　いいえ
項目2　あなたはビールが好きですか．
　　　　1　はい　　2　いいえ
項目3　あなたはワインが好きですか．
　　　　1　はい　　2　いいえ
項目4　あなたは日本酒が好きですか．
　　　　1　はい　　2　いいえ
項目5　あなたは焼酎が好きですか．
　　　　1　はい　　2　いいえ
項目6　あなたはチューハイが好きですか．
　　　　1　はい　　2　いいえ
項目7　あなたはカクテルが好きですか．
　　　　1　はい　　2　いいえ

＊実は表9.2.1のデータはこのアンケート調査の一部です

このアンケート調査の結果は，次のようになった．

表 9.4.2　アンケート調査の結果

被験者 No. \ カテゴリ	ウィスキー	ビール	ワイン	日本酒	焼酎	チューハイ	カクテル
1	✓		✓				
2			✓	✓		✓	✓
3		✓	✓			✓	
4	✓		✓	✓			✓
5	✓		✓	✓			✓
6	✓		✓				✓
7			✓		✓	✓	
8	✓		✓				
9			✓				✓
10	✓	✓	✓			✓	✓
11	✓						
12				✓			
13	✓		✓			✓	✓
14						✓	✓
15		✓	✓			✓	
16			✓				✓
17						✓	
18	✓		✓				✓
19	✓		✓				✓
20			✓				✓
合計	10	3	17	4	1	10	15

このデータをコンピュータに入力してしばらく待つと，プリンタから打ち出された結果は表 9.4.3 のようになった．

「好き」と反応したところに ✓ 印が付きます

表 9.4.3　カテゴリ数量とサンプルスコア

カテゴリ	カテゴリ数量		
	1軸	2軸	3軸
ウィスキー	−0.883	−0.839	−0.386
ビール	2.695	−2.101	0.001
ワイン	−0.225	−0.368	−0.486
日本酒	−0.768	1.163	2.836
焼酎	1.264	5.180	−4.342
チューハイ	1.454	0.563	0.586
カクテル	−0.545	0.365	−0.050

被験者 No.	サンプルスコア		
	1軸	2軸	3軸
1	−0.892	−1.146	−0.877
2	−0.034	0.819	1.452
3	2.107	−1.207	0.068
4	−0.975	0.153	0.963
5	−0.975	0.153	0.963
6	−0.887	−0.533	−0.618
7	0.785	2.727	−2.159
8	−0.887	−0.533	−0.618
9	−0.620	−0.002	−0.539
10	0.804	−0.904	−0.135
11	0.186	−0.407	−0.191
12	0.076	1.325	2.261
13	−0.080	−0.132	−0.169
14	0.733	0.882	0.540
15	2.107	−1.207	0.068
16	−0.620	−0.002	−0.539
17	2.343	1.070	1.179
18	−0.887	−0.533	−0.618
19	−0.887	−0.533	−0.618
20	−0.620	−0.002	−0.539

1番目のカテゴリ数量を直線上に表すと，次の図9.4.1となる．この図を見ると，女子学生のお酒の好みは，3つのグループに分類されると思える．

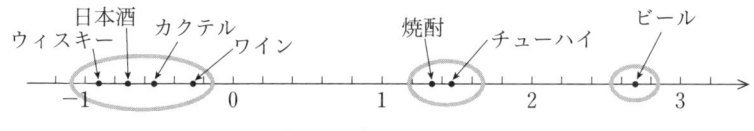

図 9.4.1　各カテゴリの1次元グラフ表現

次に，平面上で表現してみよう．3つの固有値を取り上げるので，平面の軸の組合わせは以下の3通り．

Ⅰ ……　1番目の固有値と2番目の固有値によるもの
Ⅱ ……　1番目の固有値と3番目の固有値によるもの
Ⅲ ……　2番目の固有値と3番目の固有値によるもの

Ⅰ　1番目の固有値と2番目の固有値によるもの

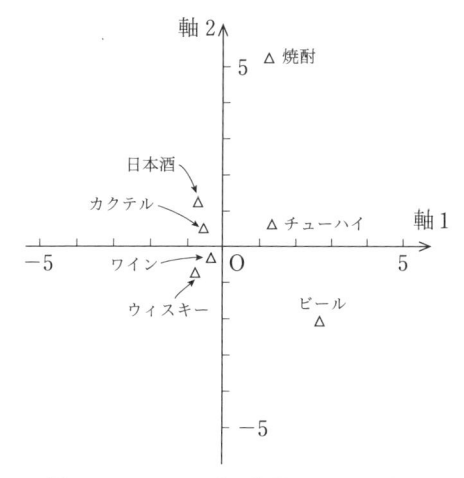

図 9.4.2　カテゴリ数量のグラフ表現

II 1番目の固有値と3番目の固有値によるもの

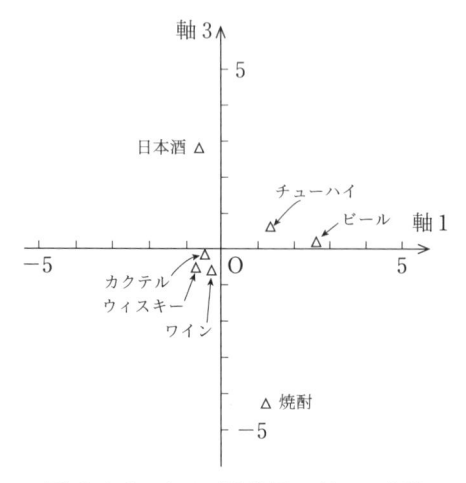

図 9.4.3　カテゴリ数量のグラフ表現

III 2番目の固有値と3番目の固有値によるもの

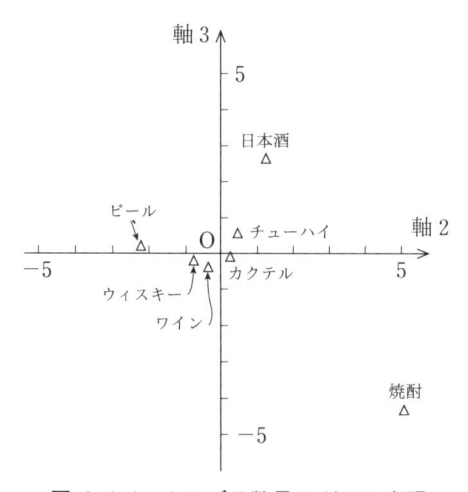

図 9.4.4　カテゴリ数量のグラフ表現

図 9.4.1 のような直線上にグラフ表現したときには，
チューハイと焼酎の好みが似ていると思われたのだが，
図 9.4.2 を見ると，焼酎はずっと上の方に離れ，
チューハイはビールと日本酒の間に位置していることがわかる．

　この図 9.4.2 において，軸 1 は
　　　　　ウィスキー＜日本酒＜チューハイ＜ビール
の順に並んでいるので，アルコールの濃度を意味しているようだ．
　軸 2 は
　　　　　ビール＜ウィスキー＜ワイン＜チューハイ＜日本酒＜焼酎
の順に並んでいるので，洋風と和風を意味していると考えられる．

　また，ウィスキー・ワイン・カクテルは，Ⅰ，Ⅱ，Ⅲの場合の
どの表現でも近いところにあり，逆に焼酎はいつも孤立している．
　さらに，図 9.4.5 のようにサンプルスコアのグラフ表現を
してみると，各被験者の位置関係も明確となる．

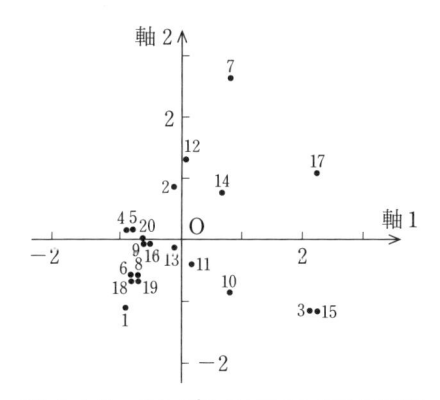

図 9.4.5　サンプルスコアのグラフ表現

Section 9.5
数量化Ⅲ類でわかる血液型の特性

　数量化Ⅱ類では，12種類の性格からその血液型を判別しましたが，数量化Ⅲ類を使えば逆に，血液型がA型の人の性格やB型の人の特性などを知ることができます．

● A型の人の場合

　表8.5.2の外的基準A型のデータの部分をコンピュータに入力し，固有値とカテゴリ数量を求め，散布図に表します．

表 9.5.1　A型の人のカテゴリ数量

カテゴリ	カテゴリ数量	
	1軸	2軸
合理的	−1.00	2.08
気分屋	−0.06	−0.38
他人を意識	0.12	−1.03
型にはまる	−0.34	−0.10
クール	−1.08	1.83
個性的	2.21	−0.98
現実派	0.07	1.21
保守的	−1.57	−1.18
ロマンチスト	−0.27	−0.56
楽天家	1.55	−0.10
堅実派	−0.90	0.74
仲間意識	1.46	1.52

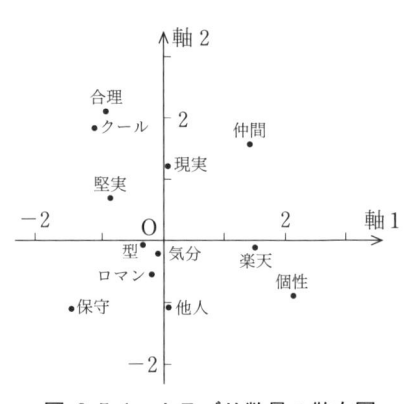

図 9.5.1　カテゴリ数量の散布図

　図9.5.1のグラフ表現から，A型の人の特性は
　　　　　「型にはまりやすく，ロマンチックな気分屋さん
　　　　　　　　　　　の面も合わせ持っている」
といった按配に読み取れると面白いですね．

● B 型の人の場合

表 8.5.2 の外的基準 B 型のデータの部分をコンピュータに入力し，固有値とカテゴリ数量を求め，散布図に表します．

表 9.5.2　B 型の人のカテゴリ数量

カテゴリ	カテゴリ数量	
	1 軸	2 軸
合理的	−1.13	1.97
気分屋	−0.35	−0.55
他人を意識	0.27	−0.23
型にはまる	0.32	1.85
クール	1.82	−0.70
個性的	−0.06	−1.75
現実派	1.63	0.68
保守的	−1.11	1.18
ロマンチスト	−0.54	−0.53
楽天家	0.16	−0.27
堅実派	3.95	1.70
仲間意識	−0.92	−0.29

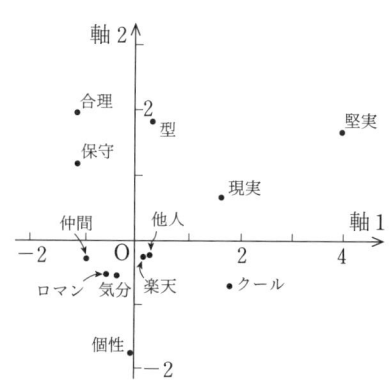

図 9.5.2　カテゴリ数量の散布図

図 9.5.2 から，B 型の人の特性は

「楽天家で他人を意識するが，型にはまりにくく，

堅実な面からはほど遠い」

といった感じに読み取れるといいですね．

付録

数表　自由度（m_1, m_2）の F 分布の5％点

自由度 (m_1, m_2) の F 分布の 5％ 点

$\alpha = 0.05$

m_2 \ m_1	1	2	3	4	5	6
1	161.45	199.50	215.71	224.58	230.16	233.99
2	18.513	19.000	19.164	19.247	19.296	19.330
3	10.128	9.5521	9.2766	9.1172	9.0135	8.9406
4	7.7086	6.9443	6.5914	6.3882	6.2561	6.1631
5	6.6079	5.7861	5.4095	5.1922	5.0503	4.9503
6	5.9874	5.1433	4.7571	4.5337	4.3874	4.2839
7	5.5914	4.7374	4.3468	4.1203	3.9715	3.8660
8	5.3177	4.4590	4.0662	3.8379	3.6875	3.5806
9	5.1174	4.2565	3.8625	3.6331	3.4817	3.3738
10	4.9646	4.1028	3.7083	3.4780	3.3258	3.2172
11	4.8443	3.9823	3.5874	3.3567	3.2039	3.0946
12	4.7472	3.8853	3.4903	3.2592	3.1059	2.9961
13	4.6672	3.8056	3.4105	3.1791	3.0254	2.9153
14	4.6001	3.7389	3.3439	3.1122	2.9582	2.8477
15	4.5431	3.6823	3.2874	3.0556	2.9013	2.7905
16	4.4940	3.6337	3.2389	3.0069	2.8524	2.7413
17	4.4513	3.5915	3.1968	2.9647	2.8100	2.6987
18	4.4139	3.5546	3.1599	2.9277	2.7729	2.6613
19	4.3807	3.5219	3.1274	2.8951	2.7401	2.6283
20	4.3512	3.4928	3.0984	2.8661	2.7109	2.5990
21	4.3248	3.4668	3.0725	2.8401	2.6848	2.5727
22	4.3009	3.4434	3.0491	2.8167	2.6613	2.5491
23	4.2793	3.4221	3.0280	2.7955	2.6400	2.5277
24	4.2597	3.4028	3.0088	2.7763	2.6207	2.5082
25	4.2417	3.3852	2.9912	2.7587	2.6030	2.4904
26	4.2252	3.3690	2.9752	2.7426	2.5868	2.4741
27	4.2100	3.3541	2.9604	2.7278	2.5719	2.4591
28	4.1960	3.3404	2.9467	2.7141	2.5581	2.4453
29	4.1830	3.3277	2.9340	2.7014	2.5454	2.4324
30	4.1709	3.3158	2.9223	2.6896	2.5336	2.4205
40	4.0847	3.2317	2.8387	2.6060	2.4495	2.3359
60	4.0012	3.1504	2.7581	2.5252	2.3683	2.2541
120	3.9201	3.0718	2.6802	2.4472	2.2899	2.1750
∞	3.8415	2.9957	2.6049	2.3719	2.2141	2.0986

$\alpha=0.05$

7	8	9	10	12	15	20
236.77	238.88	240.54	241.88	243.91	245.95	248.01
19.353	19.371	19.385	19.396	19.413	19.429	19.446
8.8867	8.8452	8.8123	8.7855	8.7446	8.7029	8.6602
6.0942	6.0410	5.9988	5.9644	5.9117	5.8578	5.8025
4.8759	4.8183	4.7725	4.7351	4.6777	4.6188	4.5581
4.2067	4.1468	4.0990	4.0600	3.9999	3.9381	3.8742
3.7870	3.7257	3.6767	3.6365	3.5747	3.5107	3.4445
3.5005	3.4381	3.3881	3.3472	3.2839	3.2184	3.1503
3.2927	3.2296	3.1789	3.1373	3.0729	3.0061	2.9365
3.1355	3.0717	3.0204	2.9782	2.9130	2.8450	2.7740
3.0123	2.9480	2.8962	2.8536	2.7876	2.7186	2.6464
2.9134	2.8486	2.7964	2.7534	2.6866	2.6169	2.5436
2.8321	2.7669	2.7144	2.6710	2.6037	2.5331	2.4589
2.7642	2.6987	2.6458	2.6022	2.5342	2.4630	2.3879
2.7066	2.6408	2.5876	2.5437	2.4753	2.4034	2.3275
2.6572	2.5911	2.5377	2.4935	2.4247	2.3522	2.2756
2.6143	2.5480	2.4943	2.4499	2.3807	2.3077	2.2304
2.5767	2.5102	2.4563	2.4117	2.3421	2.2686	2.1906
2.5435	2.4768	2.4227	2.3779	2.3080	2.2341	2.1555
2.5140	2.4471	2.3928	2.3479	2.2776	2.2033	2.1242
2.4876	2.4205	2.3660	2.3210	2.2504	2.1757	2.0960
2.4638	2.3965	2.3419	2.2967	2.2258	2.1508	2.0707
2.4422	2.3748	2.3201	2.2747	2.2036	2.1282	2.0476
2.4226	2.3551	2.3002	2.2547	2.1834	2.1077	2.0267
2.4047	2.3371	2.2821	2.2365	2.1649	2.0889	2.0075
2.3883	2.3205	2.2655	2.2197	2.1479	2.0716	1.9898
2.3732	2.3053	2.2501	2.2043	2.1323	2.0558	1.9736
2.3593	2.2913	2.2360	2.1900	2.1179	2.0411	1.9586
2.3463	2.2783	2.2229	2.1768	2.1045	2.0275	1.9446
2.3343	2.2662	2.2107	2.1646	2.0921	2.0148	1.9317
2.2490	2.1802	2.1240	2.0772	2.0035	1.9245	1.8389
2.1665	2.0970	2.0401	1.9926	1.9174	1.8364	1.7480
2.0868	2.0164	1.9588	1.9105	1.8337	1.7505	1.6587
2.0096	1.9384	1.8799	1.8307	1.7522	1.6664	1.5705

Excel にて作成

参考文献

[1] *THE ADVANCED THEORY OF STATISTICS* 1,2,3, M. G. Kendall, A. Stuart, CHARLS & GRIFIN (1951)
[2] 『多変量解析の基礎』M. G. ケンドール著, 浦 昭二・竹並輝之訳, サイエンス社 (1972)
[3] 『統計学辞典』竹内 啓他編, 東洋経済新報社 (1989)
[4] 『多変量解析法』奥野忠一著, 日科技連出版社 (1981)
[5] 『多変量統計解析法』田中 豊・脇本和昌著, 現代数学社 (1983)
[6] 『パソコン統計解析ハンドブックⅡ-多変量解析編-』田中 豊・垂水共之・脇本和昌編, 共立出版 (1984)
[7] 『多変量データ解析法-理論と応用-』柳井晴夫著, 朝倉書店 (1994)
[8] 『SASによる回帰分析』芳賀敏郎・野沢昌弘他著, 東京大学出版会 (1996)
[9] 『多変量解析実例ハンドブック』柳井晴夫・岡太彬訓他編, 朝倉書店 (2002)

【石村貞夫著・東京図書刊】
●数学関係
[10] 『よくわかる線型代数』共著 (1986)
[11] 『よくわかる微分積分』共著 (1988)
●統計学関係
[12] 『すぐわかる多変量解析』(1992)
[13] 『すぐわかる統計解析』(1993)
[14] 『すぐわかる統計処理』(1994)
[15] 『すぐわかる統計用語』共著 (1997)
[16] 『Point 統計学 平均・分散・標準偏差』共著 (2003)
[17] 『Point 統計学 相関係数と回帰直線』共著 (2003)
[18] 『Point 統計学 正規分布』共著 (2003)
[19] 『Point 統計学 t 分布・F 分布・カイ2乗分布』共著 (2003)

[20] 『入門はじめての統計解析』(2006)

● Excel 関係

[21] 『Excel でやさしく学ぶ行列・行列式』共著 (1999)
[22] 『Excel でやさしく学ぶ微分積分』共著 (2000)
[23] 『Excel でやさしく学ぶ時系列』共著 (2002)
[24] 『Excel でやさしく学ぶアンケート処理』共著 (2003)
[25] 『Excel でやさしく学ぶ統計解析 (第 2 版)』共著 (2004)
[26] 『Excel でやさしく学ぶ多変量解析 (第 2 版)』共著 (2004)
[27] 『よくわかる医療・看護のための統計入門 (第 2 版)』共著 (2009)

● SPSS 関係

[28] 『SPSS でやさしく学ぶ統計解析 (第 3 版)』共著 (2007)
[29] 『SPSS でやさしく学ぶ多変量解析 (第 3 版)』共著 (2006)
[30] 『SPSS でやさしく学ぶアンケート処理 (第 2 版)』共著 (2007)
[31] 『SPSS による医学・歯学・薬学のための統計解析 (第 2 版)』共著 (2007)
[32] 『SPSS によるリスク解析のための統計処理』共著 (2004)
[33] 『SPSS による線型混合モデルとその手順』共著 (2004)
[34] 『SPSS による統計処理の手順 (第 5 版)』(2007)
[35] 『SPSS によるカテゴリカルデータ分析の手順 (第 2 版)』(2005)
[36] 『SPSS による多変量データ解析の手順 (第 3 版)』(2005)
[37] 『SPSS による時系列分析の手順 (第 2 版)』(2006)
[38] 『SPSS による分散分析と多重比較の手順 (第 3 版)』(2006)
[39] 『臨床心理・精神医学のための SPSS による統計処理』共著 (2005)
[40] 『社会調査・経済分析のための SPSS による統計処理』共著 (2005)
[41] 『建築デザイン・福祉心理のための SPSS による統計処理』共著 (2005)
[42] 『CD ROM 統計ソフト SPSS Student Version 13.0 J』共著 (2006)

索　引

太字はKey Wordでござるよ！

記号・数字

$\sqrt{}$	243, 257, 276
1次関数	183
1次式の関係	36, 79
2乗和	39, 96, 245
残差の――	39
情報損失量の――	96

アルファベット

a_i	276
AIC	**55**
$b_{ij}{}^*$	248
b_j	276
B	60
Cov	46
$\mathrm{Cov}(x, ax+b)$	47
$\mathrm{Cov}(x, ay+b)$	47
$\mathrm{Cov}(x, ay+bz+c)$	47
D	134
$D_0{}^2$	68
E	37
Excel関数	43
f	12
$F(a_1, a_2)$	196
F値	65
F分布	66
H_0	64
MINVERSE	43
$Q(b_1, b_2, b_0)$	39
r	26
R^2	51
$\hat{R}^2$	**52**
s^{ji}	68
s_x	24
$s_x{}^2$	24
s_{xy}	26
s_y	24
$s_y{}^2$	24
S_B	189
S_E	50, 55
S_R	50, 55
S_T	50, 188
S_W	189
SD法	13
t	168
tr	169
$U(a_2, a_1, a_0)$	96
Var	46
$\mathrm{Var}(ax+b)$	47
$\mathrm{Var}(ax+by)$	47
$\mathrm{Var}(Y)$	47
V_E	68
$\bar{x}$	23
y	37
Y	37
z	183

301

z 軸の原点	104

ギリシャ文字

β（ベータ）	36, 124
ε（イプシロン）	36, 124
η（イータ）	259
η^2	259
λ（ラムダ）	30, 97
Λ（ラムダ）	129
Λ_f	129, 134, 170
$\Lambda_f \cdot \Lambda_f^t + D$	134, 170
μ（ミュー）	164
σ（シグマ）	164
σ^2	165
Σ（シグマ）	132, 134, 170
Ψ（プサイ）	171
χ（カイ）	66

ア行

アイテム	241, 242, 257
赤池情報量基準	55
新しい軸	89
新しい情報量	104, 107
当てはまり	51
モデルの――	55
アンケート調査	126
因子	128
――の解釈	129
――の回転	154
因子行列	154
――の転置行列	174
因子相関行列	172
因子パターン行列	129, 172
――の転置行列	175
因子負荷	127, 160
因子負荷行列	129
因子負荷量	**127**
因子分析	**12**, 124
――の仮定	132, 135
――のパス図	125
因子変換行列	154, 163
ウォード法	221, 225

カ行

カイ2乗分布	66
回帰係数	57
回帰分析	83
階数	79
外的基準	241, 242
回転	154
――に関する不定性	161
因子の――	154
斜交――	175
直交――	156
バリマックス――	156
プロマックス――	173
回転行列	155
回転後の因子負荷	160
回転前の因子負荷	160
確率	164
確率密度関数	164
仮説	**64**
カテゴリ	241, 243, 257, 276
カテゴリカルデータ	3
カテゴリ数量	244, 257, 276
――の基準化	248, 264
観測変数	124
基礎統計量	22
棄却域	64
基準化	248, 252, 264
カテゴリ数量の――	248, 264
逆行列	**29**, 79
境界線	181, 198, 212

境界面	181
共線性	79
共通因子 f	12, 128
共通性	174, 175
共分散	**26**
行列	**29**
——の積	29
行列式	**29**
極値	97
距離	**219**
クラスタ間の——	220
点と直線の——	95
マハラノビスの——	16, 207, 208
寄与率	104
クラスタ	218
——間の距離	220
——のまとめ方	222
クラスター分析	**20**, 111, 218
大規模ファイルの——	226
グループ間変動	186, 189, 190
——の計算	194
グループ内変動	186, 189, 190
——の計算	192
群平均法	**221**, 223
結果	4, 34
決定係数 R^2	**50**
原因	4, 34
検定	**64**
——のための 3 つの手順	64
説明変数の——	66
独立変数の——	66
検定統計量	64
交差相関係数	74, **76**
誤差	36, 124
誤差変動	68
個体	219
誤判別率	215
固有値	30, **31**, 99, 101
固有ベクトル	30, **31**, 99

サ行

サーストンの単純構造	131
最遠隣法	**221**
最近隣法	**221**
最小 2 乗法	**39**
最短距離法	**221**, 222
最長距離法	**221**, 223
最尤推定量	165
最尤法	**164**
残差	38, **39**, 58
——の 2 乗和	39
サンプルスコア	276
自己相関	77
軸	89
実測値 y	37
質的データ	3
斜交回転	175
斜交モデル	172
主因子法	138
重回帰式	**4**, 36
重回帰の分散分析表	65
重回帰分析	4, 34
——のパス図	124
重回帰モデル	36, 37
——の仮定	37
重心法	**221**, 224
重相関係数	**54**
従属変数	3, 4, 34
——を予測	34
自由度調整済み決定係数 $\tilde{R}^2$	**52**
樹形図	**227**
主成分	8, 86
——の正体	90
——の求め方	91, 112
——を解釈する	102

主成分得点	**106**, 108
主成分分析	8, 86
——のパス図	125
条件付き極値問題	96
情報損失量	93, 101, 104
——の最小化	91
——の2乗和	96
情報の損失	87, 92
情報量	51
新しい——	104, 107
元の——	104
信頼区間	68
垂線の長さ	93, 95
数量化Ⅰ類	241, 242
数量化Ⅱ類	241, 256
数量化Ⅲ類	241, 276
数量化理論	**21**, 240
——の形式的な対応	241
スペクトル分解	142
正規分布	37, 83
正規母集団	164
制御	34
正答率	215
積和	41, 97, 195
説明変量	3
——の検定	66
線型判別関数	**16**, **183**
——の求め方の公式	200
潜在変数	124
全変動	186, 188, 190, 258
——の計算	194
相関行列	**28**
相関係数 r	**26**, 277
相関比	259
総合的特性	8, 86

タ行

ダービン・ワトソンの検定	77
第1因子 f_1	12, 131
第1主成分	8, 86
第2因子 f_2	12, 131
第2主成分	8, 86
大規模ファイルのクラスター分析	226
対数変換	82
対数尤度関数	**171**
多重共線性	78, 79, 118
多変量解析	**3**
ダミー変数	80, 244, 257
単位	114
——の影響	115
単位行列	141, 172
単回帰分析	56
直交	**110**
直交回転	156
直交行列	141
直交変換	157
直交モデル	172
定数項	36
データ	23
——の型	23
——の標準化	25, 115, 206
——の変動	51
カテゴリカル——	3
質的——	3
転置行列	142, 169
因子行列の——	174
因子パターン行列の——	175
点と直線の距離	95
デンドログラム	**227**, 235
——の使い方	236
同時確率密度関数	164
独自性	172, 175
独自分散	171

独立	37, 86
独立変数	3, 4, 34
——の検定	66
——を制御	34
トレース	169

ナ行

内積	110
似たものどうし	218
似ている	219

ハ行

パス図	102, 124
バラツキ	24
パラメータ	164
バリマックス回転	156
範囲	249, 265
反応パターン	276
判別	178
判別スコア	258
判別得点	**184**
——の変動	186
判別分析	**16**, 178
非標準化係数	60
標準化	25
データの——	25, 115, 206
標準化係数	61, 62
標準偏回帰係数	**60**, 61
標準偏差	**24**
標本分散	24
標本分散共分散行列	168
広がり	26
プールされた分散共分散行列	200
不定性	161
不偏分散	68
プロマックス回転	173

分散	**24**
——と共分散の便利な公式	47
——の最大化	112
分散共分散行列	**26**, 27, 46, 132
プールされた——	200
分散分析表	65
重回帰の——	65
平均 $\bar{x}$	23, **24**
平方和	41, 50, 97, 195
平方和積和行列	44
ベータ	60
ヘッセの標準形	93, 95, 185
偏回帰係数	4, 36, 56
変換	154
変数	2
変数変換	82
変動	51, 186
——の比	196
データの——	51
判別得点の——	186
偏微分	42, 196
変量	2
方向比	90
母集団	64
ボックス・コックス変換	83
母分散共分散行列	168

マ行

マハラノビスの距離	16, **207**, 208
1 変数の——	204
2 変数の——	208
群れ	20, 218
メディアン法	**221**, 224
目的変量	3
モデル式	127
モデルの当てはまり	55
元の情報量	104

ヤ行

有意確率	65
有意水準	65
尤度関数	**165**, 169
ユークリッド距離	219
──の2乗	219
予測	34
予測式	244
予測値 Y	37, 58
──の区間推定	68

ラ行

ラグ	**76**
ラグランジュの乗数法	97
ランキング	108
類似度	**219**
累積寄与率	105
連立1次方程式	42
──を解く	43
ロジスティック回帰分析	7, 179

著者紹介

石村 貞夫（いしむら さだお）
1975年 早稲田大学理工学部数学科卒業
1977年 早稲田大学大学院修士課程修了
現　在 石村統計コンサルタント代表
　　　 理学博士
　　　 統計アナリスト

石村 光資郎（いしむら こうしろう）
2002年 慶應義塾大学理工学部数理科学科卒業
2008年 慶應義塾大学大学院理工学研究科基礎理工学専攻修了
現　在 東洋大学総合情報学部専任講師　博士（理学）

入門はじめての多変量解析（にゅうもん　たへんりょうかいせき）

© Sadao Ishimura, Koshiro Ishimura 2007

2007年 2月26日　第 1 刷発行　　Printed in Japan
2024年 6月10日　第13刷発行

著　者　石　村　貞　夫
　　　　石　村　光資郎
発行所　東京図書株式会社

〒102-0072　東京都千代田区飯田橋 3-11-19
振替 00140-4-13803　電話 03(3288)9461
http://www.tokyo-tosho.co.jp/

ISBN 978-4-489-02000-1

◆◆◆ パターンの中から選ぶだけ ◆◆◆
すぐわかる統計処理の選び方
●石村貞夫・石村光資郎 著

集めたデータを〈データの型〉に当てはめて、そのデータに適した処理手法を探すだけ。「どの統計処理を使えばよいのか、すぐわかる本がほしい」──そんな読者の要望にこたえました。

◆◆◆ コトバがわかれば統計はもっと面白くなる ◆◆◆
すぐわかる統計用語の基礎知識
●石村貞夫・D.アレン・劉晨 著

統計ソフトのおかげで複雑な計算に悩むことがなくなっても理解するには基本が大切。「わかりやすさ」を重視した簡潔な解説は、これから統計を学ぶ人にも、自分の知識の再確認にも必ず役立ちます。

◆◆◆ すべての疑問・質問にお答えします ◆◆◆
入門はじめての統計解析
●石村貞夫 著

入門はじめての多変量解析
入門はじめての分散分析と多重比較
●石村貞夫・石村光資郎 著

入門はじめての統計的推定と最尤法
●石村貞夫・劉晨・石村光資郎 著

改訂版 入門はじめての時系列分析
●石村貞夫・石村友二郎 著

◆◆◆ 定評ある入門書 ◆◆◆
SPSSによる統計処理の手順 第10版

コンピュータが普及して、複雑なマニュアルに苦しめられることは少なくなった。とは言っても、ソフトウェアの使いはじめは大変苦労する。本書は、SPSSを初めて使おうとする読者のために、データの入力方法から出力の見方まで手とり足とり説明する。SPSSが立ち上がったら、本書が指示するとおりクリックするだけで、基本操作の全てを正しく理解できる。

●石村光資郎 著／石村貞夫 監修――― B5判変形

◆◆◆ ていねいでわかりやすい ◆◆◆

SPSSによる多変量データ解析の手順 第6版
●石村光資郎 著／石村貞夫 監修――― B5判変形

SPSSによる分散分析・混合モデル・多重比較の手順
●石村光資郎 著／石村貞夫 監修――― B5判変形

SPSSによるアンケート調査のための統計処理
●石村光資郎 著／石村貞夫 監修――― B5判変形

◆◆◆ 統計学って意外とカンタン？ ◆◆◆

SPSSでやさしく学ぶ統計解析 第7版
●石村友二郎 著／石村貞夫 監修――― B5判変形

SPSSでやさしく学ぶ多変量解析 第6版
●石村友二郎 著／石村貞夫 監修――― B5判変形

SPSSでやさしく学ぶアンケート処理 第5版
●石村友二郎・加藤千恵子・劉晨 著／石村貞夫 監修―― B5判変形

30年にわたるロングセラー、10年振りの改訂新版

改訂新版 すぐわかる微分積分
石村園子・畑 宏明 著

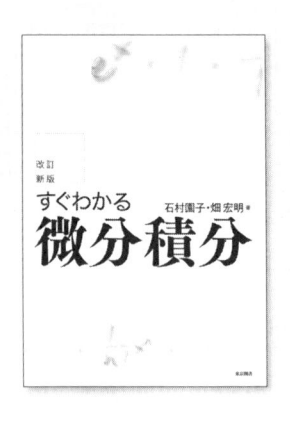

　高校の微積分の復習からテイラー展開や2変数の積分の変数変換まで、「例題」「演習」による見開きの紙面とし、「演習」にはPOINTを新たに加えました。
　従来の「書き込み式」の良さはそのままに、2色刷を効果的に採用し、特に、
・2変数関数の極値
・条件付き極値問題（ラグランジュの未定乗数法）
・重積分の変数変換
については、丁寧に加筆・増強しました。

改訂新版 すぐわかる線形代数
石村園子・畑 宏明 著

改訂新版 すぐわかる微分方程式
石村園子・畑 宏明 著

改訂新版 すぐわかる確率・統計
石村園子・畑 宏明 著

すぐわかる代数
石村園子 著

すぐわかるフーリエ解析
石村園子 著

すぐわかる複素解析
石村園子 著